普通高等教育光电信息科学与工程系列教材

激光测量技术

王　鹏　付鲁华　孙长库　编著

机 械 工 业 出 版 社

本书系统地介绍了激光测量的基础知识、基本原理、常用方法及典型应用。本书共7章，主要内容包括激光测量技术基础、激光干涉测量技术、激光衍射测量技术、激光准直及多自由度测量技术、激光三角法测量技术、激光视觉三维测量技术、激光测速技术、激光扫描测径技术以及激光测距技术。书中融入了最新的科研成果，实用性强。

本书可作为高等学校测控技术及仪器、光电信息科学与工程等专业本科生的教材，也可作为仪器科学与技术、光学工程、仪器仪表工程等学科和工程领域研究生的教材，还可作为从事精密测试技术与仪器专业技术人员的参考书。

（责任编辑邮箱：jinacmp@163.com）

图书在版编目（CIP）数据

激光测量技术/王鹏，付鲁华，孙长库编著．—北京：机械工业出版社，2020.5（2025.1重印）

普通高等教育光电信息科学与工程系列教材

ISBN 978-7-111-64893-2

Ⅰ.①激…　Ⅱ.①王…②付…③孙…　Ⅲ.①激光测距-测量技术-高等学校-教材　Ⅳ.①P225.2

中国版本图书馆CIP数据核字（2020）第035972号

机械工业出版社（北京市百万庄大街22号　邮政编码100037）

策划编辑：王　康　责任编辑：吉　玲　王　康　刘丽敏

责任校对：梁　静　封面设计：张　静

责任印制：郜　敏

北京富资园科技发展有限公司印刷

2025年1月第1版第4次印刷

184mm×260mm · 12.75印张 · 312千字

标准书号：ISBN 978-7-111-64893-2

定价：39.00元

电话服务　　　　　　网络服务

客服电话：010-88361066　机　工　官　网：www.cmpbook.com

010-88379833　机　工　官　博：weibo.com/cmp1952

010-68326294　金　书　网：www.golden-book.com

封底无防伪标均为盗版　机工教育服务网：www.cmpedu.com

前　言

激光的全称为受激辐射光放大（Light Amplification by Stimulated Emission of Radiation，LASER）。1958 年，美国物理学家肖洛（A. L. Schawlow）和汤斯（C. H. Townes）在《物理评论》（*Phys. Rev.* 1958，vol. 112，1940）杂志发表一篇题为“红外与光学激光器”的论文，提出了研制以受激发射为主的光源，即研制激光器的可能性和条件的设想。此后，各国科学家纷纷提出各种实验方案，试图制成这种新光源。其中，美国休斯敦实验室的物理学家梅曼（T. H. Maiman）采用掺铬的红宝石作为发光材料，应用发光强度很高的脉冲氙灯泵浦，在 1960 年 5 月 25 日正式宣布制成新光源——红宝石激光器，开创了激光技术的历史。我国于 1961 年夏，在中科院长春光机所也研制出红宝石激光器。激光的问世引起了现代光学技术的巨大变革，因其具有高亮度、良好的方向性、单色性和相干性的优点，在现代工业、农业、医学、通信、国防等方面得到广泛应用，特别是在精密测试技术中发挥了前所未有的作用。

激光测量技术的发展与光电技术的发展是密切相关的，一些光电器件，如硅光电池、光电二极管、CCD 固体摄像器件及位置敏感探测器（PSD）的发展，使得激光及光电测试技术、在线检测与控制技术、光纤传感技术及视觉检测技术更加普遍地发展与应用起来。

本书内容共 7 章，其中天津大学孙长库编写第 1 ~3 章，天津大学王鹏编写第 4、6、7 章，天津大学付鲁华编写第 5 章。在本书的编写过程中，编者参考了大量文献资料，在此谨向相关作者表示衷心的感谢。天津大学研究生院为本书的出版提供了资金支持，在此一并致谢。

由于编者水平有限，经验不足，书中缺点和错误在所难免，衷心希望读者批评指正。

编　者

目录

第 1 章

激光测量技术基础

1.1 激光产生原理及激光器

激光是通过受激辐射而产生，即受激辐射光的放大。1916 年爱因斯坦提出了受激辐射的概念，为之后激光的产生奠定了理论基础。

1.1.1 辐射理论概要

1. 原子能级

1913 年玻尔提出了玻尔理论，揭示了原子的结构，玻尔理论的基本假设如下：

1）原子内的电子并非沿着任意的轨道运动，而是沿着具有一定半径 r 或一定能级 E 的轨道运动。在一定轨道上运动的电子被称为处在定态，电子处在定态的原子并不辐射能量。原子内电子可以有许多定态，其中能量最低的叫基态，其他的叫激发态。

2）原子内的电子可由某一定态跃迁到另一定态，这一过程要吸收和释放辐射能。吸收或者释放的能量以电磁波的形式向外传播，电磁波的频率由 $h\nu=E_2-E_1$ 决定，h 是普朗克常量（$h=6.63\times10^{-34}$ J·s）。若 $E_2>E_1$，E_2 为始态，释放辐射能；E_2 为终态，吸收辐射能。

3）原子的不同能量状态对应电子的不同运动轨道。原子的能量状态是不连续的，电子轨道运动的角动量 $P_\varphi=m_evr$ 必须等于 $h/2\pi$ 的整数倍，即

$$P_\varphi=n\frac{h}{2\pi},\ n=1,\ 2,\ 3,\ \cdots,\ n \tag{1-1}$$

上式就是玻尔的量化条件。式中，m_ev 是电子的动量，r 是电子运动轨道半径，n 是主量子数。不同的量子数代表不同的能级，表示电子在不同的壳层上运动。

2. 简并度

处于一定电子态的原子对应某一能级，反过来，某一能级并不一定只对应一个电子态，往往同一能级具有若干个不同的电子运动状态，即具有相同能级的电子可以处在不同的运动状态。同一能级电子所对应的不同运动状态的数目，称为简并度。

3. 玻耳兹曼分布

由大量粒子所组成的系统由于热运动和相互碰撞，在热平衡状态下粒子数按能级的分布

服从玻耳兹曼定律：

$$N_i \propto g_i e^{-\frac{E_i}{kT}} \tag{1-2}$$

式中，g_i 为 E_i 能级的简并度。

分别处在 E_m 和 E_n 能级上的粒子数 N_m 和 N_n 满足关系

$$\frac{N_m/g_m}{N_n/g_n} = e^{-\frac{E_m - E_n}{kT}} \tag{1-3}$$

式中，k 是玻耳兹曼常数，T 是温度。当 $T>0$，$E_m>E_n$ 时，总有$\frac{N_m}{g_m}<\frac{N_n}{g_n}$，即处于高能级的粒子数总要小于处于低能级的粒子数，如图 1-1 所示。这是热平衡状态下的一般规律。

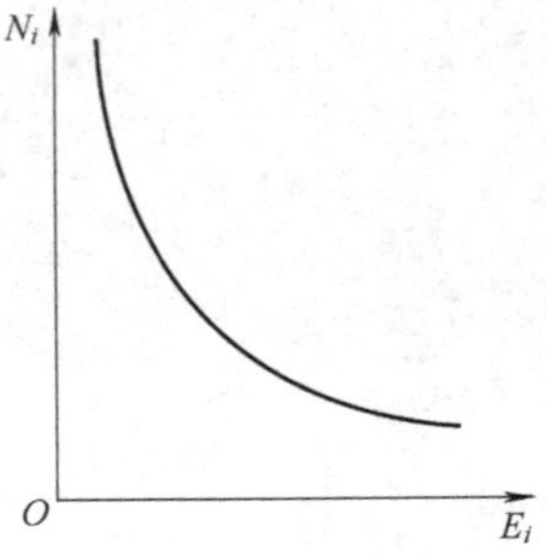

图 1-1　热平衡状态下粒子数分布规律

4. 光和物质的相互作用

光与物质的相互作用有三种不同的基本过程：自发辐射、受激辐射和受激吸收，如图 1-2 所示。包含大量原子的系统中，三种过程总是同时存在。在普通光源中，自发辐射是主要的，在激光器工作过程中，受激辐射起主要作用。

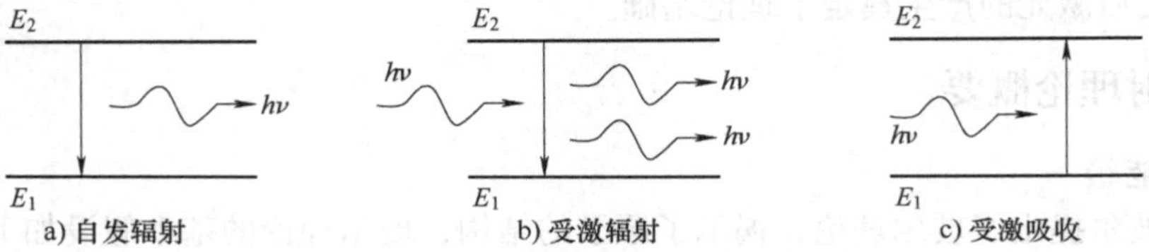

图 1-2　光与物质的相互作用

（1）自发辐射

处于高能级 E_2 的原子是不稳定的，即使没有外界作用，也将自发地跃迁到低能级 E_1，发射一个频率为 ν、能量为 $h\nu = E_2 - E_1$ 的光子。大量处于高能级的原子，它们各自独立地发射一列列频率相同的光波，但各光波之间没有固定的相位关系、偏振方向与传播方向，如图 1-2a 所示。

（2）受激辐射

处于高能级 E_2 的原子，在它发生辐射之前，若受能量为 $h\nu = E_2 - E_1$ 的外来光波的刺激作用而跃迁到低能级 E_1，将发射一个与外来光波的频率、位相、偏振方向和传播方向都相同的光波，如图 1-2b 所示。

（3）受激吸收

处于低能级 E_1 的原子受到能量为 $h\nu = E_2 - E_1$ 的光子作用时，吸收这一光子而跃迁到高能级 E_2 的过程，如图 1-2c 所示。

1.1.2　激光产生的条件

1. 粒子数反转及泵浦

当光通过介质时，若入射光的频率与原子系统的两个能级共振，必然同时存在受激辐射和受激吸收两种过程。要使介质对光产生放大作用，必须使受激辐射超过受激吸收，而两者发生的几率分别与高能级粒子数 N_2 和低能级粒子数 N_1 成正比。根据玻耳兹曼分布规律，在热平衡状态下，高能级粒子数小于低能级粒子数。因而，必须使粒子数分布达到反转状态，才能使受激辐射超过受激吸收，即

$$N_2 > \frac{g_2}{g_1}N_1 \tag{1-4}$$

粒子数反转分布状态是介质对光产生放大作用的条件及产生激光的前提。

在热平衡状态下，根据玻耳兹曼定律，在室温下绝大多数粒子处在基态。要实现粒子数的反转，需要通过外界能量把粒子从基态激发到高能级，这种把大量粒子从基态激发到高能级的过程称为泵浦。

外来能量作用下处于基态能级 E_1 的基态粒子被泵浦到高能级 E_3 上。由于粒子在高能级 E_3 上的寿命很短（平均 10^{-8}s），很快地以非辐射跃迁的方式转移到亚稳态上，这个过程称作弛豫。处于亚稳态能级 E_2 的粒子以自发跃迁和无辐射跃迁的形式返回基态，返回的几率较小，即粒子能级 E_2 的平均寿命较长。只要源源不断地提供激励能量，使粒子被抽到能级 E_2 的速率足够高，处于能级 E_2 上的粒子数就会越来越多，最终超过处于基态能级 E_1 的粒子数，结果在 E_1 和 E_2 两能级之间实现粒子数反转。如图 1-3 所示，这就是激光三级能级系统，其中能级 E_1 和能级 E_2 分别称为激光下能级和激光上能级。对于三级能级系统要实现粒子数的反转需要满足关系

$$\Delta N = N_2 - \left(\frac{g_2}{g_1}\right)N_1 > 0 \tag{1-5}$$

如果激光下能级和激光上能级分别为能级 E_2 和 E_3，在外来能量作用下将处于基态能级 E_1 的基态粒子被泵浦到高能级 E_4 上，使处于能级 E_3 上的粒子数增加，在能级 E_2 和 E_3 之间实现粒子数反转，如图 1-4 所示，这就是激光四级能级系统。对于三级能级系统要实现粒子数的反转需要满足关系

$$\Delta N = N_3 - \left(\frac{g_3}{g_2}\right)N_2 > 0 \tag{1-6}$$

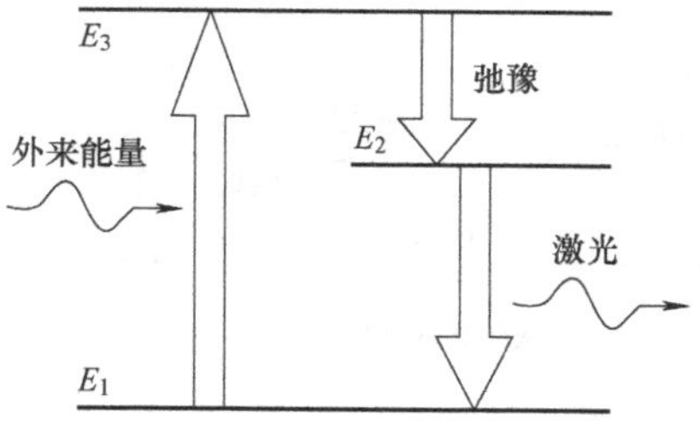

图 1-3　三级能级粒子数反转示意图

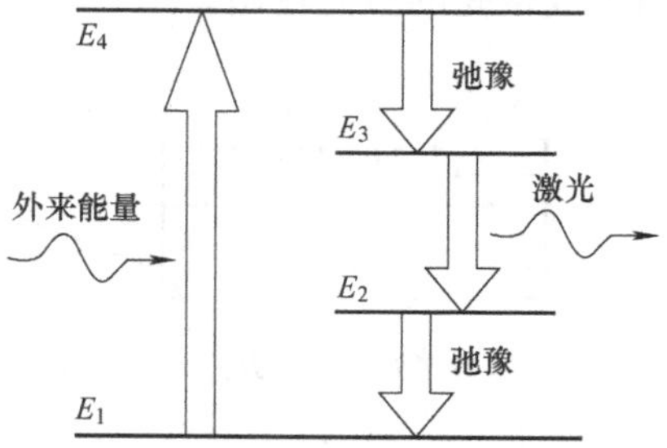

图 1-4　四级能级粒子数反转示意图

在热平衡状态下处于能级 E_2 上的粒子数很少，有利于能级 E_2 和 E_3 之间实现粒子数反转状态。

实现泵浦的方法有很多，通常采用以下几种。

（1）光泵浦

采用大功率光源或者激光产生脉冲光照射到介质上，实现介质中粒子数的反转。固体激

光器和液体激光器常采用光泵浦方法，如红宝石激光器和染料激光器。

(2) 电泵浦

利用对介质放电的方式实现介质中粒子数的反转。气体激光器和半导体激光器常采用电泵浦方法，如 He-Ne 激光器。

2. 增益介质

介质通过泵浦过程造成粒子数反转分布，光在此介质中受激辐射超过受激吸收及自发辐射，介质对光具有放大作用，这样的介质称增益介质。在增益介质中传播的过程中，光强将不断增强。如图 1-5 所示，设光强为 I_0 的光进入增益介质中，光受激放大，在 z 处的光强为 $I(z)$，在 $z+\mathrm{d}z$ 处的光强为 $I(z)+\mathrm{d}I(z)$，则该增益介质的增益系数 G 为

$$G=\frac{\mathrm{d}I(z)}{I(z)\,\mathrm{d}z} \tag{1-7}$$

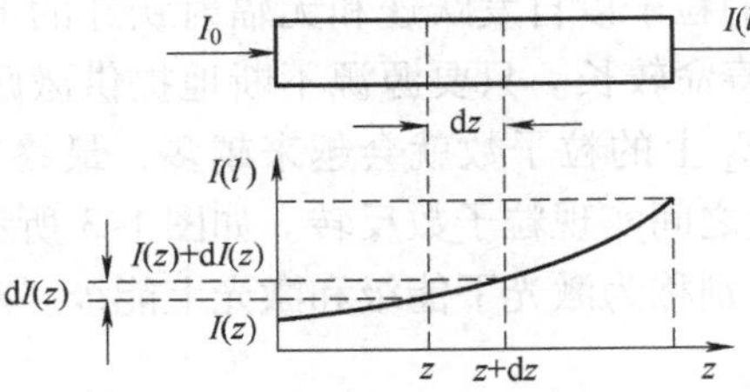

图 1-5　光在增益介质中的放大

一般情况下，增益介质的增益系数和增益介质的长度是有限的，所以，虽有放大仍不能形成激光。

3. 谐振腔

在增益介质的两端放置平面反射镜或者半径相等的球面反射镜构成的谐振腔，一端为全反射镜，一端为部分反射镜，如图 1-6 所示。光在腔内增益介质中往返传播，每经过一次得到一次放大，因此，谐振腔的存在相当于增加了增益介质的长度，使光在其中得到大幅放大，从而形成很亮的激光输出。

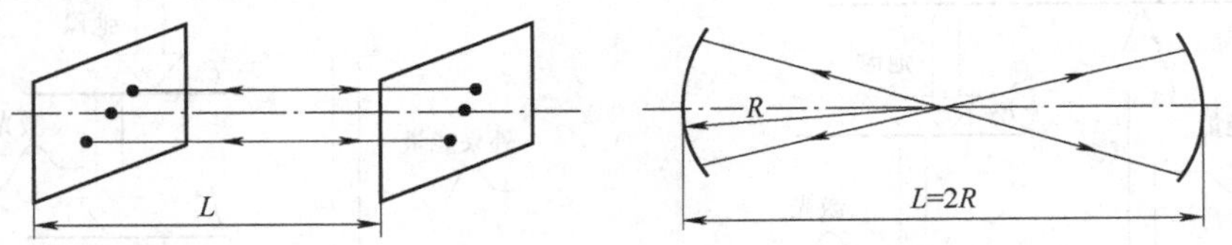

a) 平面平行谐振腔　　b) 球面共轴谐振腔

图 1-6　谐振腔的结构形式

谐振腔对光的模式有选择作用。只有满足驻波条件，即半波长整数倍等于谐振腔长度的光波才能得到放大，不满足驻波条件的光波将很快衰减掉。因此，谐振腔输出光的频率称为谐振腔频率，满足关系

$$\nu=n\frac{c}{2L} \tag{1-8}$$

式中，L 为谐振腔长度。

谐振腔对光的频率、相位、偏振及传播方向有严格的选择，所以，激光具有单色性、相干性及方向性好的特点。

4. 激光产生的阈值条件

要形成激光，首先必须利用激励能源，即泵浦。泵浦可激活介质内部的一种粒子，使其在某些能级间实现粒子数反转分布，这是形成激光的前提条件。同时，还必须有使光产生放大作用的增益介质和使光产生共振作用的谐振腔。泵浦、增益介质和谐振腔是激光产生的基本条件（三要素），但这还不够，还必须满足阈值条件，即光在谐振腔内来回一次所获得的增益必须等于或大于它所遭受的各种损耗之和。这些损耗主要指腔内的光学元件的吸收损耗、散射损耗、衍射损耗以及工作物质不均匀和吸收所引起的损耗。

1.1.3　典型激光器

激光器按其工作介质可以分为以下几类。

1. 固体激光器

最早实现激光束输出的激光器是红宝石激光器。固体激光器的基本结构如图1-7所示，主要由增益介质、泵浦光源、聚光腔和光学谐振腔组成。泵浦光源和聚光腔组成固体激光器的光泵浦系统，其中泵浦光源有惰性气体放电灯、半导体激光二极管、金属蒸气灯、卤化物灯四类。聚光腔的作用是将泵浦光源发出的光有效、均匀地传输到增益介质上。增益介质是由基质和激活离子（通常为金属）组成，光照射到激活粒子上被激活离子吸收，不同激活离子的吸收光谱不同，需要对应光谱的泵浦光源。激活离子的能级结构决定了激光器输出激光的波长。光学谐振腔由全反射镜和部分反射镜组成。除此以外固体激光器还需要冷却和滤光系统，固体激光器工作时会产生比较严重的热效应，因此需要对增益介质、泵浦光源和聚光腔进行冷却。滤光系统对泵浦光和其他一些干扰光过滤，保证输出激光的单色性。

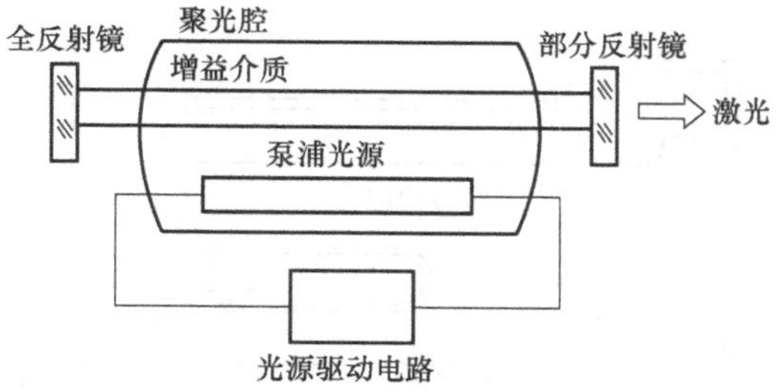

图1-7　固体激光器基本结构

固体激光器有红宝石、钕玻璃、掺钕钇铝（石榴石YAG）激光器等。其特点是功率大、结构紧凑、使用方便，可用于产品零件的加工、医疗、军事等领域。

2. 气体激光器

气体激光器是以气体或蒸气作为增益介质的激光光器，根据增益介质的不同，分为原子（如He-Ne）、分子（如CO_2）、离子（如Ar^+）激光器。在电泵浦方式下，气体分子（原子）电离而导电。高速电子对发光粒子直接碰撞激发，或与辅助气体原子碰撞激发，产生能量的转移。气体激光器中的发光气体，如Ne、CO_2、Ar^+，吸收能量后产生粒子数反转。

以 He-Ne 激光器为例，其谐振腔分为内腔式、外腔式、半内腔式三种，如图 1-8 所示。气体激光器的放电管通常用玻璃制成，其中心是一细长毛细管 T，它是放电的主要区域，与外壳的玻璃管（放电管）L 同轴，放电管的阳极 A 一般是用钨棒或金属小圆筒（钼或镍筒）制成，阴极 K 为一金属圆筒，一般用“阴极溅射”较小的材料如钼、铝或钽等制成，谐振腔的两个反射镜 M_1 和 M_2 固定在放电管外壳的两个端面上。内腔式结构又称全腔式结构，放电管和谐振腔固定在一起，如图 1-8a 所示。内腔式激光器的结构简单，使用时不需要调整谐振腔，比较方便。在反射镜和放电管之间没有光学元件（如窗片或透镜），光的损耗小，能获得较大的输出功率。但内腔式激光器的热稳定性差，因为激光器在工作过程中，大量电能消耗易引起放电管热变形，使两端反射镜的位置关系（平行关系和间距）发生变化，导致输出激光频率稳定性和方向稳定性较差。外腔式结构又称全外腔式结构，放电管与谐振腔完全分开，如图 1-8b 所示。谐振腔的反射镜上有调整装置可以随时进行调整，以保证反射镜的光轴与放电管轴线重合。放电管的两端按一定角度贴有布儒斯特窗片（一般是熔融石英材料），它既可以封闭放电管，又可以减少光的损失，还可使激光器输出偏振度较好的线偏振光。谐振腔与放电管分离，可以减少放电管的热变形对谐振腔的影响。谐振腔可以调整，能够长期保持激光器的稳定输出。在谐振腔内可以插入光学元件，便于进行激光器性能研究等。外腔式激光器的缺点是谐振腔的两反射镜易失调，并且调整也比较困难，所以使用不方便；还由于窗片与轴线的夹角不准确，窗片光学质量的不完善，引进了反射、散射和吸收等光学损耗，使激光器的输出功率有所降低。半内腔式结构也可称作半外腔式结构，其谐振腔中的一块反射镜与放电管固定在一起，而另一块反射镜与放电管分开，如图 1-8c 所示。在放电管的一端按内腔式胶合一反射镜，而另一端则按外腔式胶合一块布儒斯特窗片。使用时仅需调整外面的一块反射镜，就比较容易把谐振腔调整好，工作比较方便；由于半内腔式激光器有一反射镜可以更换，它能够同外腔式激光器一样进行各种实验；同时，半内腔式激光器有一块布儒斯特窗片，因此，输出激光的偏振面稳定。

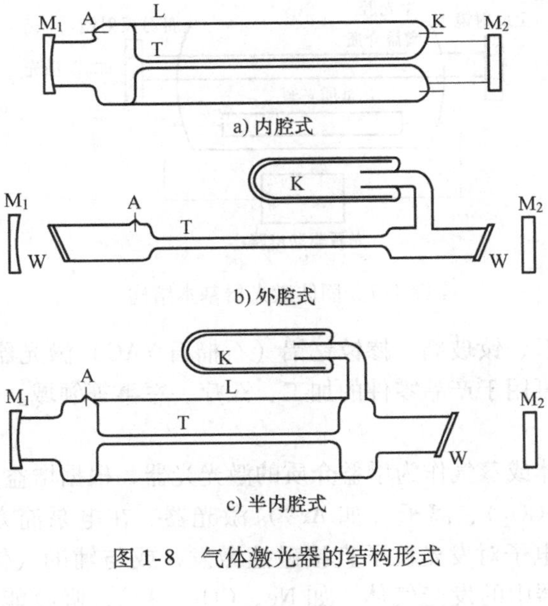

图 1-8　气体激光器的结构形式

气体激光器的特点是种类多，波长分布区域宽，应用广，频率稳定性好，是很好的相干光源，可实现最大功率连续输出，结构简单，造价低，转换效率高。可广泛应用于精密测试计量领域，特别是 He-Ne 激光器（$\lambda_0=0.6328\mu m$，$\Delta\nu/\nu=10^{-12}\sim10^{-9}$）应用广泛。

3. 半导体激光器

半导体激光器是以半导体材料作为激光增益介质的激光器，其基本结构如图 1-9 所示。其核心部分是 PN 结，PN 结的两个端面是晶体的天然解理面，该两表面极为光滑，可以直接用作平行反射镜面构成光学谐振腔。激光可从一端的解理面输出，也可由两端输出。

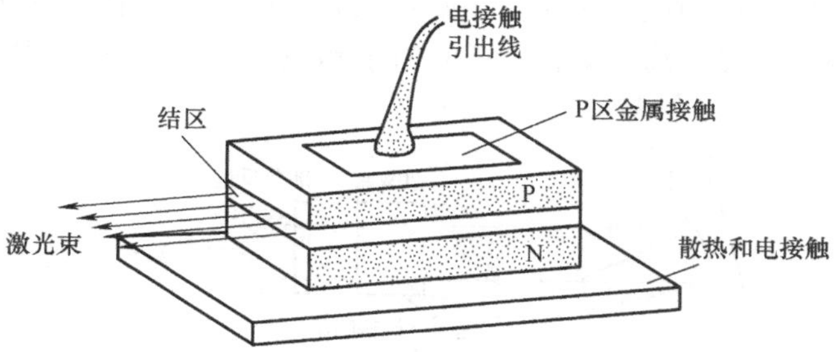

图 1-9　半导体激光器的基本结构示意图

半导体的能级是由很宽的能带组成，一般有价带和导带，两者之间是禁带。各个能带由大量密集的能态组成。各个能带中能态的数目和半导体中原子的总数为相同数量级。为产生激光，必须使受激辐射大于受激吸收，其超过量还必须足够克服光能在谐振腔中的损耗。在半导体激光器中，通常利用一个具有一个高简并度 P 型和 N 型区域的 PN 结二极管来实现粒子数反转分布，如图 1-10 所示。当高掺杂 P 型半导体的费米（Fermi）能级 E_{F_P}落到价带之内，N 型半导体的费米能级 E_{F_N}落在导带之内时，在不外加电压时两个费米能级位于同一水平线上，如图 1-10a 所示。当加电压 U 以后，两个能级分开，对于正向偏置的二极管，如图 1-10b所示，在 PN 结的耗尽层中就可以实现粒子数的反转分布。正向偏置所起的作用在于将电子从 N 型材料的导带注入到耗尽层，而将空穴从 P 型材料的价带注入到耗尽层。在一般的情况下价带顶部的电子占有几率大于空穴占有几率，在导带底部附近是空穴占有几率大于电子占有几率，所以 PN 结区呈现吸收特性。但是当 E_{F_P}和 E_{F_N}分别进入价带和导带后，价带顶部的空穴占有几率就会大于电子占有几率，而在导带底处的电子占有几率则会大于空穴占有几率。于是辐射大于吸收，形成 PN 结对光的增益。光的这种增益超过光在谐振腔中的损耗时就会出现激光振荡。

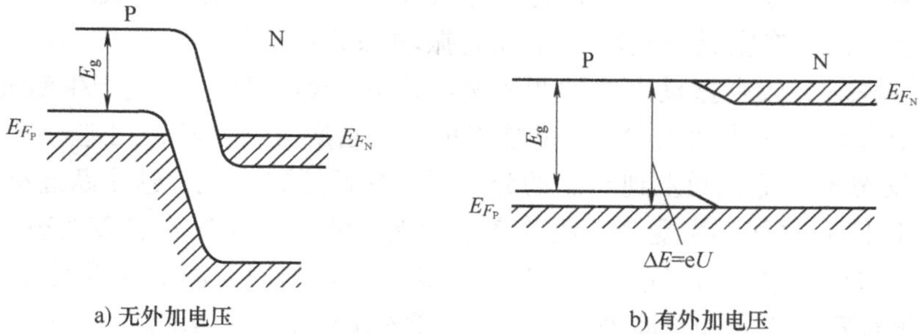

图 1-10　半导体激光器 PN 结能带图

半导体激光器的特点是超小型，重量轻，成本低，可批量生产，能量转换效率高（>30%），波长范围广（0.5～30μm），寿命长（>百万小时），功率小（一般在1～100mw），发散角大，单色性差，易于调制，改变驱动电流，可将输出光调制到GHz。半导体激光器是光纤通信的重要光源，在激光测距、激光准直、光信息处理、光存储、光计算机以及激光引信等方面获得了广泛应用。

4. 液体染料激光器

液体染料激光器（简称为染料激光器或液体激光器）是以液体染料作为增益介质，将其以特定浓度溶解在溶剂中制成的激光器。染料激光器的基本结构如图1-11所示，液体激光器的泵浦方式主要采用光泵浦。染料分子的原子和原子之间通过公用电子对形成化学键，如图1-12所示。

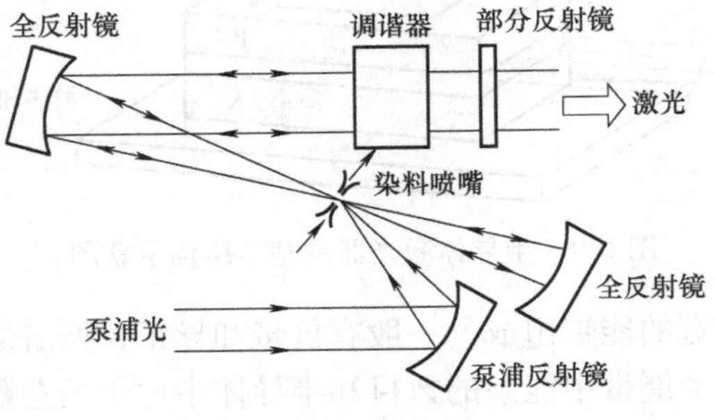

图1-11 染料激光器基本结构

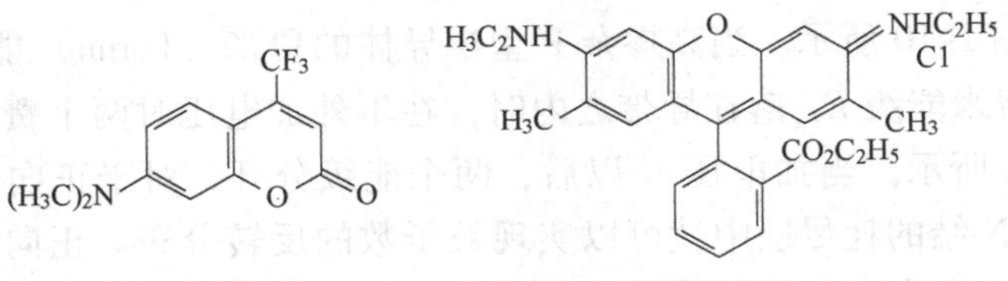

a) 香豆素485　　b) 诺丹明6G

图1-12 染料分子结构

染料分子是一个多原子系统，在分子内部除电子能量以外还包括原子之间相对振动和分子转动的能量，因此在分子态中每个电子能级都有一个振动—转动能级。当光照射染料溶液是，处于基态 S_0上的最低振动态的分子吸收光子能量，跃迁到激发态 S_1中较高的振动态上。由于分子的频繁碰撞，分子处于该能级上的时间很短，以无辐射的方式跃迁到激发态 S_1中最低的振动态上。由于在室温下基态 S_0中较高振动态的粒子数分布几乎为零，因此激发态 S_1较低振动态与基态 S_0较高振动态之间很容易实现粒子数反转，构成产生激光的条件，如图1-13所示。在染料分子中如果激发到高能态的电子自旋方向反转，则进入三重态T。由于三重态 T_1较激发态 S_1略低，激发到 S_1态的分子很容易跃迁到 T_1上，这个跃迁称为系际交叉。如果在三重态 T_1和 T_2之间产生受激吸收并产生激光，就会与基态 S_0和激发态 S_1之间跃迁产生的激光重叠，这种现象称为三重态陷阱效应。通过在染料激光器中需要加入三态淬灭剂或者使用脉动宽度很窄的光脉冲泵浦染料来减小三重态陷阱效应的影响。

染料溶液的浓度、温度、溶剂和染料的种类等因素会改变输出激光的波长，如果要获取

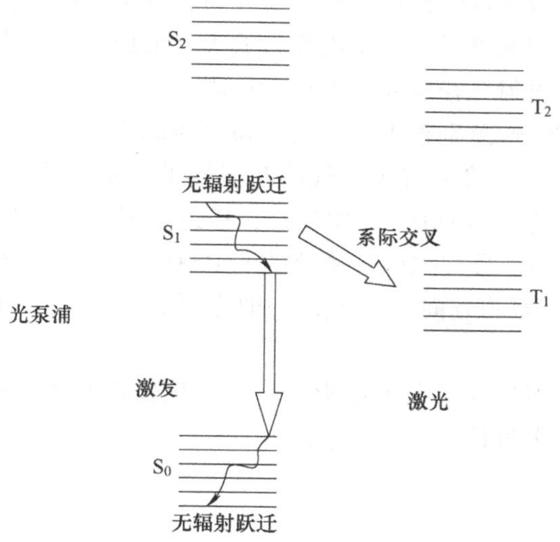

图 1-13 染料的能级结构

较窄线宽的激光波长，就需要带有波长选择的调谐器，常用的调谐器有光栅、棱镜、F-P 标准具、双折射滤光片等。

液体有机染料激光器的特点是输出的激光波长在很广范围内连续可调（0.34 ~ 1.2μm），可产生超短脉冲，输出激光谱线窄，输出功率高。可用在光谱学、光化学、光生物学、激光医学、大气检测等领域。

1.2 激光的基本物理性质

1.2.1 激光的方向性

光源发出光束的方向性通常用发散角来描述。发散角定义为：光源发光面所发出光线中，两光线之间的最大夹角，一般用 2θ 表示，单位为度（°）。如图 1-14a 所示，荧光灯发出光线 OA 和 OE 之间夹角最大，为180°，所以荧光灯的发散角 $2\theta = 180°$；而激光器则不同，它的发光面仅仅是一个端面上的一个圆光斑，发出光束的发散角 2θ 可达到 $3.14 \times (10^{-3})°$，如图 1-14b 所示。

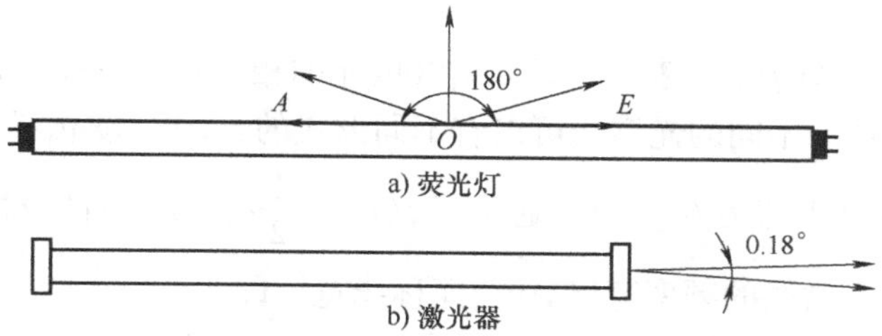

图 1-14 常见光源的发散角

激光器方向好是因为激光器的谐振腔和增益介质，在谐振腔中传播的光子只有平行于谐振腔的轴线才能在被谐振腔两端反射镜多次反射放大，形成激光输出。一般来说，激光器的发散角可以接近该激光器出射孔径所决定的衍射极限。

不同类型激光器的方向性差别很大，这与增益介质的类型及均匀性、谐振腔的类型及腔长、激励方式和激光器的工作状态有关。气体激光器的增益介质有良好的均匀性，且腔长大，方向性最好，其发散角 $2\theta=(10^{-6}\sim10^{-3})°$，接近衍射极限，是普通光源中方向性很好的弧光的$10^{-7}\sim10^{-5}$，是当前最好探照灯系统的1/1000。固体激光器的方向性较差，一般在10^{-2}rad 量级。半导体激光器的方向性最差，一般在 $[(5\sim10)\times10^{-2}]°$，且两个方向的发散角不一样。

激光器的方向性对其聚焦性能有重要影响。当一束发散角为 2θ 的单色光被焦距为 f 的透镜聚焦时，焦平面上光斑直径 $D=f2\theta\approx f\lambda/d$。

1.2.2 激光的高亮度

亮度为单位面积的光源在单位时间内向着其法线方向上的单位立体角范围内辐射的能量，可表示为

$$B=\frac{\Delta E}{\Delta S\Delta\Omega\Delta t} \tag{1-9}$$

式中，B 的单位为 $W/(cm^2 sr)$，$\Delta\Omega$ 表示激光光源所占的空间立体角，$\Delta\Omega=\pi\theta^2(sr)$。由式（1-9）可见，光源发光立体角 $\Delta\Omega$ 越小，发光时间 Δt 越短，亮度越高。

一般激光器 $\Delta\Omega$ 大约为 $\pi\times10^{-6}$sr，其发光亮度达到普通光源的百万倍。目前的超短脉冲激光器能产生飞秒级的超短脉冲，光功率密度可高达$10^{20}W/cm^2$，其亮度就更高了。

总之，正是由于激光能量在空间和时间上的高度集中，才使得激光具有普通光源所达不到的高亮度。

1.2.3 激光的单色性

单色性是指光的光强按频率（波长）的分布状况。由于激光本身是一种受激辐射，受激辐射发出光的波长受到跃迁能级的限制，再加上谐振腔的选模作用，只有符合谐振腔谐振频率的光才能输出，所以激光器发出的光具有很好的单色性。但是，激发态总有一定的能级宽度，以及受温度、振动、泵浦源的波动影响，造成谐振腔长度的变化和谱线频率的改变，光谱线总会有一定的能级宽度。所以，激光单色性的好坏可以用频谱分布的宽度（线宽）来描述。

如图 1-15 所示，曲线 $f(\nu)$ 表示一条光谱线内光的相对强度按频率 ν 分布的情况。$f(\nu)$ 称为光谱线的分布函数。不同的光谱线可以有不同形式的 $f(\nu)$。设 ν_0 为光谱线的中心频率，当 $\nu=\nu_0$ 时，$f(\nu)$ 的极大值为 $f_{max}(\nu)$。通常以 $f(\nu)=\frac{1}{2}f_{max}(\nu)$ 时所对应的两个频率 ν_2 和 ν_1 之差的绝对值作为光谱线的频率宽度 $\Delta\nu$，简称线宽。即

$$\Delta\nu=\nu_2-\nu_1 \tag{1-10}$$

由式 $\Delta\nu/\nu=\Delta\lambda/\lambda$ 可知，与频率宽度相对应，光谱线也有一定的波长宽度 $\Delta\lambda$。

一般地说，线宽 $\Delta\nu$ 越窄，光的单色性越好。普通光源中，单色性最好的同位素^{86}Kr 放

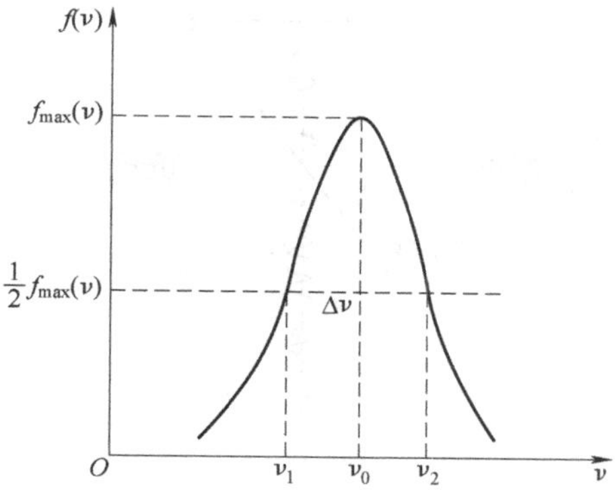

图1-15 激光强度按频率分布曲线

电灯在低温下发出波长 $\lambda=0.6057\mu m$ 的光，在1960年第十一届国际计量大会上被选为长度基准，其谱线宽度和波长的比值 $\Delta\lambda/\lambda\approx7.76\times10^{-7}$。而一台一般单模稳频氦氖激光器，其发出的 $\lambda=0.6328\mu m$ 谱线的线宽与波长的比值可达 $\Delta\lambda/\lambda\approx10^{-11}$。目前被正式选作长度基准之一的甲烷吸收稳频氦氖激光器的输出谱线为 $0.3392231379\mu m$，其 $\Delta\lambda/\lambda\approx10^{-13}$。

1.2.4 激光的相干性

相干性是指两束光波经过一段时间的传输之后，其振动的频率相同，振动方向一致，相位差恒定。激光的相干性包括时间相干性和空间相干性。

1. 激光的时间相干性

激光的时间相干性指在同一空间点上，由同一光源分割出来的两光波之间位相差与时间无关的性质，即光波的时间延续性。可以理解为，同一光源发出的两列光波经不同的路径，在相隔一定时间 τ_c 后在空间某点会合，尚能发生干涉。τ_c 称为相干时间。

在迈克耳孙干涉仪中，激光器发出的激光被分光镜分成光束1和光束2，它们经不同的路经被反射镜 M_1 和 M_2 反射后，在分光镜处重新相遇，如图1-16所示。当反射镜 M_2 每移动 $\lambda/2$ 时，观察屏P处两束光干涉后的光强 I 将亮暗交替变化一次，若光强亮暗交替变化 K 次，则反射镜 M_2 移动引起的光程差 $\Delta L=K\lambda$。当两光路光程差小于光振动波列本身的长度 L 时，在观察点P处还有一部分干涉，看到干涉条纹。当光程差大于振动波列本身的长度 L 时，两列波完全不相干，看不到干涉条纹。把两波列间允许的最大光程差称为光源的相干长度，记作 L_c，它等于光振动的波列本身的长度，即两叠加光波能发生干涉的最大光程差等于光波的波列长度。设振动波列在观察屏P处的延续时间为 Δt，则

$$L_c=c\Delta t=\frac{c}{\Delta\nu}=\frac{\lambda^2}{\Delta\lambda} \tag{1-11}$$

因 $\tau_c=L_c/c=\lambda^2/c\Delta\lambda$，$\Delta\lambda/\lambda=\Delta\nu/\nu$，$\lambda\nu=c$，所以

$$\tau_c\Delta\nu=1 \tag{1-12}$$

可以看出，光谱线宽度 $\Delta\lambda$ 和 $\Delta\nu$ 越窄，光的相干长度 L_c 和相干时间 τ_c 越长，光的时间相干性越好。所以激光的时间相干性比普通光源所发出的光好得多。

例如，^{86}Kr 灯作光源的干涉仪，理论上其相干长度 $L_c=77cm$，这与其他非受激辐射的普通光源相比已是最长的了。但利用稳频氦氖激光器（$\lambda=0.6328\mu m$）作光源，若其频率稳

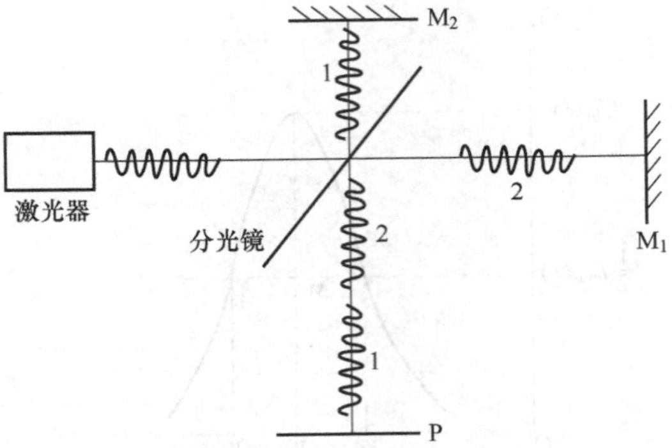

图 1-16　迈克耳孙干涉仪

定度为10^{-11}，干涉仪的相干长度可达6×10^4m。

2. 激光的空间相干性

空间相干性是指同一时间由空间不同点发出的光波的相干性。在杨氏双缝干涉实验中，若光源为理想光源（点光源），则在观察屏上将观察到等距排列的亮暗相间的条纹，如图 1-17所示。但实际的光源 S 总有一定的宽度，设为 $2b$。下面分两种情况讨论。

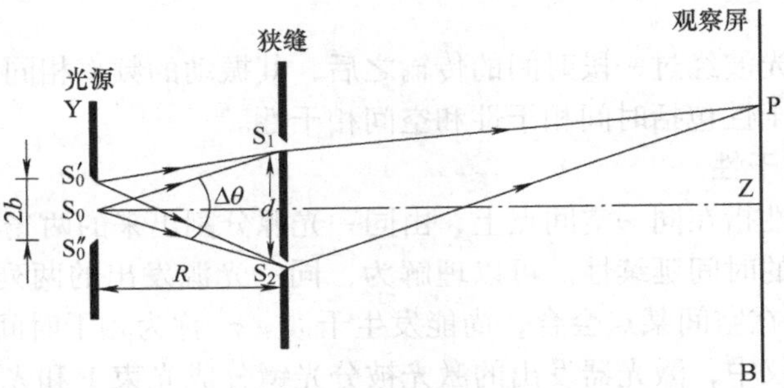

图 1-17　杨氏双缝干涉实验示意图

1）当两狭缝 S_1 和 S_2 的间距一定时，研究光源宽度对干涉条纹的影响。有限宽度的光源，可以看作是点光源的集合。若光源发出波长为 λ 的单色光，光源 S_0' 到 S_0'' 范围内的每个点光源经狭缝 S_2 和 S_1 后各产生一组相同的余弦亮暗干涉条纹，只不过是在垂直条纹方向上相互错开以致相互重叠。叠加的结果是合成条纹对比度下降。实验表明，当光源宽度足够大时，干涉条纹消失。经理论推导可以证明，当满足条件 $bd/R<\lambda/2$ 时，在观察屏 P 上亮暗条纹是相互错开的，能观察到干涉条纹。换言之，当 $2b\geqslant\lambda R/d$ 时，条纹模糊，不再产生干涉。定义光源的临界宽度 b_c 为

$$b_c=\lambda R/d=\lambda/\Delta\theta \tag{1-13}$$

式中，R 为光源到狭缝屏的距离，d 为狭缝 S_2 和 S_1 间的距离。两个狭缝 S_1 和 S_2 对光源中心 S_0 的张角 $\angle S_1S_0S_2=\Delta\theta$。

2）当光源宽度 $2b$ 一定时，研究两狭缝之间距离对干涉条纹的影响。两狭缝之间的距离 d 越小，干涉条纹越清晰，随着 d 增大，干涉条纹对比度下降，直至条纹消失。最大的允许距离为

$$d_c = \lambda R/2b = \lambda/\Delta\varphi \tag{1-14}$$

式中，$\Delta\varphi$ 为光源对两狭缝连线中心的张角，d_c 又称为横向相干长度。

所以，空间相干性可以认为是研究来自空间任意两点的光束能够产生干涉的条件和干涉程度。表 1-1 列出了光源宽度、空间相干性和条纹对比度之间的关系。

表 1-1　光源宽度、空间相干性和条纹对比度之间的关系

光源宽度 $2b$	两针孔间距离 d	空间相干性	条纹对比度 V
点光源	无限大	完全相干	1
b	$d \leqslant d_c$	部分相干	$0 < V < 1$
b	$d > d_c$	非相干	0
$b > b_c$	无限小	非相干	0

如果用单模激光器作光源，使激光束直接照射在 S_1 和 S_2 上，由于这种激光光束在其截面不同点上有确定的位相关系，因此可产生干涉条纹。即单模激光光束的空间相干性很好。尺寸为 100μm 的矩形汞弧灯光源，当针孔屏距光源 500mm 放置时，其横向相干长度大约为 0.25mm，而激光器的横向相干长度可达 100mm 以上。

1.2.5　激光的模式

1. 激光的纵模

光波也是一种电磁波，每种光都是具有一定频率的电磁振荡。当谐振腔满足稳定条件时，在谐振腔内就构成一种稳定的电磁振荡。如图 1-18 所示，假设有一平行平面腔，对于沿轴线方向传播的光束，由于两平面镜反射而形成干涉，其干涉条件即谐振条件（或驻波条件）为

$$nl = q\frac{\lambda}{2} \tag{1-15}$$

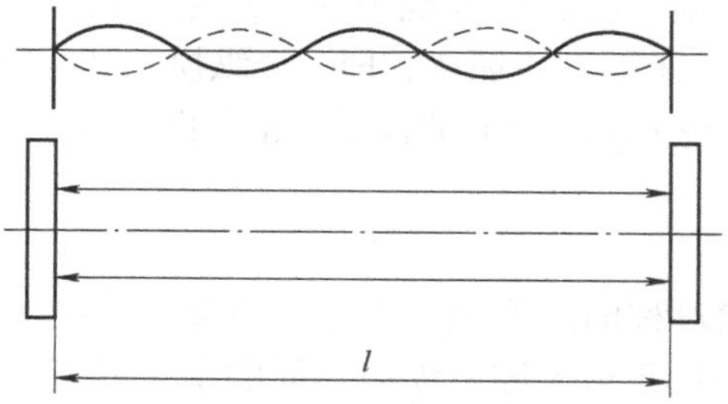

图 1-18　谐振腔中的驻波

式中，n 为激光介质的折射率，l 为谐振腔长度，λ 为谐振波长，q 为正整数。也就是说，谐振腔的光学长度等于半波长的整数倍的那些光波，将形成稳定的振荡，因为这些光波在多次反射中相位完全相同而得到最有效的加强。式（1-15）写成频率形式为

$$\nu_q = \frac{c}{2nl}q \tag{1-16}$$

式中，c 为真空中的光速。由于 q 可以取任意正整数，所以原则上谐振腔内有无限多个谐振

频率。每一种谐振频率的振荡代表一种振荡方式，称为一个“模式”。对于上述沿轴向传播的振动，称为“轴向模式”，简称“轴模”或“纵模”。

由式（1-16）可知，任意相邻两纵模间的频率间隔为

$$\Delta\nu = \nu_{q+1} - \nu_q = \frac{c}{2nl} \tag{1-17}$$

可见，纵模的频率间隔与谐振腔的光学长度成反比，与纵模的模序数 q 无关，在频谱上呈现为等间隔的分立谱线，如图 1-19a 所示。这些频率称为谐振频率，因此也称谐振腔的纵模为谐振模。

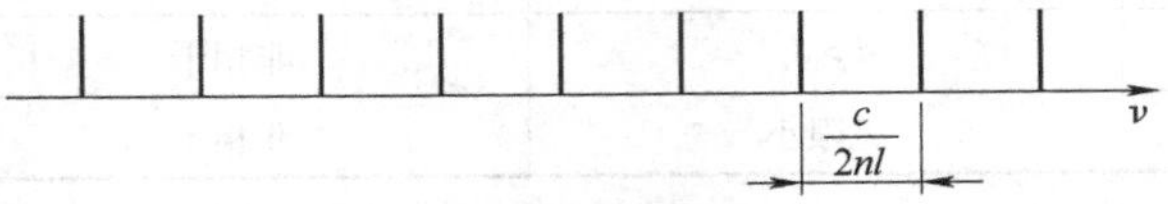

a) 纵模的频谱分布

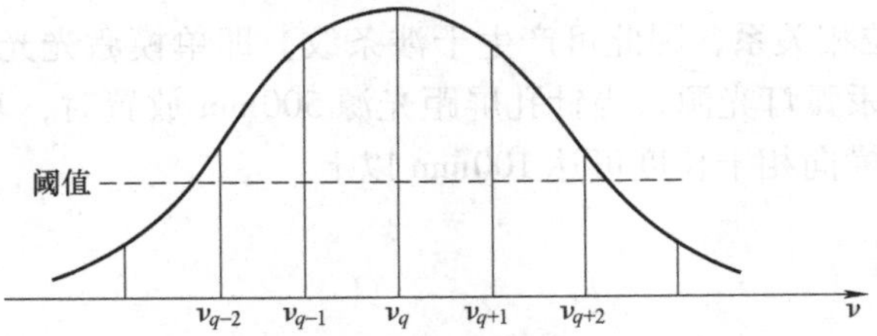

b) 增益介质的增益特性

图 1-19 纵模的频谱分布及增益介质的增益特性

上述一系列的分立频率只是谐振腔允许的谐振频率。但每一种激活介质都有一个特定的光谱曲线（或增益曲线）。又由于谐振腔存在着透射、衍射和散射等各种损耗，所以只有那些落在增益曲线范围内，并且增益大于损耗的那些频率才能形成激光。可见，激光器输出激光的频率并不是无限多个，而是由激活介质的光谱特性和谐振腔的频率特性共同决定的。对于如图 1-19b 所示的情况，落在增益曲线范围内，并且增益大于损耗（即达到阈值条件）的只有 ν_{q-2}、ν_{q-1}、ν_q、ν_{q+1}、ν_{q+2} 5 个频率，即 5 个纵模，其他频率的光波都不能形成激光振荡。在这里谐振腔起了一种频率选择器的作用，正是由于这种作用，才使激光具有良好的单色性。

2. 激光的横模

激光光束的截面形状除对称的圆形光斑以外，还会出现一些形状更为复杂的光斑，如图 1-20所示。激光的纵模对应于谐振腔中纵向不同的稳定的光场分布。光场在横向不同的稳定分布，则通常称为不同的横模。

激光的模式一般用 TEM_{mnq} 来标记，其中 q 为纵模序数，m、n 为横模序数，图 1-20 a 和 e 所画的图形称为基模，记作 TEM_{00q}，而其他的横模称为高阶（序）横模。角标 m 代表光强分布在 x 方向上的极小值数目，n 代表光强分布在 y 方向上的极小值数目。图 1-20a 在 x 方向及 y 方向都无光强的极小值，记为 TEM_{00} 模；图 1-20b 在 x 方向有一个极小值，在 y 方向没有极小值，记为 TEM_{10} 模；以此类推，图 1-20c 记为 TEM_{13} 模，图 1-20d 记为 TEM_{11} 模。另外，对旋转对称横模图形是这样标记的，即 m 表示暗环直径数，n 表示在半径方向上出现的暗环数，图 1-20f 为 TEM_{03} 模，而图 1-20g 为 TEM_{10} 模。

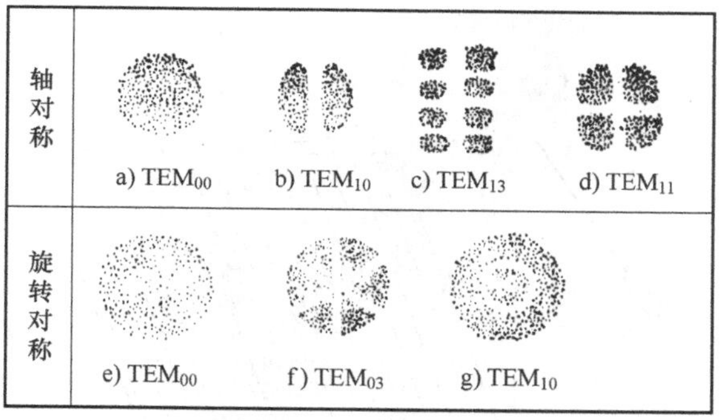

图 1-20　激光各种横模图形

通常激活介质的横截面是圆形的，所以横模图形应是旋转对称，但却常出现轴对称横模，这是由于激活介质的不均匀性，或谐振腔内插入元件（如布儒斯特窗）破坏了腔内的旋转对称性的缘故。

在实际应用中，总希望激光的横向光强分布越均匀越好，而不希望出现高阶模。造成光强分布不均匀性的原因便是谐振腔的衍射效应。光束在谐振腔内振荡而形成激光的过程，实际上就是光波在谐振腔的两个反射镜上来回反射的过程。因为反射镜的大小是有限的，光束在腔内来回反射时，镜面的边缘就起着光阑的作用。这样，如果腔内原来存在一束光强均匀分布的平行光，经过反射镜的多次反射和衍射后，就不再是平行光，而改变为另一种光束，其光强分布也不再是均匀的，改变为非均匀的。

1.3　激光的基本技术

激光的基本技术包括激光偏转技术、选模技术、稳频技术等，这些技术改善激光的输出特性，把激光与测量技术联系起来。例如稳频技术是激光作为时间、长度测量基准的关键；选模技术可提高激光光束的质量使其具有良好的方向性和单色性等。

1.3.1　激光偏转技术

1. 机械偏转

利用反射镜或棱镜等光学元件的转动或者振动，改变激光的反射或者折射方向使激光束偏转。旋转多面棱镜和激光振镜是两种常用的机械偏转方法。旋转多面棱镜是将一个具有反射表面的正多面棱体安装在旋转轴上，如图 1-21 所示，多面棱镜上有多个反射面，在其旋转的过程中每个反射面依次对激光进行反射，根据激光入射角度的改变产生激光最终的投射方向发生偏转。为了激光偏转的角度稳定可靠，对多面棱镜旋转速度和旋转轴稳定性的要求较高。

激光振镜是将反射镜安装在摆动电动机上，摆动电动机通过机械扭簧或电子方法形成复位力矩，其大小与转动过平衡位置的角度成正比。在电流驱动下电动机偏转过一定角度时，电磁力矩与复位力矩共同作用，因此反射镜在摆动电动机的带动下在平衡位置两边做扫描振动，形成激光扫描振镜。激光振镜与旋转多面棱镜组合或者两个激光振镜组合可以实现点激

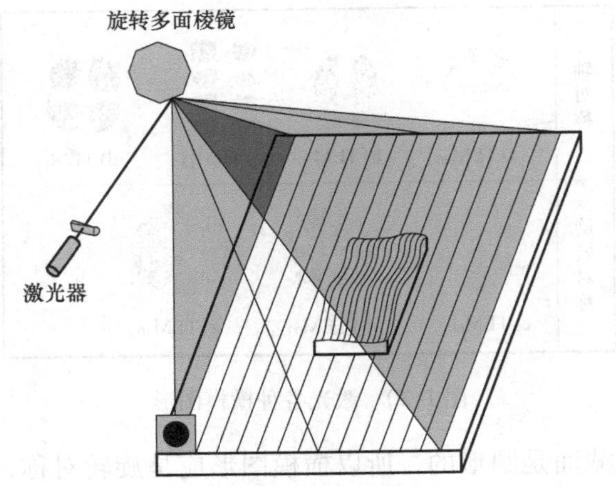

图 1-21　旋转多面棱镜激光偏转

光的二维扫描，如图 1-22 所示。激光振镜因为其价格低、控制简便、角度偏转范围大的特点，常用于激光扫描、激光打标、激光快速成型、激光焊接等领域。

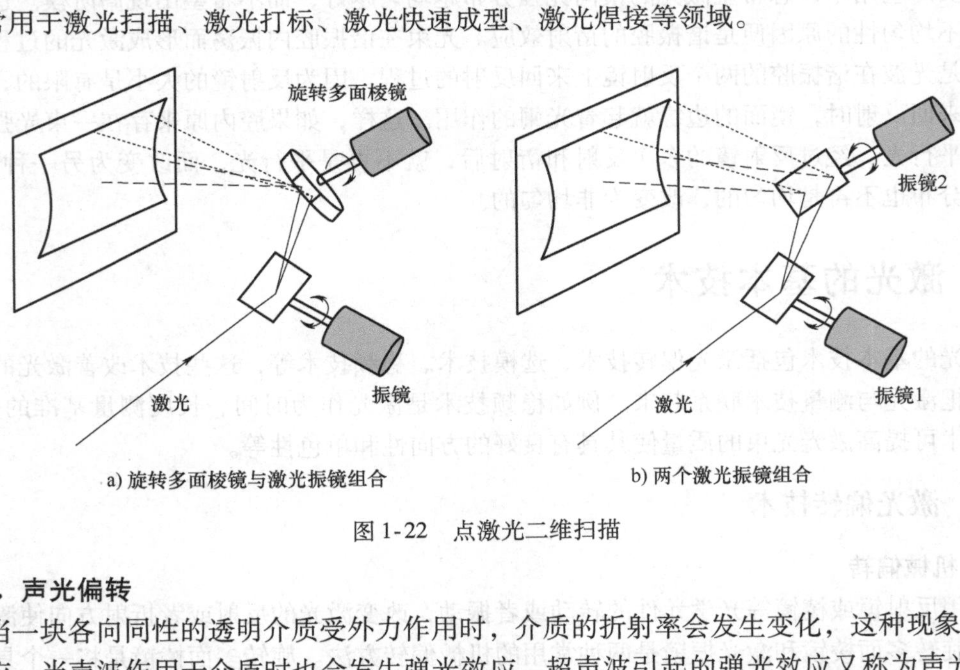

图 1-22　点激光二维扫描

2. 声光偏转

当一块各向同性的透明介质受外力作用时，介质的折射率会发生变化，这种现象称为弹光效应。当声波作用于介质时也会发生弹光效应，超声波引起的弹光效应又称为声光效应。当超声波在超声波作用下的透明介质中传播的过程中介质的折射率会产生大小的交替变化。当入射光倾斜入射到透明介质中，如果入射角满足

$$\theta_B = \frac{\lambda}{2n\Lambda} \tag{1-18}$$

式中，λ 为激光波长，Λ 为超声波在介质中传播的波长，n 为透明介质折射率。则激光在透明介质中会产生 Bragg 衍射，θ_B 称为 Bragg 角，出射光会产生 $2\theta_B$ 的偏转，如图 1-23 所示。

3. 电光偏转

利用晶体的电光效应，制成两块光楔组成电光偏转器，如图 1-24 所示。楔形棱镜的直

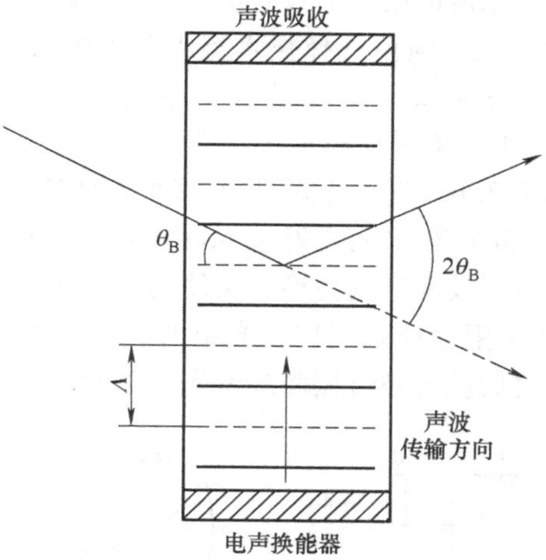

图 1-23　Bragg 衍射声光偏转

角边沿 x 轴、y 轴和 z 轴分布，但是两个晶体的光轴（z 轴）方向相反。当沿光轴方向施加外加电场时，两个棱镜之间的折射率发生相反的变化，产生折射率差 Δn，则出射光的偏转角度为

$$\theta = \arctan\left(\frac{\Delta nl}{d}\right) \approx \frac{\Delta nl}{d} \tag{1-19}$$

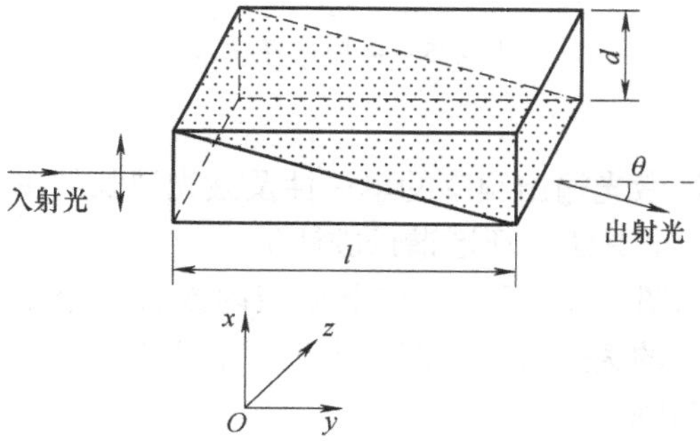

图 1-24　楔形棱镜电光偏转

声光和电光偏转的响应速度快，但是产生的偏转角度很小。

1.3.2　激光选模技术

从激光的横模和纵模来说，为保证激光良好的单色性和方向性，激光光束应该是单横模和单纵模的。但是实际的激光器输出中包含多个横模和纵模，因此需要通过选模技术改进激光光束的质量。选模技术分为两类，一类是横模选择技术，改善激光光斑的质量压缩光束的发散角，改善激光的方向性；另一类是纵模选择技术，限制激光的振动模数，改善激光的单色性。

1. 横模选择技术

横模选择就是希望激光器输出光束的横模为 TEM_{00}，这样激光器的发散角才最小。因此横模选择技术的实质就是在激光器谐振腔中只有横模TEM_{00}满足振荡条件，其他横模不满足振荡条件而达到横模选择的目的。横模选择技术有小孔光阑法、聚焦光阑法、猫眼谐振腔法、腔内插入望远镜法等，如图1-25所示。小孔光阑法（见图1-25a）使用小孔光阑，因为TEM_{00}的光束半径最小，因此只有其能够通过小孔光阑，达到滤除其他横模达到横模选择的目的。聚焦光阑法（见图1-25b）通过聚焦光束，增大TEM_{00}的体积，达到横模选择的目的。猫眼谐振腔法（见图1-25c）在平面反射镜M_2移动到透镜焦距处贴近光阑，在透镜前放置一个较大的光阑，既保持了较高的选模型，又使模体积充满了整个增益介质。腔内插入望远镜法（见图1-25d），使用望远镜系统扩大光束的直径和发散角，因为TEM_{00}的发散角最小，则其他模发散角扩大之后就会被谐振腔或者光阑抑制。

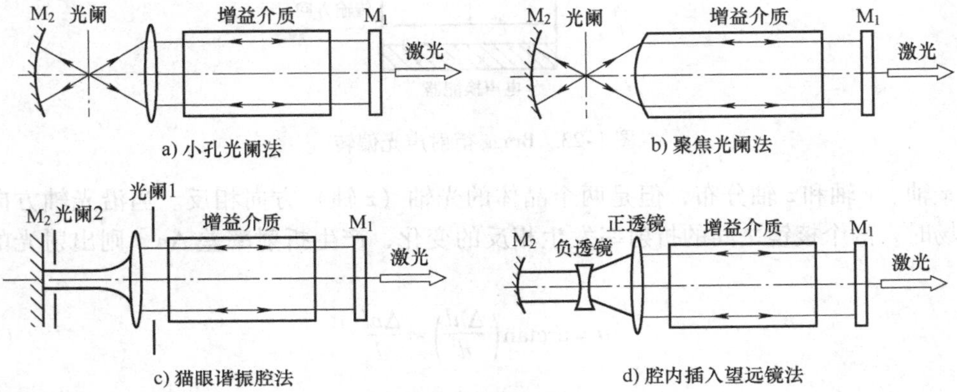

图1-25　横模选择技术

2. 纵模选择技术

纵模选择技术就是保证激光输出频率的单一性及激光波长的单色性。常用的纵模选择方法有Fabry-Perot（F-P）标准具法、环形谐振腔法等。

F-P标准具法的装置如图1-26所示，在谐振腔内放置一个平行平板作为F-P标准具，它对不同波长的光具有不同的透过特性，即相当于一个滤光片。F-P标准具透射光相邻的两个透射最大峰之间的频率间隔为

$$\Delta\nu = \frac{c}{2nL\cos\theta} \tag{1-20}$$

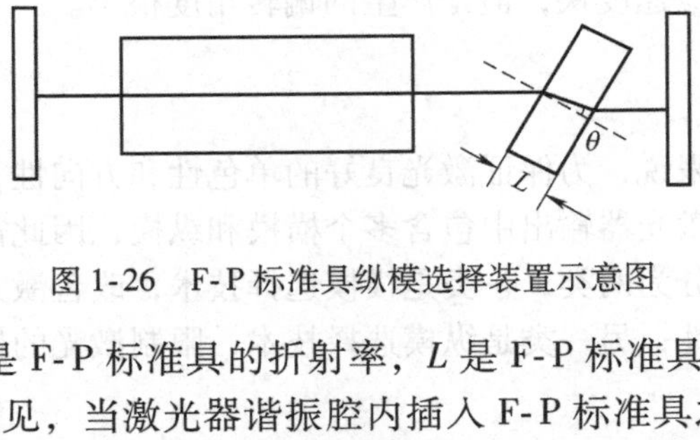

图1-26　F-P标准具纵模选择装置示意图

式中，c是真空光束，n是F-P标准具的折射率，L是F-P标准具的厚度，θ是光进入F-P标准具的折射角。由此可见，当激光器谐振腔内插入F-P标准具之后，输出激光的频率既要满足谐振腔的共振条件，又要满足F-P标准具的最大透过率。因此通过选择F-P标准具

的厚度控制器透射率最大峰之间的频率间隔，使其大于等于增益介质增益曲线的宽度的一半，激光器输出就只有一个纵模，其余的被 F-P 标准具“滤掉”，如图 1-27 所示。

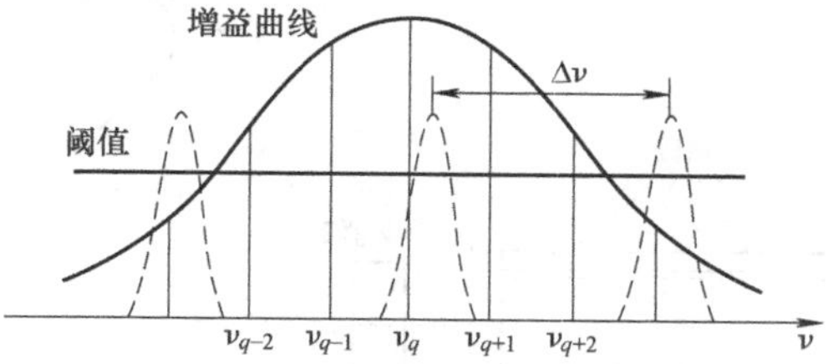

图 1-27 F-P 标准具纵模选择特性

激光器多个纵模的输出是由于谐振腔内驻波形成的条件引起的，如果能够消除谐振腔中产生驻波的特性，就能够达到纵模选择的目的。如图 1-28 所示的单向环形谐振腔法装置结构示意图，实现光束单向经过增益介质，消除了谐振腔的驻波特性。

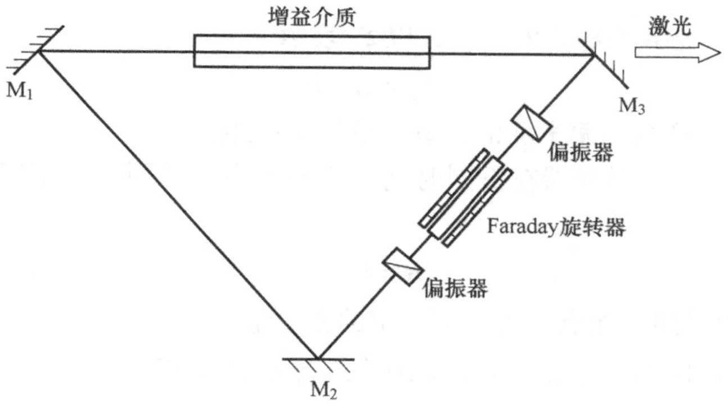

图 1-28 单向环形谐振腔法装置结构示意图

使用起偏器、Faraday 旋转器和检偏器共同作用对光束产生隔离，保证光束的单相传输，其工作原理如图 1-29 所示。入射光首先经过偏振器 1，然后经过具有纵向磁场的 Faraday 旋转器，最后经过与偏振器 1 偏振方向相同的偏振器 2 输出。当线偏振光经过 Faraday 旋转器时，其偏振方向将绕光束光轴旋转一个角度，旋转方向由磁场方向和光束传输方向决定。如果沿光束传播方向，偏振器对线偏振光偏振方向的旋转角度都是 $\alpha/2$，而 Faraday 旋转器对线偏振光偏振方向的旋转角度是 α，但方向相反，则线偏振光可以通过偏振器 2。如果光束沿相反的方向传播，Faraday 旋转器对线偏振光偏振方向的旋转角度的方向与偏振器 2 相同，则线偏振光无法通过偏振器 1，达到保证光束单向传播的作用。

1.3.3 激光稳频技术

在精密测量中，如干涉测位移，$\Delta l = n\lambda/2$，实际是把激光的波长作为一种标准值，测量的精度很大程度上取决于波长的准确程度，这就要求激光器在实现单频输出的同时，还要求激光频率变动尽可能小，要使频率保持某一特定值不变是不可能的，但可采用一定的措施，使输出频率稳定到一定程度。

为表示频率变化的程度，引入以下两个物理量。

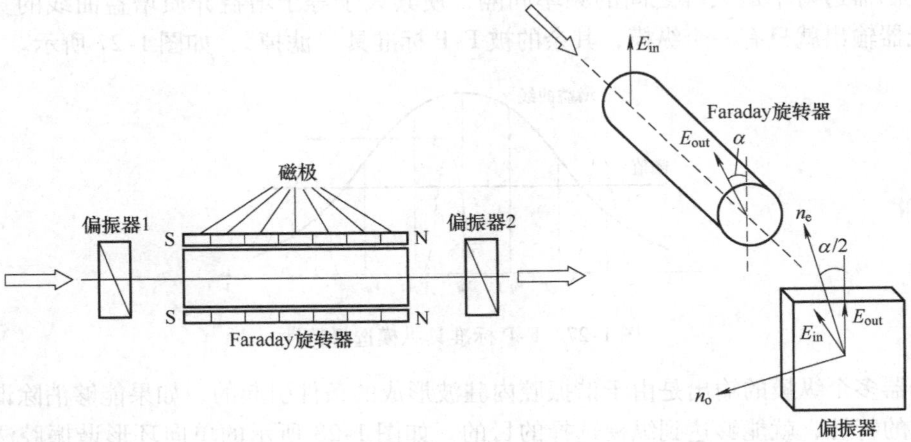

图 1-29 Faraday 旋转器工作原理

1）频率稳定度。指频率稳定的程度，以 S_ν 表示。

$$S_\nu = \Delta\nu/\bar{\nu} \tag{1-21}$$

式中，$\bar{\nu}$ 为参考频率，亦为频率平均值；$\Delta\nu$ 为频率的变化量。

2）频率再现性。同一激光器在不同时间、不同地点、不同条件下频率的重复性，以 R 表示。

$$R = \delta_\nu/\bar{\nu} \tag{1-22}$$

式中，δ_ν 表示在不同时间、地点、条件下频率的变化量。

如兰姆下陷稳频 He-Ne 激光器的 $S_\nu = 10^{-9}$，而 R 只有10^{-7}。

1. 频率变化的原因

一台普通激光器的频率是随时间变化的，激光的频率为

$$\nu_q = q\,\frac{c}{2nl} \tag{1-23}$$

如果腔长 l 及介质折射率 n 发生变化，就会引起频率的变化，即

$$\Delta\nu = -q\,\frac{c}{2nl}\left(\frac{\Delta l}{l} + \frac{\Delta n}{n}\right) \tag{1-24}$$

则有

$$\frac{\Delta\nu}{\nu} = -\left(\frac{\Delta l}{l} + \frac{\Delta n}{n}\right) \tag{1-25}$$

式中，Δl 及 Δn 为腔长和介质折射率的变化量。

造成腔长和介质折射率变化的主要原因有：

1）温度。任何材料的物体的线性尺寸都随温度而变化，即 $\Delta l/l = \alpha\Delta T$，$\alpha$ 为线膨胀系数。同时，温度变化也会引起介质折射率的变化。

2）振动。振动会引起反射镜位置变化、激光管变形，使腔长发生变化。

3）大气的影响。外腔式氦氖激光管，谐振腔的一部分暴露在大气之中，大气的气压和温度的改变影响折射率，使谐振频率发射变化。

2. 激光频率主动稳频方法

（1）兰姆（Lamb）下陷法

由于增益介质的增益饱和，在激光器的输出功率 P 和频率 ν 的关系曲线上，在中心频率 ν_0 处输出功率出现凹陷，这种现象称为兰姆下陷。下陷对中心频率对称，如图 1-30 所示。兰姆下陷稳频原理是：利用激光器的输出功率 P 和频率 ν 的关系曲线上的凹陷反应，在凹陷处输出功率随频率变化比较敏感，使激光器的频率起伏值 $\Delta\nu$ 转换成输出功率 P 的起伏值 ΔP，使用光电探测器及调理电路获取功率变化的差值信号。用此差值信号反馈控制谐振腔的长度，使激光器输出频率趋近中心频率。

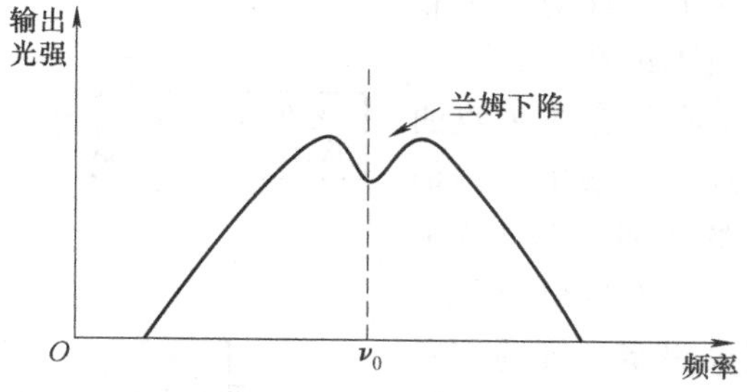

图 1-30　兰姆下陷示意图

图 1-31 是兰姆下陷稳频装置示意图。它由 He-Ne 激光器和稳频伺服系统组成。激光管是采用热膨胀系数很小的石英管，谐振腔的两个反射镜安置在殷钢架上，并把其中一个贴在压电陶瓷环上，陶瓷环的长度为几厘米，环的内外表面接有两个电极，利用压电陶瓷的电致伸缩效应，通过改变加在压电陶瓷上的电压来调整谐振腔的长度。音频振荡器除供给相敏检波器信号外，还提供一个 0～1V 的可调正弦电压加在陶瓷环上，以对腔长进行调制。光电接收器（一般采用硅光电二极管）将光信号转变为电信号。相敏检波器采用环形相敏桥，当输入信号与参考信号同相时，则输出一个正的直流电压，当两电压信号反相时，则输出一个负的直流电压。它们经直流放大后加到压电陶瓷环上，使环变长、不变和变短，即激光器谐振腔的腔长缩短、不变和变长，使激光器工作频率稳定在兰姆下陷中心频率 ν_0 处。

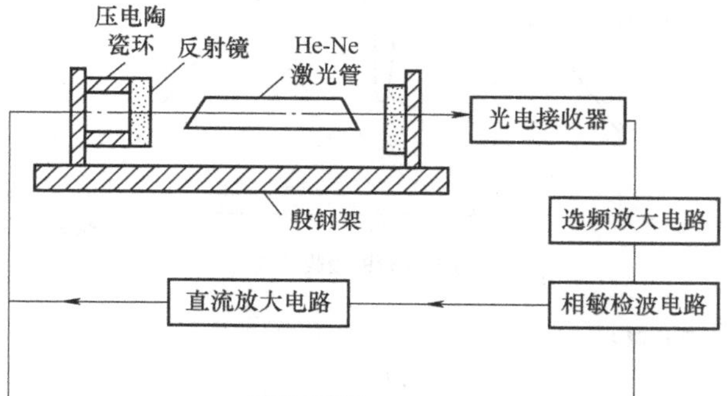

图 1-31　兰姆下陷稳频装置示意图

兰姆下陷稳频是以原子跃迁中心频率 ν_0 作为标准频率的，所以，ν_0 本身的漂移会直接影响频率的长期稳定性和再现性。采用兰姆下陷法可使 He-Ne 激光器的 0.6328μm 谱线的频率稳定度达到$10^{-10}\sim10^{-9}$，再现度只有10^{-7}。

(2) 饱和吸收法

利用激光工作物质原子谱线本身的中心频率作为标准频率进行稳频的兰姆下陷稳频方法，会受到放电条件、压力位移等因素的影响，而且线宽也比较宽，限制了稳定度的提高。为此发展了一种利用外界频率标准进行高稳定度的稳频方法，即饱和吸收法。

如图 1-32 所示，在一外腔管中放入激光管的同时再装一吸收管。增益介质的增益饱和产生兰姆下陷，如图 1-33a 所示。吸收介质对不同频率的光吸收是非线性的，对于吸收曲线的中心频率的光，吸收易饱和，而对于吸收曲线非中心频率的光，吸收不饱和，如图 1-33b 所示。这就是说，对于吸收介质吸收曲线的中心频率，腔的损耗最小，输出功率最高。造成在激光的输出功率 P 和频率 ν 的关系曲线上出现反兰姆下陷，如图 1-33c 所示。它的宽度比兰姆下陷的宽度更窄，峰的位置更稳定，下陷的斜率也更大，所以能达到较好的稳频效果。饱和吸收法稳频也叫反兰姆下陷稳频。

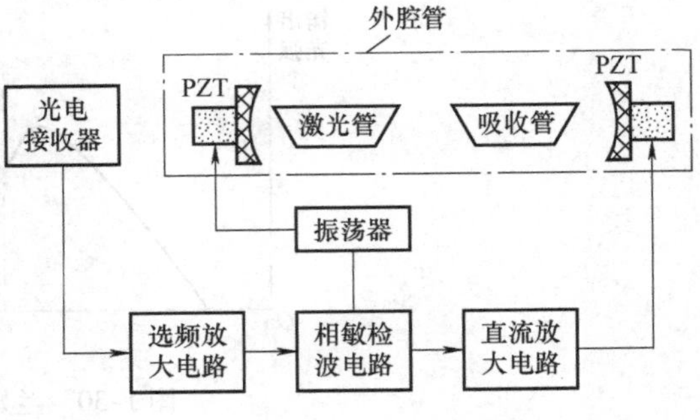

图 1-32 饱和吸收稳频装置示意图

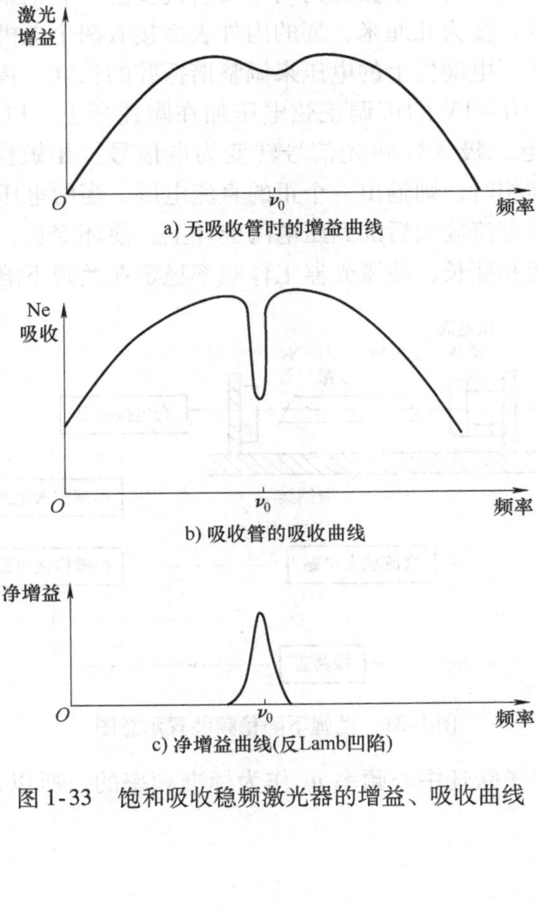

图 1-33 饱和吸收稳频激光器的增益、吸收曲线

利用反兰姆下陷稳频的饱和吸收介质已发现多种，它们与多种激光器的谱线相匹配。表1-2列出了几种饱和吸收介质，以及与其相配的激光器的稳频效果。

表1-2 几种饱和吸收介质的稳频效果

激光器类型	波长/μm	饱和吸收介质	稳定度	再现性
He-Ne	0.633	Ne	10^{-10}	10^{-8}
He-Ne	0.633	I	5×10^{-12}	2×10^{-10}
He-Ne	3.39	CH_4	10^{-14}	10^{-11}
Ar^+	0.514	I	10^{-14}	10^{-12}
CO_2	9.3，10.2	CO_2		2×10^{-10}

1.4 高斯（Guassian）光束

1.4.1 高斯光束表达式

由凹面镜构成的稳定谐振腔产生的激光束既不是均匀平面光波，也不是均匀球面光波，而是一种分布比较特殊的高斯光束，如图1-34所示。

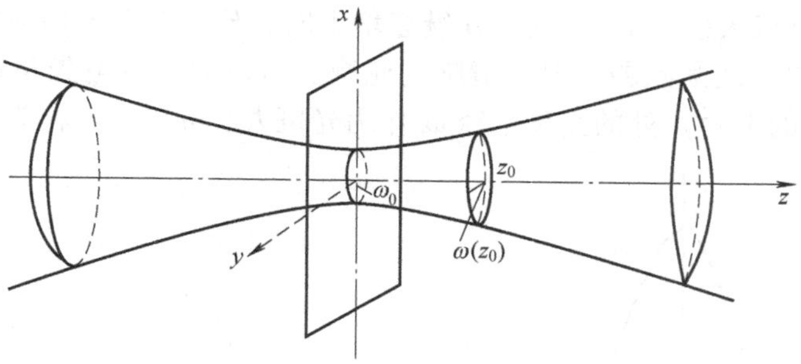

图1-34 高斯光束

沿z轴方向传播的高斯光束的电矢量表达式为

$$E(x,y,z)=\frac{A_0}{\omega(z)}\exp\left[\frac{-(x^2+y^2)}{\omega^2(z)}\right]\exp\left[-iK\left(\frac{x^2+y^2}{2R(z)}+z\right)+i\varphi(z)\right] \tag{1-26}$$

式中，$E(x,y,z)$ 是x，y，z点的电矢量；$A_0/\omega(z)$ 是z轴上（$x=y=0$）各点的电矢量振幅；$\omega(z)$ 称为z点的光斑尺寸，它是z的函数。

$$\omega(z)=\omega_0\left[1+\left(\frac{z\lambda}{\pi\omega_0^2}\right)^2\right]^{1/2} \tag{1-27}$$

式中，ω_0是$z=0$处的$\omega(z)$值，即$z=0$处的光斑尺寸，它是高斯光束的一个特征参量，称为光束的“束腰”；$K=2\pi/\lambda$，为波数；$R(z)$ 是在z处波阵面的曲率半径，是z的函数，其表达式为

$$R(z)=z\left[1+\left(\frac{\pi\omega_0^2}{\lambda z}\right)^2\right] \tag{1-28}$$

$\varphi(z)$ 是与 z 有关的位相因子

$$\varphi(z) = \arctan \frac{\lambda z}{\pi \omega_0^2} \tag{1-29}$$

1.4.2 高斯光束的特性

1. $z=0$ 的情况

将 $z=0$ 代入式（1-26），得出 $z=0$ 处的电矢量表达式为

$$E(x, y, 0) = \frac{A_0}{\omega_0}\exp\left[\frac{-\rho^2}{\omega_0^2}\right] \tag{1-30}$$

式中，$\rho^2 = x^2 + y^2$。

从式（1-30）可以看出：

1）与 x，y 有关的位相部分消失，即 $z=0$ 的平面是等相面，它与平面波的波阵面一样。

2）振幅部分是一指数表达式，这种指数函数叫高斯函数，通常称振幅的这种分布为高斯分布。

图 1-35a 为 $z=0$ 处的电矢量 $\boldsymbol{E}$ 的分布曲线，由图可知，当 $\rho=0$（即光斑中心）处振幅最大，为 $A(0, 0, 0) = A_0/\omega_0$。在 $\rho = \omega_0$ 处有

$$A(\rho, 0) = \frac{1}{e}\frac{A_0}{\omega_0} = \frac{1}{e}A(0, 0, 0) \tag{1-31}$$

即电矢量振幅下降到极大值的 $1/e$；而当 ρ 继续增大时，E 值继续下降而逐渐趋向于零。可见光斑中心最亮，向外逐渐减弱，但无清晰的轮廓。所以通常以电矢量振幅下降到中心值 $1/e$（光强为中心值的 $1/e^2$）处的光斑半径 ω_0 作为光斑大小的量度，称为束腰。

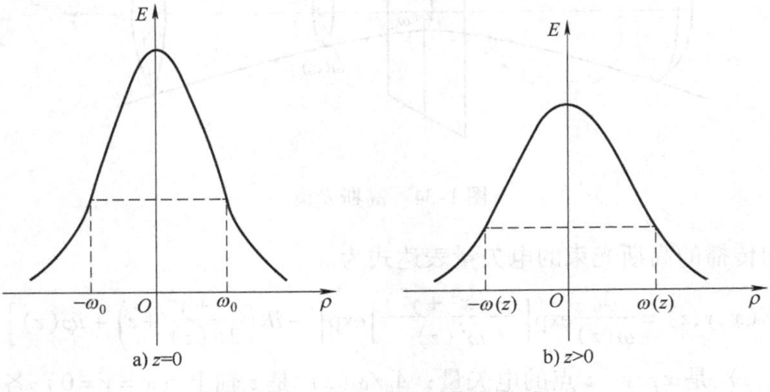

图 1-35　电矢量 $\boldsymbol{E}$ 的分布曲线

从以上分析看到，高斯光束在 $z=0$ 处的波阵面是一平面，这一点与平面波相同，但其光强分布是一种特殊的高斯分布，这一点不同于平面波。也正是由于这一差别，决定了它沿 z 方向传播时不再保持平面波的特性，而以高斯球面波的特殊形式传播。

2. $z=z_0>0$ 的情况

当 $z=z_0>0$ 时，电矢量 $\boldsymbol{E}$ 表达为

$$E(x, y, z_0) = \frac{A}{\omega(z_0)}\exp\left\{\frac{-(x^2+y^2)}{\omega^2(z_0)}\right\}\exp\left\{\left[-iK\left(\frac{x^2+y^2}{2R(z_0)}\right)+z_0\right]+i\varphi(z_0)\right\} \tag{1-32}$$

（1）相位部分

表示高斯光束在 $z=z_0>0$ 处的波阵面是一球面，其曲率半径为 $R(z_0)$。由式（1-28）知

$$R(z_0)=z_0\left[1+\left(\frac{\pi\omega_0^2}{\lambda z_0}\right)^2\right]>z_0 \tag{1-33}$$

即波阵面的曲率半径 $R(z_0)$ 大于 z_0，且 R 随 z 而异，即作为波阵面的球面的曲率中心不在原点，而且不断变化，如图1-36所示。

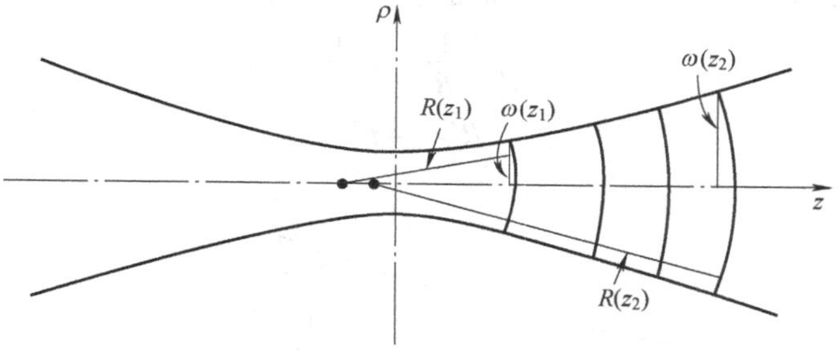

图1-36 高斯光束电矢量分布曲线

（2）振幅部分

与 $z=0$ 处相仿，但仍中心最强，同时按高斯函数形式向外逐渐减弱，如图1-35b所示。但此时光斑尺寸 $\omega(z_0)$

$$\omega(z_0)=\omega_0\left[1+\frac{z_0^2\lambda^2}{\pi^2\omega_0^2}\right]^{1/2}>\omega_0 \tag{1-34}$$

（3）光束的发散角

从式（1-34）可知，在 $z=0$ 处的光斑尺寸最小，该点的光斑尺寸 ω_0 为束腰，而 $\omega(z)$ 随 z 增大，表示光束逐渐发散。通常以 2θ 来描述光束的发散角，表达式为

$$2\theta=2\frac{\mathrm{d}\omega(z)}{\mathrm{d}z}=\frac{2\lambda^2 z}{\pi\omega_0}[\pi^2\omega_0^4+z^2\lambda^2]^{-1/2} \tag{1-35}$$

当 $z=0$ 时，$2\theta=0$；当 $z=\dfrac{\pi\omega_0^2}{\lambda}$时，$2\theta=\dfrac{\sqrt{2}\lambda}{\pi\omega_0}$；当 $z\to\infty$ 时，$2\theta=2\dfrac{\lambda}{\pi\omega_0}$。

高斯光束的远场发散角 2θ 为 $2\dfrac{\lambda}{\pi\omega_0}$，而在 $z=0$ 附近发散角很小，随 z 逐渐增大，到 $z=\dfrac{\pi\omega_0^2}{\lambda}$时，才达到远场发散角 $1/\sqrt{2}$。通常称 $z=0$ 处到 $z=\dfrac{\pi\omega_0^2}{\lambda}$的范围为准直距离，在此区间发散角最小。

3. $z=-z_0$ 的情况

与 $z=z_0$ 相似，它的振幅分布与 $z=z_0$ 处完全一样，只是 $R(-z_0)=-R(z_0)$，在 z_0 处为向 z 方向传播的发散球面波，而在 $-z_0$ 处，则是向 z 方向传播的会聚球面波。两者曲率半径的绝对值相等。

综上所述，式（1-26）表达的高斯光束在 $z_0<0$ 处沿 z 方向传播的会聚球面波，当它到达 $z=0$ 处变成一个平面波，当继续传播时又变成一个发散的球面波。光束各处上的光强均为高斯分布。

1.4.3 高斯光束的聚焦

为使高斯光束获得良好的聚焦，通常采用短焦距透镜，或者使高斯光束束腰离透镜甚远。

1. 聚焦点位置

如图 1-37 所示，一高斯光束入射短焦距透镜 L，入射光束在透镜处波阵面曲率半径为 R，透镜焦距为 f，且 $R \gg f$，出射光波阵面曲率半径为 R'，则

$$\frac{1}{R'} - \frac{1}{R} = -\frac{1}{f}$$

$$R' \approx -f$$

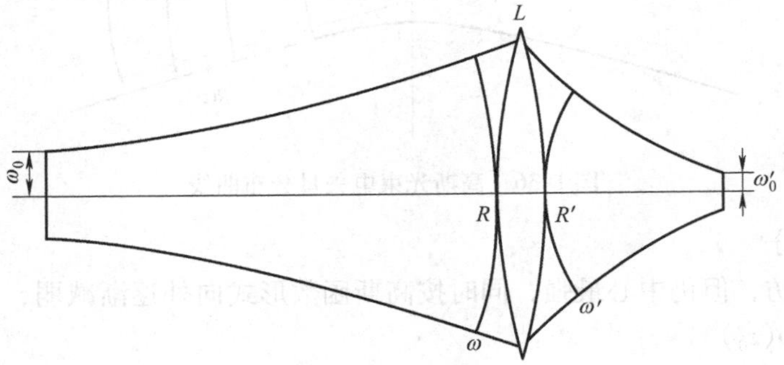

图 1-37 高斯光束的聚焦

由式（1-27）和式（1-28）得到出射光束腰与透镜的距离

$$z' = R'\left[1 + \left(1 + \frac{\lambda R'}{\pi\omega^2}\right)^2\right]^{-1} = -f\left[1 + \left(\frac{\lambda f}{\pi\omega^2}\right)\right]^{-1} \tag{1-36}$$

如果 $\frac{\lambda f}{\pi\omega^2} \ll 1$ $\left(\text{例如取 } \omega = 1\text{mm},\ f = 20\text{mm},\ \lambda = 0.6328\mu\text{m},\ \text{则} \frac{\lambda f}{\pi\omega^2} \approx 0.004\right)$，则式（1-36）简化为

$$z' \approx -f$$

即高斯光束经短焦距透镜会聚后，束腰的位置在透镜前焦点附近。

2. 聚焦点尺寸

从透镜射出的高斯光束在腰部最细，所以腰的粗细是聚焦后光斑的大小。如果仍有 $\frac{\lambda f}{\pi\omega^2} \ll 1$，且利用 $R' = -f$，$\omega' = \omega$，则由式（1-27）和式（1-28）可求解出出射的高斯光束腰粗

$$\omega'_0 = \omega'\left[1 + \left(\frac{\pi\omega'^2}{\lambda R'}\right)^2\right]^{-\frac{1}{2}} \approx \omega\frac{\lambda f}{\pi\omega^2} = \frac{\lambda f}{\pi\omega} \tag{1-37}$$

1.4.4 高斯光束的准直

在实际应用中往往需要改善激光束的方向性，即要压缩光束的发散角，一般使用倒置望远镜系统，如图 1-38 所示。两透镜间的距离 D 等于其焦距之和，即 $D = f_1 + f_2$，其中 $f_2 \gg$

f_1，如有一高斯光束从左方入射倒置望远镜系统，那么，当透镜 L_1 为短焦距的薄透镜时，则根据式（1-37）有

$$\omega_{20}=\frac{\lambda}{\pi\omega_2}f_1=\frac{\lambda}{\pi\omega_1}f_1 \tag{1-38}$$

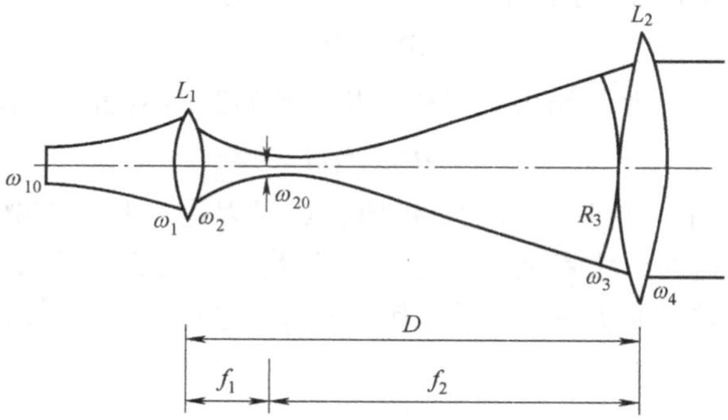

图 1-38　高斯光束准直

同样，就透镜 L_2 而言

$$\omega_{20}=\frac{\lambda}{\pi\omega_3}f_2 \tag{1-39}$$

所以

$$\omega_3=\frac{\lambda}{\pi\omega_{20}}f_2 \tag{1-40}$$

将式（1-38）代入式（1-40）得

$$\omega_3=\frac{f_2}{f_1}\omega_1 \tag{1-41}$$

而在透镜 L_2 处入射光束的曲率半径为 R_3，$R_3\approx f_2$。从透镜 L_2 出射的高斯光束曲率半径 R_4 为

$$\frac{1}{R_4}=\frac{1}{f_2}-\frac{1}{R_3}\approx 0 \tag{1-42}$$

即

$$R_4\approx\infty$$

由此可见，一个高斯光束经过一个倒置望远镜准直系统后，从透镜 L_2 出射光束的曲率半径为无尽大，即出射光在透镜 L_2 处为一平面波，出射光的束腰位于透镜 L_2 处，束腰尺寸

$$\omega_{40}=\omega_4=\omega_3=\omega_1\frac{f_2}{f_1} \tag{1-43}$$

所以，出射光的发散角

$$2\theta_4=2\frac{\lambda}{\pi\omega_{40}}=2\frac{\lambda}{\pi\omega_1}\frac{f_1}{f_2} \tag{1-44}$$

而入射光的发散角

$$2\theta_0=2\frac{\lambda}{\pi\omega_{10}} \tag{1-45}$$

此时发散角的压缩比

$$M' = \frac{2\theta_0}{2\theta_4} = \frac{f_2}{f_1}\frac{\omega_1}{\omega_{10}} = \frac{\omega_1}{\omega_{10}}M \tag{1-46}$$

式中，$M = \frac{f_2}{f_1}$是望远镜主镜 L_2和副镜 L_1的焦距比，通常称为倒置望远镜系统的压缩比。如果高斯光束从半共焦腔的平面镜输出，$\omega_1 \approx \omega_{10}$，则系统的压缩比

$$M' \approx M$$

即与倒置望远镜的压缩比一致。如果光束从半共焦腔的凹面镜输出，$\omega_1 = \sqrt{2}\omega_{10}$，则有

$$M' = \sqrt{2}M \tag{1-47}$$

即发散角压缩比可以提高。如进一步增大 ω_1值，还可以进一步压缩光束。需要注意的是由于 ω_{20}需要严格在透镜 L_2的后焦点上，而透镜 L_1只将光束近似聚焦在它的焦点附近。所以，两透镜之间的距离不再严格是$f_1 + f_2$，而是有所偏离，这点在调节系统时必须加以注意。

第2章

激光干涉测量技术

光波干涉是指在两个（或多个）光波叠加的区域形成强弱稳定的光强分布的现象，干涉测量技术是以光波干涉原理为基础来进行测量的一门技术。20世纪60年代以来，由于激光的出现、隔振条件的改善、电子与计算机技术的成熟，使干涉测量技术得到了长足发展和广泛应用。干涉测量技术大都是非接触测量，具有很高的测量灵敏度和准确度。干涉测量应用范围十分广泛，可用于位移、长度、角度、面形、介质折射率的变化、振动等方面的测量。

2.1 双光束干涉测量

双光束干涉是指两列光波叠加后产生稳定的干涉条纹。形成干涉的这两列光波必须满足三个基本相干条件：频率相同、振动方向相同和恒定的位相差。显然，为发生干涉现象，必须利用同一发光原子发出的同一波列分割出来的两束光波。原子不同时刻发出的两列波，位相差无规则且频繁变化不会产生干涉。两列光波发生干涉的最大光程差等于光波的波列长度。激光的波列长度比普通单色光源要长得多，所以激光可以在很大的光程差下得到干涉条纹。

2.1.1 双光束干涉的基本原理

单色光某一平面 $x-y$ 的复振幅可以表示为

$$A(x, y) = a(x, y)\exp[\mathrm{j}\phi(x, y)] \tag{2-1}$$

式中，$\phi(x, y)$ 是光波的相位，取决于光波的波长和其光程 $L(x, y)$，即

$$\phi(x, y) = \frac{\lambda}{2\pi}L(x, y) \tag{2-2}$$

式中，$L(x, y) = nl$，n 为光路上介质的折射率，l 为光路的几何路程。

在双光束干涉测量中，两路频率和振动方向相同的单色光 $A_1(x, y)$ 和 $A_2(x, y)$ 叠加后，形成的合成强度为

$$I(x, y) = |A_1(x, y) + A_2(x, y)|^2 = I_0(x, y) + I_c(x, y)\cos\Delta(x, y) \tag{2-3}$$

式中

$$I_0(x,\ y) = a_1^2(x,\ y) + a_2^2(x,\ y)$$
$$I_c(x,\ y) = 2a_1(x,\ y)a_2(x,\ y) \tag{2-4}$$
$$\cos\Delta(x,\ y) = \phi_2(x,\ y) - \phi_1(x,\ y)$$

由此可见，在合成强度中包含了两路光的振幅和相位信息。因此在双光束干涉测量过程中通过对干涉条纹强度的测量得到了两路光的相位差，代入式（2-2）中可以计算得到两路光的光程差，而光程差代表了该光路中折射率或几何路程的变化。因此使用双光束干涉方法，通过测量干涉条纹的变化，可以实现与长度和折射率相关被测量的间接测量。

2.1.2 干涉测长原理

激光干涉测长是一种所谓“增量法”长度测量，激光光束被分成两路，一路是测量光，一路是参考光，当测量光的光程发生变化，干涉条纹将发生明暗交替变化。若用光电探测器接收某一条纹，当被测对象移动一定距离时，该条纹明暗交替变化一次，光电探测器输出信号将变化一个周期，记录下信号变化的周期数，便确定了被测长度。

迈克耳孙干涉仪是最典型的干涉测长仪器，如图2-1所示。一束激光经分光器B分成两束，分别经参考反射镜 M_1 和目标反射镜 M_2 后沿原路返回，并在分光点 O 处重新相遇，两束光的光程差为

$$\Delta_1 = 2n(L_m - L_c) \tag{2-5}$$

式中，n 为空气的折射率，L_m 为目标反射镜 M_2 到分光点 O 的距离，L_c 为参考反射镜 M_1 到分光点 O 的距离。

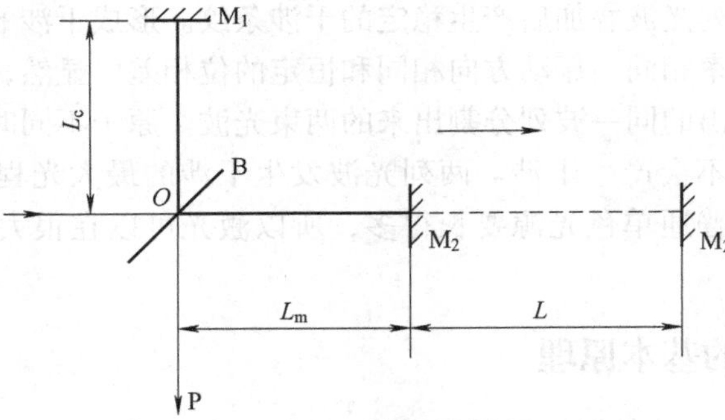

图2-1 迈克耳孙干涉仪长度测量示意图

测量结束时，目标反射镜 M_2 移过被测长度 L 后，处于 M_2' 的位置。此时两光束的光程差为

$$\Delta_2 = 2n(L_m + L - L_c) = 2nL + \Delta_1 \tag{2-6}$$

在测量开始和结束这段时间里，光程差的变化量

$$d\Delta = \Delta_2 - \Delta_1 = 2nL \tag{2-7}$$

光程差每变化一个波长干涉条纹就明暗交替变化一次，则测量过程中与 $d\Delta$ 相对应的干涉条纹变化次数为

$$K = \frac{d\Delta}{\lambda_0} = \frac{2nL}{\lambda_0} \tag{2-8}$$

式中，λ_0 为激光光波中心波长。

测得干涉条纹的变化次数 K 之后，即可由上式求得被测长度 L 。在实际测量中，采用干涉条纹计数法，测量开始时使计数器置零，测量结束时计数器的示值即为与被测长度 L 相对应的条纹数 K。可把式（2-8）改写为

$$L = K\frac{\lambda}{2} \tag{2-9}$$

式中，$\lambda = \lambda_0/n$，是激光光波在介质中的波长。

2.1.3　干涉仪的组成

1. 激光干涉仪的光源

因为 He-Ne 激光器输出激光的频率和功率稳定性高，它以连续激励的方式运转，在可见光和红外光区域里可产生多种波长的激光谱线。所以，He-Ne 激光器特别适合作相干光源。

2. 激光干涉仪的分光方法

（1）分波阵面法

激光器发出的光，经准直扩束后，得到一平面光波的波阵面。利用有微小夹角的两反射镜 M_1 和 M_2（菲涅尔双面镜）的反射，将光波的波阵面分为两部分，然后使二者在屏幕 P 处相遇，在屏上出现明暗相间的干涉条纹，如图 2-2a 所示。分波阵面法的典型干涉仪有菲涅尔干涉仪、瑞丽干涉仪等。

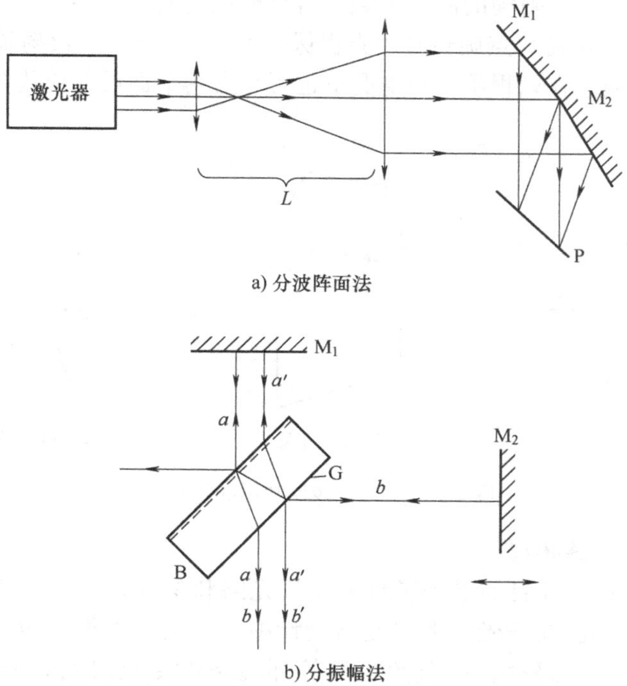

图 2-2　常用分光方法

(2) 分振幅法

把一束光分成两束以上的光束，它们全具有原来波的波前，但振幅减小了，如迈克耳孙干涉仪。常用的分光器有：平行平板分光器和立方体分光器，如图 2-2b 所示。其中，立方体分光器上可以蒸镀或胶合干涉仪的其他元件，组成整体式干涉仪布局，它易与系统的机座牢固联接。分振幅法的典型干涉仪有迈克耳孙干涉仪、马赫-曾德尔干涉仪等。

3. 激光干涉仪常用反射器

(1) 平面反射镜

平面反射镜对光偏转的过程中将产生附加的光程差，在采用多次反射以提高测量精度的系统或长光程干涉仪中，此项误差不可忽略。

(2) 角锥棱镜反射器

如图 2-3a 所示，它具有抗偏摆和俯仰的性能，可以消除偏转带来的误差，是干涉仪中常用的器件。

(3) 直角棱镜反射器

如图 2-3b 所示，它的三个角分别为 45°、45°、90°，光入射在斜面上。它只有两个反射面，加工起来比较容易，并只对一个方向的偏转敏感。对于垂直入射面的平面偏振光不受干扰。

(4) “猫眼”反射器

如图 2-3c 所示，它由一个透镜 L 和一个凹面反射镜 M 组成。反射镜放在透镜的主焦点上，从左边来的入射光束聚焦在反射镜上，反射镜又把光束反射到透镜，并沿与入射光平行的方向射出，这个作用与反射镜的曲率无关。若反射镜的曲率中心 C' 和透镜的中心 C 重合，那么当透镜和反射镜一起绕 C 点旋转时，光程保持不变。“猫眼”反射器的优点是容易加工和不影响偏振光的传输。在光程不长的情况下也可考虑用平面反射镜代替凹面反射镜，这样更容易加工和调整。

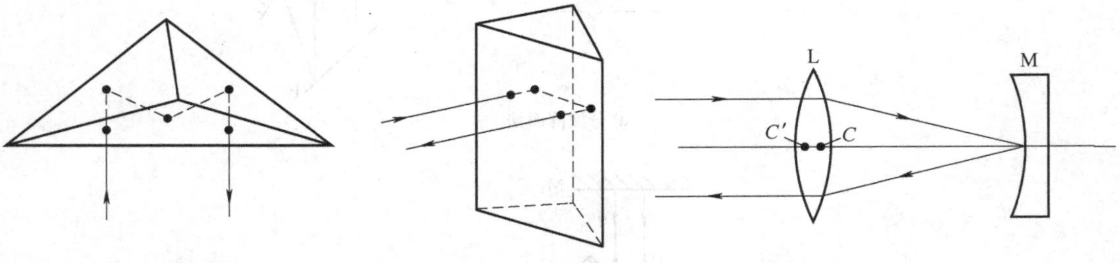

a) 角锥棱镜反射器　　b) 直角棱镜反射器　　c) “猫眼”反射器

图 2-3　激光干涉仪常用的反射器

4. 激光干涉仪的光路布局

激光干涉仪的光路设计目的是为了形成测量光路和参考光路，并使被测量的变化体现为测量光路的光程变化。在激光干涉仪光路设计中，一般应遵循“共路原则”，即测量光束与参考光束尽量走同一路径，以避免大气等环境条件变化对两条光路影响不一致而引起测量误差。同时，根据不同应用需要，要考虑测量精度、条纹对比度、稳定性及实用性等因素。

(1) 使用角锥棱镜反射器

这是常用的一种光路布局，如图2-4a所示。角锥棱镜可使入射光和反射光在空间分离一定距离，所以，这种光路可避免反射光束返回激光器。激光器是一个光学谐振腔，若有光束返回激光器将引起激光输出频率和振幅的不稳定。同时，角锥棱镜具有抗偏摆和俯仰的性能，可以消除测量镜偏转带来的误差。图2-4a所示光路的缺点是这种成对使用的角锥棱镜要求配对加工，而且加工精度要求高。故常采用一个作为可动反射镜，参考光路中用平面反射镜作固定反射镜，组成图2-4b所示的双光束干涉仪，它也是一种较理想的光路布局，基本上不受镜座多余自由度的影响，而且光程增加一倍。

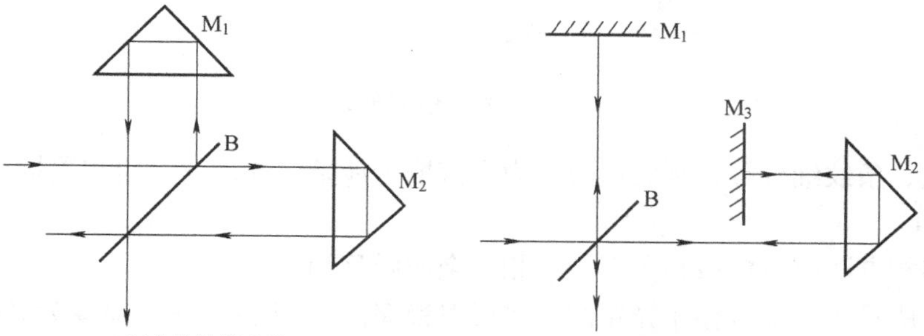

图2-4　使用角锥棱镜反射器的光路布局

(2) 整体式布局

这是一种将多个光学元件结合在一起，构成一组合结构的布局。如图2-5所示，采用立方体分光器，反射器蒸镀在它上面。整个系统对外界的抗干扰性较好，抗动镜多余自由度能力强，测量灵敏度提高一倍。但这种整体式布局调整不方便，光强吸收较严重。

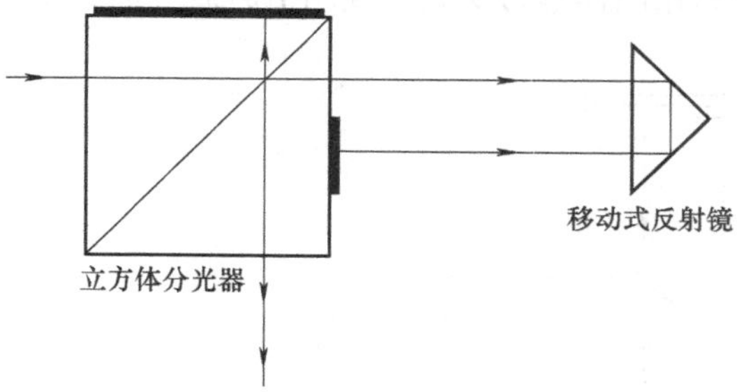

图2-5　整体式光路布局

(3) 光学倍频布局

为提高干涉仪的灵敏度，可使用光学倍频（也称光程差放大器）的棱镜系统，如图2-6所示。角锥棱镜 M_1 每移动 $\lambda/2k$ 干涉条纹便发生一次明暗交替变化，k 为倍频系数，图中 $k=6$。利用光学倍频的干涉系统能用简单的脉冲计数作精密测量，而无须进行条纹细分。这种技术还可使干涉仪结构紧凑，减小温度、空气及机械干扰的影响。

5. 干涉条纹处理

干涉条纹的处理过程分为移相和判向计数，移相是为了产生相位差 $\pi/2$ 的电信号输出，

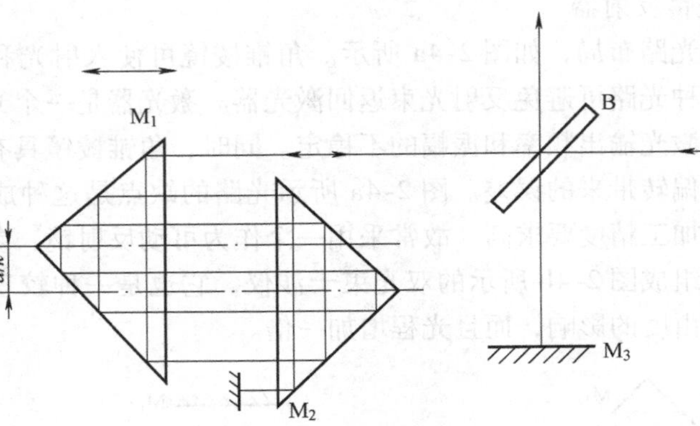

图 2-6　光学倍频布局

实现可逆计数、条纹细分等，判向计数是为了获取干涉条纹移动的方向和数量，实现测量。

（1）移相

常用的移相方法有阶梯板和翼形板移相、金属膜移相等。

如图 2-7 所示是阶梯板移相光路图。在反射镜 M_1 的半边蒸镀一层厚度为 d 的透明介质，使其造成 $\lambda/8$ 的阶梯，使光束的左右两半边产生 $\lambda/4$ 的初程差。当两光电接收器 D_1 和 D_2 同时对准狭缝中心时，便能获得相移为 $\pi/2$ 的信号输出。翼形板移相的原理与阶梯板移相相同，常安放在参考光束一侧。翼形板由一块加工十分精密的平行玻璃平板截成两块，在它们的一端磨出所需的倾角 $\theta/2$，然后按图 2-8 所示胶合成翼形板。当光束两次通过翼形板时，θ 角可按下式计算：

$$\theta = \sqrt{2nd\lambda}/2d \tag{2-10}$$

采用阶梯板或翼形板移相同样容易受大气扰动引起波阵面畸变的影响。

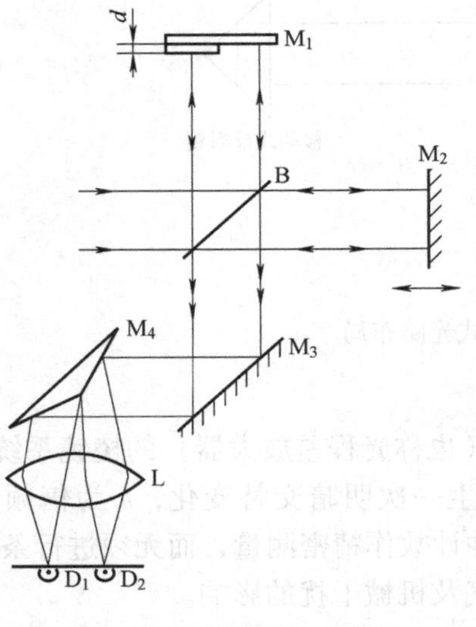

图 2-7　阶梯板移相光路图

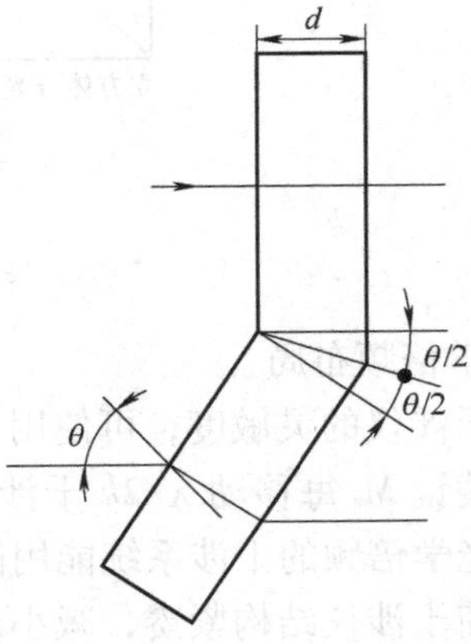

图 2-8　翼形板结构图

利用金属膜表面反射和透射时产生附加位相差的原理，在分光器的分光面上镀上金属膜做成金属膜分幅移相器，如图 2-9 所示。它的移相程度取决于镀层的厚度及其组成。铝膜可以移相 70°～90°左右，金银合金膜的稳定性比铝膜好。在图 2-9 中，光路 2 中产生干涉的两束光均经过金属移相膜的一次透射和一次反射，光电接收器接收的是位相相同的两束激光所形成的干涉条纹。而在光路 1 中产生干涉的两束光，一束是经过金属移相膜的两次反射，另一路则经过两次透射。若金属移相膜使反射光束和透射光束产生 45°位相差，则光电接收器接收的是位相差为 90°两束光的干涉信号。这样，两个光电接收器接收的信号位相差为 90°。这种移相方法的优点是两光束受振动和大气扰动的影响相同，元件少，结构紧凑。其缺点是两相干光束的光强不同，影响条纹对比度，改善办法是在光束强的反射器前放一块吸收滤光片，使两束光强接近一致以提高对比度。

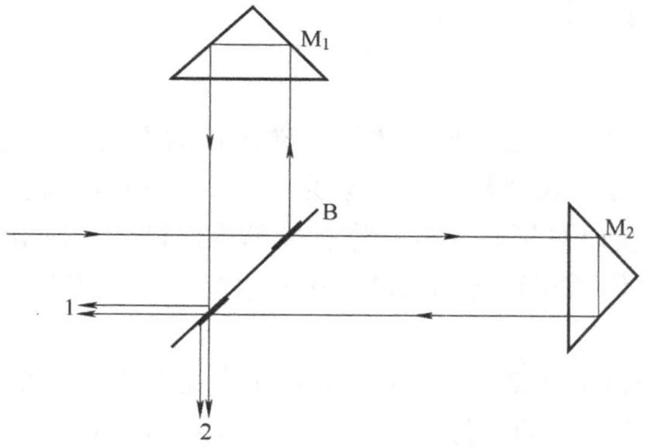

图 2-9　金属膜移相光路图

(2) 判向计数

干涉仪在实际测量位移时，由于测量反射镜在测量过程中可能需要正、反两方向的移动，或由于外界振动、导轨误差等干扰，使反射镜在正向移动中，偶然有反向移动，所以，干涉仪中需设计方向判别部分，将计数脉冲分为加和减两种脉冲，当测量镜正向移动时所产生的脉冲为正脉冲，而反向移动时所产生的脉冲为减脉冲。将这两种脉冲送入可逆计数器进行可逆计算就可以获得真正的位移值。如果测量系统中没有判向能力，光电接收器接收的信号是测量镜正、反两方向移动的总和，并不代表真正的位移值。

通过移相获得两路相差 $\pi/2$ 的干涉条纹的光强信号，该信号由两个光电探测器接收，便可获得与干涉信号相对应的两路相差 $\pi/2$ 的正弦信号和余弦信号，经放大、整形、倒向及微分等处理，可以获得四个相位依次相差 $\pi/2$ 的脉冲信号。当测量光路的光程增加或者减少时，这四个脉冲信号的顺序发生改变，由后续的数字逻辑电路实现判向的目的。

经判向电路后，将一个周期的干涉信号变成四个脉冲输出信号，使一个计数脉冲代表 1/4 干涉条纹的变化，即表示目标镜的移动距离为 $\lambda/8$，实现了干涉条纹的四倍频计数，相应的测量长度为

$$L = K\frac{\lambda}{8} \tag{2-11}$$

2.1.4　干涉条纹对比度

干涉测量是将被测量引起的光的位相变化转化为干涉信号光强的变化，由光电接收器探

测出这种光强变化，从而实现高精度测量。所以，获得高质量的干涉信号是保证测量系统稳定性和测量精度的必要条件。干涉条纹对比度是反映干涉信号的重要指标，它可以表示为

$$M=\frac{I_{max}-I_{min}}{I_{max}+I_{min}} \tag{2-12}$$

式中，I_{max}和I_{min}分别表示干涉信号的最大光强和最小光强。对比度M的值在0～1之间变化，当$M=1$时，干涉条纹质量最好，当$M=0$时，没有干涉条纹。

实际干涉仪中，干涉条纹的对比度都小于1。影响干涉信号对比度的因素很多，主要有光源的相干性、两相干光束之间的光强差异及不同的偏振态、外界的漫射光以及机械系统的热变形等。所以，在实际应用中，应设法减小或消除这些方面的干扰。

2.1.5 双光束干涉的应用

1. 激光比长仪

激光比长仪采用激光器作光源，通过光波干涉比长的方法来检定基准米尺，即通过激光干涉仪实现基准米尺和光波波长比较。由于激光波长具有高度的稳定性，其测量复现性高，标准偏差小于5×10^{-8}，所以可用激光波长作长度基准。同时，激光干涉仪的输出信号易于实现光电转换，这样就提供了实现动态自动测量的可能性，从根本上解决了检定基准米尺的准确度与效率的问题。

激光比长仪的工作原理如图2-10所示。He-Ne激光器1发出的激光束经平行光管2后将光束变为光斑直径达ϕ50mm的平行光，经反射镜3和分光镜4后将光束分为两路。一路光透过分光器经反射镜5射入固定角锥棱镜6，另一路光由反射器反射至可动角锥棱镜7。分光镜4至固定角锥棱镜6为一固定的光程，分光镜4至可动角锥棱镜7为一随工作台11移动而改变的光程，两者的光程差为激光半波长的偶数倍时出现亮条纹，奇数倍时出现暗条纹。所以工作台11连续移动时就会产生亮暗交替变化的条纹。移相板8将干涉图样分为两组，此两组干涉条纹的位相差为90°。分像棱镜组9将两组位相差为90°的干涉条纹分别引入两个光电探测器12，光电探测器将亮暗交替变化的光信号变为两路相差为90°的电信号，经过放大整形电路13实现倍频处理后传递给计算机14。装在横梁上的双管差动式动态光电显微镜10供作瞄准被检测尺上的刻线用。当工作台11运动，即基准尺的刻线通过光电显微镜的两个狭缝时，刻线的影像即被置于两个狭缝后面的光电探测器15所分别接收，经差动放大电路16、触发器17转换成电脉冲作计算机开始计数和终止计数的指令信号。计算机的计算结果送入显示器和打印机，实现显示和打印。

周围环境的空气折射率由折射率干涉仪测出，被检尺的温度由铂电阻传感器测出，将两项测量结果输如计算机对测量结果进行自动修改。

2. 二维激光干涉坐标测量

将一束激光分成相互垂直的两束激光，分别测量移动工作台沿垂直的X和Y方向上的位移，就形成了二维激光干涉坐标测量系统，如图2-11所示。使用两个L形反射镜分别放置在固定平台和移动工作台上，分别作为激光干涉测量的参考反射镜和测量反射镜，L形反射镜的两条边平行于测量坐标系的OX轴和OY轴。测量过程中使用移动工作台上的显微镜瞄准被测点，读取两束相互垂直激光干涉的条纹变化量，即可得到显微镜瞄准点在OXY面上的坐标。二维激光干涉坐标测量系统可以实现高精度平面二维坐标的测量，常用于半导体

行业光掩模的检测。

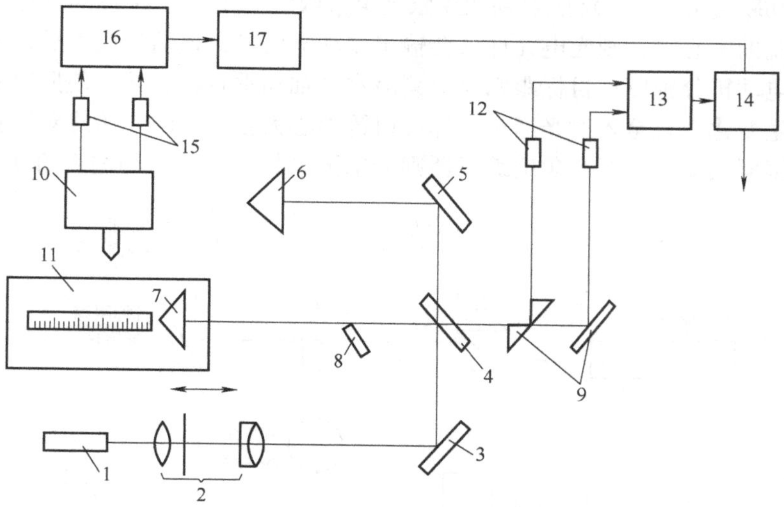

图2-10 激光比长仪的工作原理

1—激光器 2—平行光管 3、5—反射镜 4—分光镜 6—固定角锥棱镜 7—可动角锥棱镜 8—移相板 9—分像棱镜组 10—光电显微镜 11—工作台 12、15—光电探测器 13—放大整形电路 14—计算机 16—差动放大电路 17—触发器

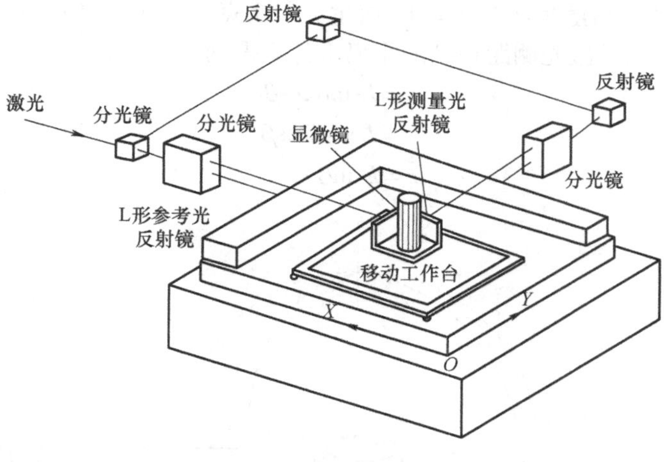

图2-11 二维激光干涉坐标测量系统示意图

3. 激光跟踪仪

激光跟踪仪是目前最常用的高精度大尺寸测量仪器，它集合了激光干涉测距技术、光电探测技术、精密机械技术、计算机及控制技术、现代数值计算理论等各种先进技术，对空间运动目标进行跟踪并实时测量目标的空间三维坐标，它具有高精度、高效率、实时跟踪测量、安装快捷、操作简便等特点。

激光跟踪仪结构如图2-12所示，He-Ne激光器发射633nm波长的激光，激光经双轴跟踪镜反射至目标反射镜，反射角椎棱镜可使入射光沿原路返回，反射回来的光束被分光镜分为两路：一路进入激光干涉系统形成干涉条纹，光电探测器获取干涉条纹信息，计算求得目标反射镜的移动距离 L；另一路照射到四象限光电接收元件上，若照射到目标反射镜上的光偏离目标反射镜的中心点，则光电元件就会输出差动电信号，该信号放大后，通过电动机控制器控制两个电动机分别驱动目标跟踪反射镜沿水平轴和垂直轴旋转，使照射到目标反射镜的光束方向发生变化，直至入射光通过目标反射镜中心为止，使激光始终对准目标跟踪。与目标跟踪反射镜同轴安装的两个角度编码器则分别测出其水平角 α 和垂直角 β。

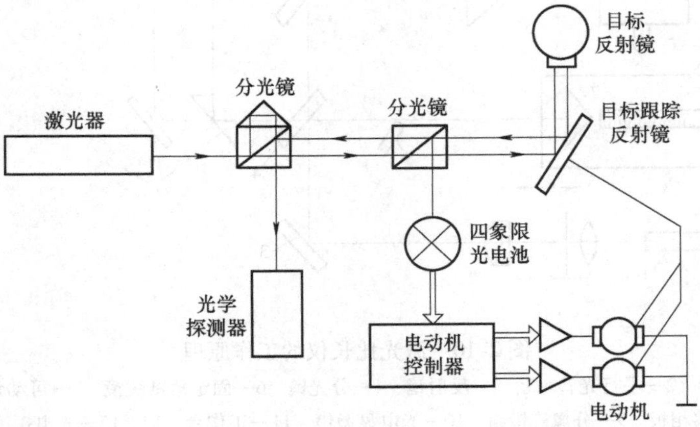

图 2-12　激光跟踪仪结构

激光跟踪仪的坐标测量原理如图 2-13 所示。测量点 P 的坐标（x，y，z）由测量头的水平角 α 和垂直角 β，以及激光测距得到的距离 L 计算得到

$$\begin{aligned} x &= L\sin\alpha\cos\beta \\ y &= L\cos\alpha\cos\beta \\ z &= L\sin\beta \end{aligned} \tag{2-13}$$

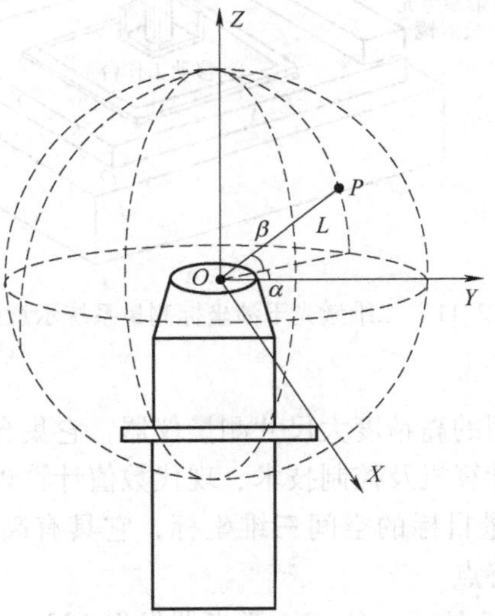

图 2-13　激光跟踪仪坐标测量原理

4. 激光干涉角度测量

激光小角度干涉仪是利用激光干涉测位移和三角正弦原理来测量角度的仪器。图 2-14a 是激光小角度干涉仪测角原理图。激光器 1 发出的激光光束经分光镜 3 分成两路，一路沿光路 a 射向测量棱镜 2，一路沿光路 b 射向参考镜 4。当棱镜在位置Ⅰ时，沿光路 a 前进的光束经角锥棱镜反向后，沿光路 c 射向反射镜 5，并从原路返回至分光镜，与从 b 路返回的参考光束会合而产生干涉。当棱镜移到位置Ⅱ后，沿光路 a 前进的光束由于棱镜Ⅱ及平面反射镜的作用，使它们仍按原路返回，不产生光点移动，从而干涉图形相对接收元件的位置保持不变。根据干涉测位移原理可以测出角锥棱镜在位置Ⅰ和位置Ⅱ的位移 H，若已知棱镜转动半径 R，变可根据三角正弦关系求出被测角 α。

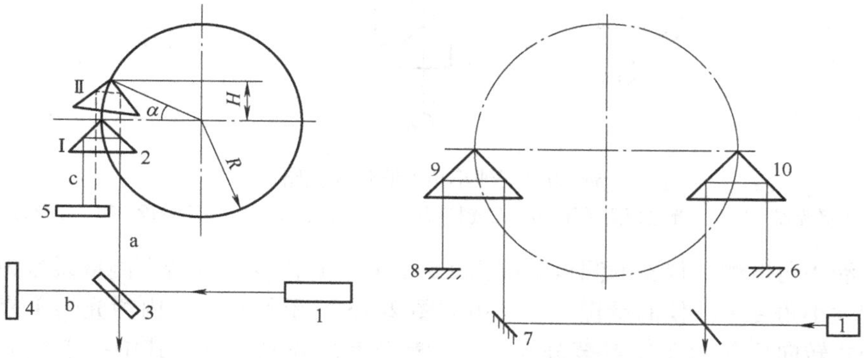

a) 激光小角度测量原理

b) 对径读数小角度测量原理

图 2-14 激光小角度干涉仪角度测量原理

1—激光器 2、9、10—测量棱镜 3—分光镜 4—参考镜 5～8—反射镜

棱镜在位置Ⅰ和位置Ⅱ的光程差为：$\Delta L = K\lambda$，则位移 H 为

$$H = \frac{1}{4}\Delta L = K\frac{\lambda}{4} \tag{2-14}$$

则被测角度

$$\alpha = \arcsin H/R \tag{2-15}$$

式中，R 为棱镜转动半径。

在实际应用种为消除偏心和轴系晃动等误差，并提高灵敏度，可以在对称直径位置上布置两个角锥棱镜，干涉仪测角原理如图 2-14b 所示。在这种情况下，干涉仪经过两次光倍频，使得每一条干涉条纹相应的光程差为 $\lambda/8$。若可逆计数器采用四倍频，则每计一个数对应的长度为 $\lambda/32$，则

$$H = K\frac{\lambda}{32} \tag{2-16}$$

根据式（2-15）便可求出被测角 α。

利用激光干涉测角原理可以制成激光干涉小角度测量仪，测量光路如图 2-15 所示。激光器 1 发出的光经分光棱镜 4 后分成两路光束。一路反射，射向正弦臂 10 一端的直角棱镜 8；一路先透射，然后经反射镜 5 反射，射向正弦臂 10 另一端的直角棱镜 6。直角棱镜 6 和 8 与正弦臂 10 绕转轴同步旋转。两路光束分别经过直角棱镜 7 和 9 等距离平移后反射回来，

反射光束在分光棱镜4处汇合产生干涉条纹，由光电探测元件2和3接收。干涉条纹变换一个周期，对应 H 长度变化 $\lambda/8$，当干涉条纹数变化 K 时，被测角度为

$$\alpha = \arcsin \frac{K\lambda}{8R} \tag{2-17}$$

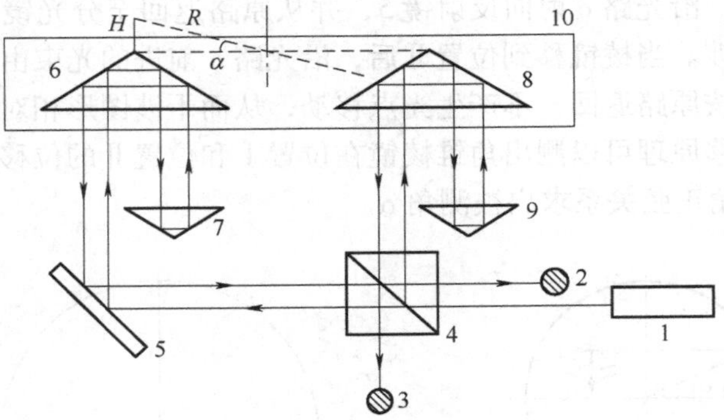

图 2-15　激光干涉小角度测量仪光路示意图

1—激光器　2、3—光电探测元件　4—分光棱镜　5—反射镜　6～9—直角棱镜　10—正弦臂

激光干涉小角度测量仪器的测量范围为 ±5°，在 ±1°内仪器的最大测量误差为 ±0.05″。

为了扩大小角度干涉仪的量程，可采用如图 2-16 所示的装置，由激光器1发出的激光光束经移动式转向反射镜2反射至分光器3，激光束被分成两束，其中一束经五棱镜4转向，其后，这两束光分别射向两个角锥棱镜5上，经角锥棱镜反射后，在分光器上汇合并产生干涉。角锥棱镜被固定在旋转工作台6上，它的旋转改变了上述两光束的光程差。移动式转向反射镜2可有效扩大测量量程，这种装置的测量范围可达95°，测量误差可控制在 ±0.3″以内。

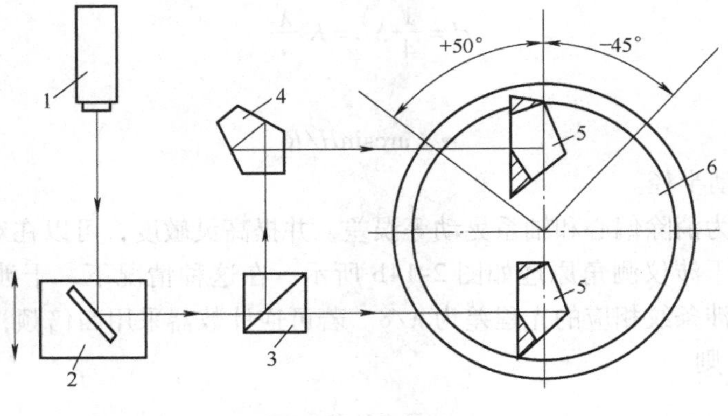

图 2-16　激光小角度干涉仪量程扩大装置

1—激光器　2—转向反射镜　3—分光器　4—五棱镜　5—角锥棱镜　6—旋转工作台

为实现更大角度测量，需要对激光干涉测角的方法进行相应的改进。激光楔形平板干涉角度测量就是利用双光线经过楔形平板时光程差变换与平板转角的关系，通过测量光程差的变化实现转动角度的测量，其测量原理如图 2-17 所示。激光器1发出的光经分光棱镜2后分成两路，一路透射光线经反射镜3后通过楔形平板6，一路反射光线直接通过楔形平板6。

两路光线经直角棱镜 4 和 5 反射后在分光棱镜 2 处汇合产生干涉条纹，由光电探测器 7 和 8 接收。这两路光线的光程差与楔形平板的入射位置有关，如图 2-18 所示。楔形平板的楔角为 θ，两束入射光之间的距离为 L，楔形平板的折射率为 n，则 AB 和 CD 两光束通过一次楔形平板的光程差 Δ 与楔形平板转动角度 α 之间的关系为

$$\Delta = L(n-1)\tan\theta\cos\alpha \tag{2-18}$$

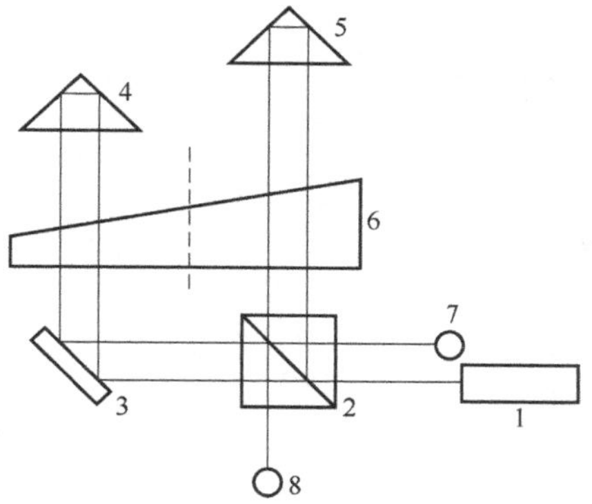

图 2-17 激光楔形平板干涉测角原理
1—激光器 2—分光棱镜 3—反射镜
4、5—直角棱镜 6—楔形平板 7、8—光电探测器

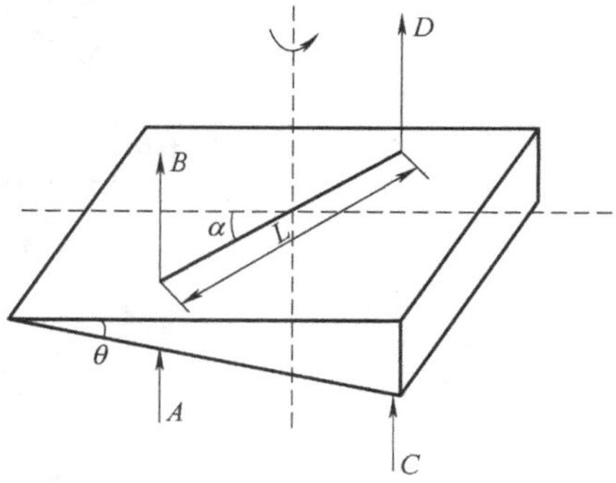

图 2-18 楔形平板光程差计算示意图

在楔形平板干涉测角过程中光程差为 2Δ，光程差变化 λ，对应干涉条纹明暗变换一个周期。当干涉条纹明暗变化 N 次时，则被测角度为

$$\alpha = \arccos\frac{N\lambda}{2L(n-1)\tan\theta} \tag{2-19}$$

激光楔形平板干涉角度测量方法可以实现 360°范围内的角度测量，而且能够实现对转动角度的连续测量。

5. 激光干涉在纳米尺度测量的应用

激光干涉测量具有精度高的特点，也常用于纳米尺度测量。但是由于纳米尺度测量需要更高的测量分辨率，所以激光干涉纳米尺度测量过程中需要对普通的干涉测量系统结构和测量原理进行优化。

如图 2-19 所示是液晶镀膜厚度测量系统的原理图，激光束通过物镜后，一部分光被反射至参考反射镜后形成参考光束，光透射后一部分直接照射到金属基底上被反射回分光镜，另一部分经过液晶镀膜后被金属基底反射回分光镜，形成测量光束。测量光和参考光在分光镜上形成干涉条纹，摄像机通过物镜拍摄干涉条纹的图像。液晶镀膜的折射率为 n，两束测量光的光程不同，摄像机通过计算干涉条纹移动的数量，得出两束测量光束的光程差，即可测量得到液晶镀膜的厚度。两束测量光束经过直接照射到金属基底上的反射光和经过液晶镀膜后被金属基底的反射光与参考光的光程差分别为

$$\begin{aligned} \Delta' &= A'B'C' - A'D'C' \\ \Delta &= ABC - (AD + nDEF + CF) \end{aligned} \tag{2-20}$$

液晶镀膜的厚度 h 为

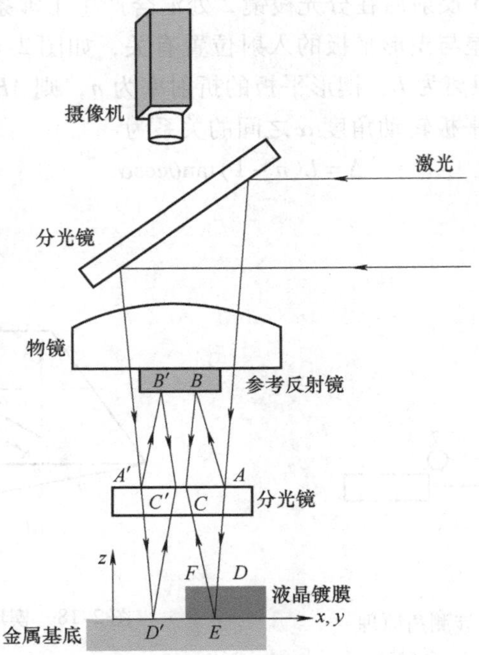

图 2-19　液晶镀膜厚度测量系统原理图

$$h=0.5DEF \tag{2-21}$$

因为测量光和参考光的传输距离相等，即 $A'B'C'=ABC$，$A'D'C'=AD+DEF+CF$，则联立式（2-20）和式（2-21），得到液晶镀膜厚度与光程差的关系为

$$h=0.5(n-1)^{-1}(\Delta'-\Delta) \tag{2-22}$$

微流动系统是 MEMS 系统中的一个重要组成部分，如集成电路冷却、化学分析系统中的微量液体和气体的供给、微药量的释放和注射、小型卫星的燃料喷射等。微流动系统中通过微管道控制液体的流动，因此液体流动的不确定性与微管道直径的变化关系很大，需要对微管道的直径进行测量，主要使用激光干涉测量。

微管道的基本结构式是上下两块玻璃夹一个空气通道，空气通道上方的透明层，下方是反射层。当激光以角度 θ 入射到微管道内部时会在玻璃与空气的交界面上产生反射，如图 2-20所示，产生两束反射光，它们的光程差为

$$\Delta=k\lambda=2d\sqrt{n^2-\sin^2\theta} \tag{2-23}$$

式中，d 为管道的直径，n 为微管道内流动介质的折射率，k 为明暗条纹的变化次数，λ 为激光波长。对式（2-23）进行微分，得

$$\frac{\mathrm{d}k}{\mathrm{d}\theta}=\frac{2d}{\lambda}\frac{\sin\theta\cos\theta}{\sqrt{n^2-\sin^2\theta}} \tag{2-24}$$

则

$$d=\frac{\lambda}{2}\left(\frac{\mathrm{d}k}{\mathrm{d}\theta}\right)\frac{\sqrt{n^2-\sin^2\theta}}{\sin\theta\cos\theta} \tag{2-25}$$

式中，$\frac{\mathrm{d}k}{\mathrm{d}\theta}$表示了在一个微小角度内干涉条纹中明暗条纹的变化次数。根据以上测量原理，微

管道直径测量系统结构如图 2-21 所示。

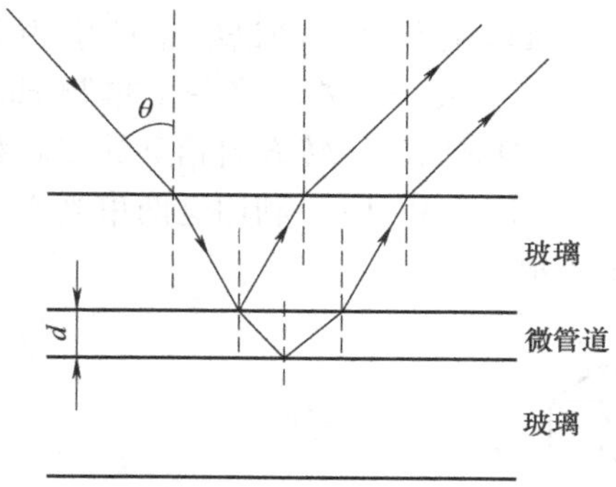

图 2-20　微管道激光反射示意图

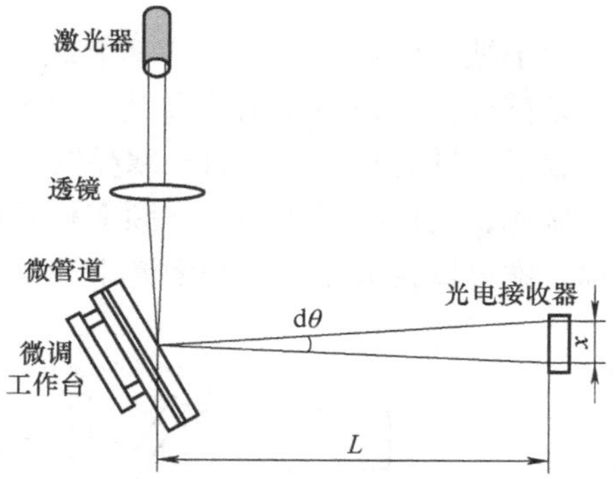

图 2-21　微管道直径测量系统结构图

微管道安装在微调工作台上，对微管道的测量角度和测量位置进行调整。使用 He-Ne 激光器投射出波长为 632.8nm 的平行光，经汇聚透镜将平行光汇聚在微管道表面，以微小的夹角入射到微管道内，产生的反射光夹角 $\mathrm{d}\theta \approx L/x$，光电接收器接收反射光信号，判断得到长度范围 x 内干涉条纹的数量 $\mathrm{d}k$，实现对微管道直径的测量。

2.2　双频激光干涉测量

2.2.1　双频激光干涉的原理

双频激光干涉是利用频率调制的方式实现干涉测量。两束频率分别为 ν_1 和 ν_2，振动方向相同的单色光，其复信号的分布为

$$A_i(\boldsymbol{r},\ t) = a_1(\boldsymbol{r})\mathrm{e}^{-\mathrm{j}[2\pi\nu_i t - \phi_1(\boldsymbol{r})]} \quad i = 1,\ 2 \tag{2-26}$$

它们叠加后形成的干涉光强分布为

$$I(\boldsymbol{r},\ t) = |A_1(\boldsymbol{r},\ t) + A_2(\boldsymbol{r},\ t)|^2 = I_0(\boldsymbol{r}) + I_c(\boldsymbol{r})\cos[2\pi(\nu_1 - \nu_2)\ t - \Delta(\boldsymbol{r})] \tag{2-27}$$

由此可见双频激光干涉的结果是一个强度随时间余弦变化的信号，这种现象称为光学拍，拍频为两束光的频率差，光学拍的起始相位就是两束光波的相位差。双频干涉测量方法可以代替双光束干涉测量，通过测量光学拍的起始相位达到测量的目的，也可以通过测量拍频的方法间接测量引起光学频率变化的被测量。

双光束激光干涉输出信号的频率随测量镜的运动速度而改变，当测量镜静止时，输出直流信号，因此双光束激光干涉系统光电探测器后的前置放大器只能使用直流放大，干涉条纹的计数容易受到环境干扰的影响，信号的直流漂移影响测量的准确度。从式（2-27）可以看出，双频激光干涉测量过程中，当测量镜静止时，输出信号为交流信号，当测量镜运动时输出信号的频率会发生变化，因此双频激光干涉系统中的前置放大器可以使用交流放大，被测量信息的提取也可以通过频率测量得到，从而隔绝由于外界环境干扰引起的直流电平漂移，使仪器能在现场的环境下稳定工作。

2.2.2 塞曼双频激光

当原子被置于弱磁场中时，其能级发生塞曼分裂，其辐射和吸收的谱线也产生相应分裂，一条谱线被几条塞曼谱线替代，这些谱线和原谱线有不大的频差。将一个单频 He-Ne 激光器置于一轴向磁场中，由于塞曼效应使激光的谱线分裂成两个旋转方向相反的左旋和右旋圆偏振光，它们的振幅相同，频率相差很小，一般为 1.2 ~4.0MHz。利用这两束光作为测量光源，就可以构成塞曼双频激光干涉仪，如图 2-22 所示。

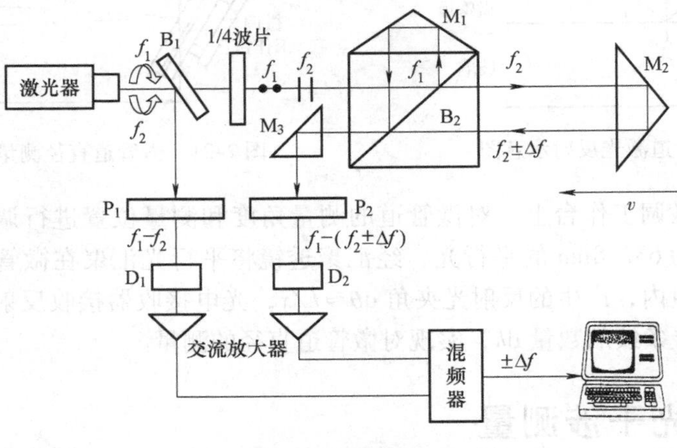

图 2-22　塞曼双频激光干涉仪

设左旋圆偏振光频率为f_1，右旋圆偏振光的频率为f_2，初始位相为零，这两个方向相反的圆偏振光的振动方程为

$$\begin{cases} x_i(t) = a\sin\omega_i t \\ y_i(t) = a\cos\omega_i t \quad i=1,\ 2 \end{cases} \tag{2-28}$$

这两个圆偏振光经分光器 B_1后，反射光在通过放在一个特定位置的偏振片 P_1时，f_1和f_2的垂直分量 $y_1(t)$ 和 $y_2(t)$ 通过，而水平分量被截至。垂直分量通过 P_1后，按光波叠加原理将合成为

$$y(t) = a\cos\omega_1 t + a\cos\omega_2 t = 2a\cos\frac{\omega_1-\omega_2}{2}t\cos\frac{\omega_1+\omega_2}{2}t \tag{2-29}$$

合成波的振幅为$2a\cos\frac{\omega_1-\omega_2}{2}$，则光强为

$$I = 4a^2\cos^2\frac{\omega_1-\omega_2}{2} = 2a^2[1+\cos2\pi(f_1-f_2)t] \tag{2-30}$$

合成波的强度随时间 t 在 $0\sim4a_2$之间做缓慢的周期变化，这种强度时大时小的现象称为“拍”，拍频为f_1-f_2。此拍频信号被广电探测器 D_1 接收，经滤波放大后送入混频器作为测量过程中的参考信号。

透过分光镜 B_1的另一束光沿原方向通过 1/4 波片后，变成两互相垂直的线偏振光（设 f_1 垂直纸面，f_2 平行纸面），射向偏振分束镜 B_2，偏振方向互相垂直的线偏振光f_1 和f_2 被分开，其中f_1 反射至参考角锥棱镜 M_1，f_2 透过偏振分束镜到测量角锥棱镜 M_2。若测量镜以速

度 v 运动，则由于多普勒效应，返回光束的频率将变成 $f_2 \pm \Delta f$（正负号取决于测量镜的移动方向），这束光返回后重新通过偏振分光镜，并与频率为 f_1 的返回光会合，然后被直角棱镜 M_3 反射至检偏器 P_2 上产生拍频。拍频信号的频率为 $f_1-(f_2 \pm \Delta f)$，拍频信号被光电探测器 D_2 接收后进入前置放大器，经过滤波放大后也送至计算机。计算机接收来自 D_1 和 D_2 这两路信号后进行同步相减便得多普勒频移 $\mp\Delta f$，最后经过倍频和累积计数，求出测量角锥棱镜 M_2 的移动位移。

设测量棱镜移动速度为 v，则由多普勒效应引起的频差 Δf 为

$$\Delta f=\frac{2v}{c}f=\frac{2v}{\lambda} \tag{2-31}$$

式中，c 为光传播的速度；f 为激光频率；λ 为激光波长。若测量所用时间为 t，则测量镜移动距离 L 为

$$L=\int_0^t v\mathrm{d}t=\int_0^t \frac{\lambda}{2}\Delta f\mathrm{d}t=\frac{\lambda}{2}\int_0^t \Delta f\mathrm{d}t=\frac{\lambda}{2}N \tag{2-32}$$

式中，$N=\int_0^t \Delta f\mathrm{d}t=\sum_0^t \Delta f\Delta t$，为记录下来的累计脉冲数。

对于塞曼双频激光干涉仪，为使被测信号 Δf 不失真，一般应取激光器双频频差 $f_1-f_2 \geqslant 3\Delta f$ 为宜。若激光器双频频差为 $f_1-f_2=1.5\text{MHz}$，则对应的多普勒频移 Δf 最大为 $\pm 0.5\text{MHz}$，允许测量速度约为150mm/s，处理电路的工作频带可以设定在1.0～2.0MHz之间，滤掉小于1.0MHz的全部噪声。在双频激光干涉仪中，“双频”起了调制作用，它在测量镜静止时，仍然保持一个1.5MHz的交流信号，被测物体的运动只是使这个信号的频率增加或减少，因而前置放大可采用较高放大倍数的交流放大器，采用带通滤波，滤掉低频噪声，避免了直流放大时所遇到的直流漂移、低频干扰等问题。

2.2.3 声光调制双频激光

由于塞曼效应受频差闭锁现象的影响，所能产生的频差 Δf 约为1.2～4.0MHz，使得双频激光干涉仪在测量高速运动物体时受到限制。为了扩大双频激光干涉仪的测量范围，需要寻找能产生更大频差的双频器件。声光调制器就能够产生较大的频差，通常能达到20MHz。

图2-23为声光调制器产生双频激光的工作原理图。由超声信号源及功率放大器驱动的超声转换器发出一超声波，通过介质（熔石英、铌酸锂、钼酸铅等）传播，引起介质折射率 n 产生正弦形的疏密变化，其变化的周期等于超声波的波长 λ_s，也就是说，此时传播介质已变成折射率以 λ_s 为周期疏密变化的正弦光栅。当一束细的平行激光束入射这样的介质时，入射光受到衍射调制，其零级光束的频率与入射光频率 f_0 相同，而正一级和负一级光束的频率分别为 f_0+f_s 和 f_0-f_s。正二级和负二级的频率分别为 f_0+2f_s 和 f_0-2f_s，其余衍射级次光束的频率以此类推。因此，通过声光调制器可以把入射光频率变成具有一定频差的一系列光束，并能在空间彼此分开。采取适当措施可以把零级和正一级以外的光束加以限制，而只让零级和正一级两种光束通过并射入干涉系统。这样，调整超声波信号源的频率 f_s，就可得到所需要的外差拍频光束。

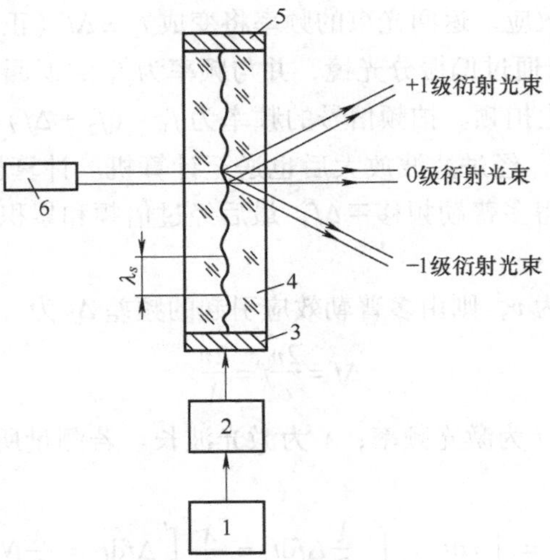

图 2-23　声光调制器工作原理

1—超声信号源　2—功率放大器　3—超声换能器　4—介质　5—超声吸收　6—激光器

2.2.4　双频激光干涉仪的应用

双频激光干涉仪能够通过对光学拍频率差的测量实现对被测量的测量，可以对长度、角度、振动、折射率等多种被测量进行测量。

1. 角度测量

双频激光角度测量也是采用三角正弦的原理，如图 2-24 所示。Zeeman 双频激光器发出的双频圆偏振光经 1/4 波片后变成两正交线偏振光，它们的频率分别为 f_1 和 f_2。经过偏振分光棱镜组 1 后被分离成距离为 R 的两个平行光束，分别射向角锥棱镜 A 和 B，平移一段距离后沿原方向返回，在偏振分光棱镜上重新会合，经过检偏器 3 和 3′在光电接收器 4 和 4′上形成差频信号。角锥棱镜组件 2 的移动使两光束产生频移 Δf_1 和 Δf_2，如果角锥棱镜组完全平移运动，则 $\Delta f_1 = \Delta f_2$。如果运动导轨不直，角锥棱镜组发生转动，$\Delta f_1 \neq \Delta f_2$，这时转动角度 θ 为

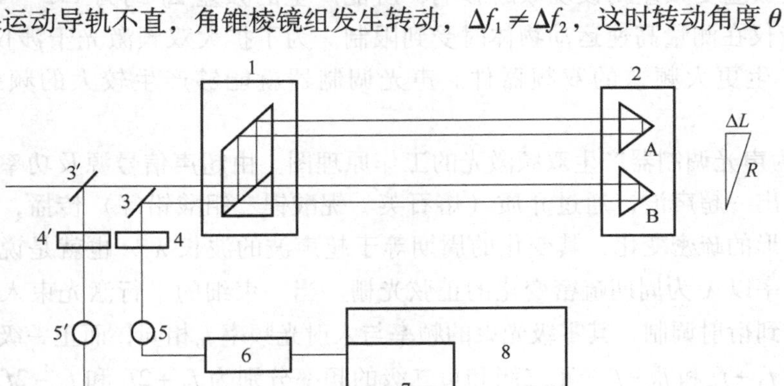

图 2-24　双频激光干涉仪角度测量原理图

1—偏振分光棱镜组　2—角锥棱镜组　3—分光镜　3′—反射镜　4、4′—检偏器

5、5′—光电接收器　6、6′—放大器　7—倍频器和计数器　8—计算机

$$\theta = \sin^{-1}\frac{\Delta L}{R} = \sin^{-1}\frac{\lambda\int_0^t(\Delta f_1 - \Delta f_2)\mathrm{d}t}{2R} \tag{2-33}$$

双频激光干涉仪测角分辨力为0.1″，测量范围可达±1000″。

角锥棱镜组可用平面反射镜代替，如图2-25所示。这样可以提高干涉仪的测量分辨力，并可扩大测量范围。

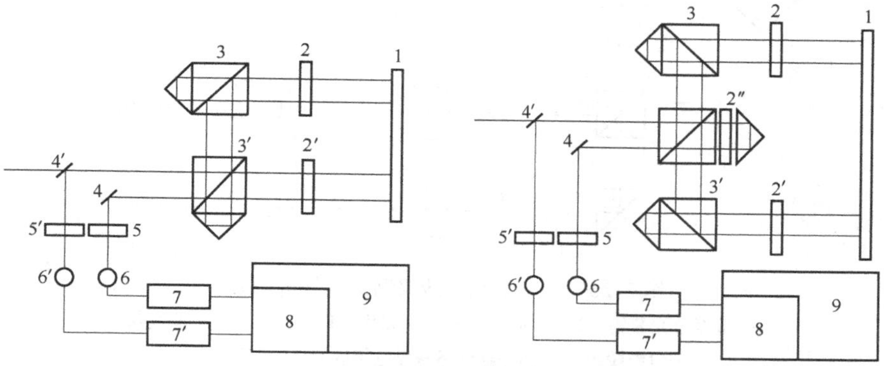

图2-25 平面反射镜双频测角干涉仪

1—测角反射镜 2、2′、2″—1/4波片 3、3′—偏振棱镜 4—分光镜 4′—反射镜 5、5′—检偏器 6、6′—光电接收器 7、7′—放大器 8—倍频器和计数器 9—计算机

2. 真空折射率测量

利用双频激光干涉技术还可以精确测量空气折射率，如图2-26所示。从激光器发出的正交线偏振光f_1和f_2在分光器2的前后表面上分成两束，每束中均包含f_1和f_2两种频率。其中一束从真空室4通过，另一束在真空室外通过，二者互相平行，经角锥棱镜6返回。两次从真空室内通过的光束在1/4波片3上通过两次，相当于通过一次1/2波片。如果1/4波片的方向合适就可使偏振面转过90°。真空室内外两束光在分光器上重新会合后，又在偏振分光棱镜1上分光。同方向的振动被分到一个光电接收器8上形成拍频。得到两路测量信号$[(f_1-f_2)+\Delta f_n]$和$[(f_1-f_2)-\Delta f_n]$，Δf_n为抽气造成的多普勒频移。它们经过锁相倍频和计数卡后，送入计算机计算求出待测空气折射率。

打开真空泵开关，测量过程开始，这一瞬间真空室内的空气折射率就是要测量的量值，用n_m表示。真空室内的空气被抽空后折射率变为1。而在这两个时刻之间的任意时刻真空室内的空气折射率是都介于n_m和1之间的数值，用n表示。

某一中间时刻，由于抽气造成的多普勒频率变化为

$$\Delta f_n = \frac{2v}{c}f \tag{2-34}$$

式中，c为光速；f为激光频率；$v=L\mathrm{d}n/\mathrm{d}t$，$L$为真空室的长度。设激光在真空中的波长为$\lambda_0$，则有

$$\Delta f_n = \frac{2L}{\lambda_0}\frac{\mathrm{d}n}{\mathrm{d}t} \tag{2-35}$$

若整个抽空时间为t，对上式两端积分，可得

$$\int_0^t \Delta f_n \mathrm{d}t = \int_1^{n_m}\frac{2L}{\lambda_0}\mathrm{d}n \tag{2-36}$$

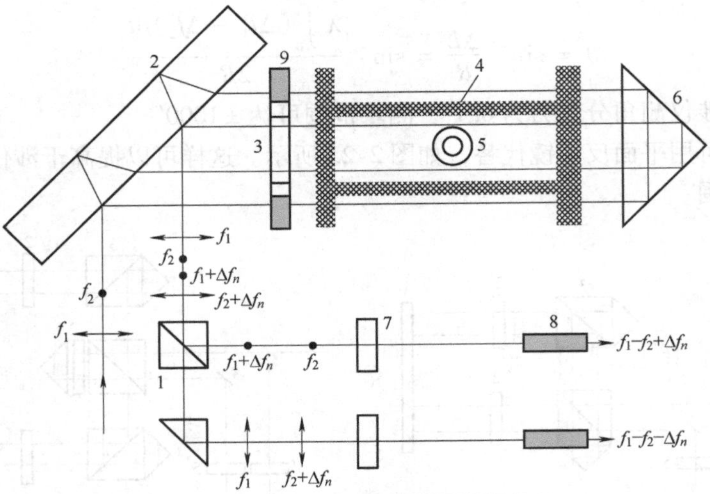

图 2-26　双频激光干涉仪测量空气折射率

1—偏振分光棱镜　2—分光器　3—1/4 波片　4—真空室　5—抽气孔

6—角锥棱镜　7—检偏器　8—光电接收器　9—补偿环

即

$$n_m - 1 = \frac{\lambda_0}{2L}\int_0^t \Delta f_n \mathrm{d}t = \frac{\lambda_0}{2L}\sum_0^t \Delta f_n \Delta t = \frac{\lambda_0}{2L}N \tag{2-37}$$

式中，N 为抽气过程中记录下来的累计脉冲数。

当真空室内抽成真空后，如果真空室外的空气折射率发生变化，干涉仪可以立即反映出这种变化，做到“实时”测量。这种双频激光干涉测出的空气折射率不但包含了空气的温度、压力、湿度的影响，而且在空气中混有其他气体及有机溶剂的挥发物时，也可以精确测出折射率。

3. 振动测量

使用双频激光干涉方法进行振动测量时，激光频差的大小是制约测量速度范围的关键因素，频差较大则测量振动物体运动的速度范围较大，因此激光振动测量系统中通常使用声光调制的双频激光。

美国国家宇航局（NASA）利用声光调制器研制了一种便携式激光外差测振仪，以便于现场测量，其工作原理如图 2-27 所示。单频 He-Ne 激光器 1 发出频率为 f_0 的偏振激光，经声光调制器 2 分成两束光，一束频率为 f_0，另一束频率为 f_0+f_s。f_s 是声光调制器的调制频率，为 25MHz，两束光之间有 0.6°的偏角，并用楔形棱镜 4 使两束光再分开一些。频率为 f_0 的光作为测量光束，经反射镜 3、方解石棱镜 6、1/4 波片、会聚透镜 7、反射镜 8 及可调光束的中继望远镜 9 后射向被测振动体，被振动体后向散射回来，由光电探测器 10 接收。设物体振动产生的多普勒频移为 f_D，则光电探测器 10 接收到的光频为 $f_0 \pm f_D$。而频率为 f_0+f_s 的参考光束，经楔形棱镜 4、1/2 波片及分束镜 5 后也射向光电探测器 10，两束光在分束镜会合后，获得的拍频信号为

$$\Delta f = f_0 + f_s - (f_0 \pm f_D) = f_s \mp f_D \tag{2-38}$$

该拍频信号 Δf 经交流前置放大后进入混频器及频率跟踪器。同时，频率 f_s 信号由声光调制

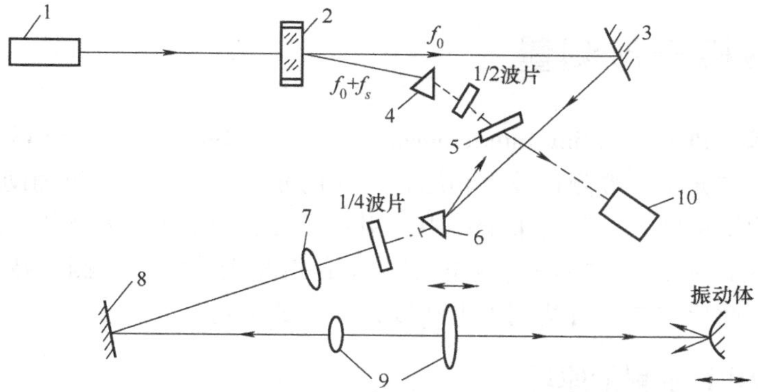

图 2-27　便携式声光调制双频激光测振仪

1—He-Ne 激光器　2—声光调制器　3、8—反射镜　4—楔形棱镜　5—分束镜
6—方解石棱镜　7—会聚透镜　9—中继望远镜　10—光电探测器

器的信号源直接输入混频器与拍频信号混频，把多普勒频移 f_D 解调出来。

测量光束中的方解石棱镜和 1/4 波片的作用是使振动体表面返回的测量光经方解石发生偏折，经会聚透镜 7 及中继望远镜 9 作为发射和接收光学天线，即能最大限度地接收在不同的测量环境下来自漫反射振动的返回光，又可以尽可能地减少测量光束的波面变形，以保证获得最大的拍频信号。1/2 波片的作用是调节参考光强，使其与测量光束的光强大致相同，改善拍频信号的对比度。

丹麦的 DISA 公司也生产了一种新型的激光外差测振仪，如图 2-28 所示，该测振仪也是用声光调制产生双频，其双频频差 f_s 为 40MHz。该测振仪用偏振分光镜 2 作反射和接收的光束耦合器，声光调制器 9 安置在参考光路中，只要适当地旋转声光调制器，使其处于布拉格角，就可使 f_0+f_s 光增强，并使其与入射 f_0 光方向一致，这样的布局有利于增大测量光束和参考光束的光强。参考光束与测量光束会合后，其拍频信号仍为 $\Delta f=f_s\pm\Delta f$。该测振仪用两只光电接收器 D_1 和 D_2 分别接收拍频信号，并在 D_1 和 D_2 前分别放置检偏器 P_1 和 P_2，并使两者的光轴互相垂直。拍频信号经过交流放大器后，进入混频器解调出 Δf，并用频率跟踪器跟踪记录 Δf 的变化，把 Δf 值输入计算机后，计算机将直接显示并打印被测振动的振幅、速度和加速度值。

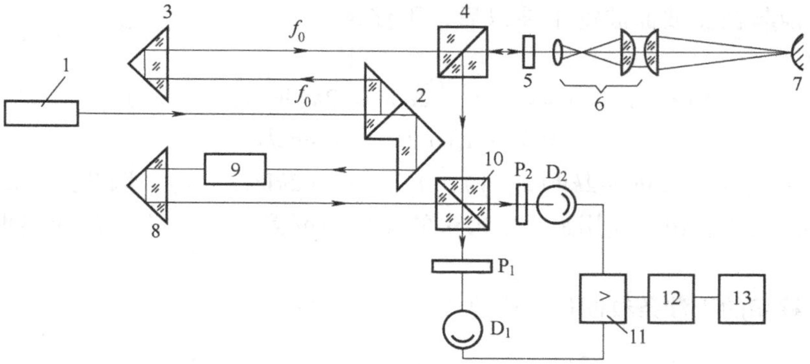

图 2-28　DISA 公司的激光外差测振仪原理图

1—激光器　2—偏振分光镜　3、8—角锥棱镜　4、10—分光棱镜　5—1/4 波片
6—聚光镜　7—振动体　9—声光调制器　11—混频器　12—计算机　13—显示器

2.3 激光移相干涉测量

移相干涉技术（Phase Shifting Interferometry，PSI）是 Burning 等人于 1974 年提出的，将同步相位探测技术与光学干涉测量技术相结合，使用光电技术和计算机辅助测量方法，提高干涉测量方法的测量精度。在双光束干涉中，用目视或照相记录方式来测量波面的误差，一般只能达到 1/20～1/30 波长的测试不确定度。而利用激光移相干涉测试技术可以快速而高准确度地检测波面面形误差，可达到 1/100 波长的测试不确定度。

2.3.1 激光移相干涉测量原理

像移干涉测量技术的原理是在干涉仪参考臂上引入一个随时间有序变化的位移调制，当参考光程（或相位）发生变化时干涉条纹也会做出相应的移动。测量过程中，计算机记录光电探测器获得的干涉条纹位相信息，按照数学测量模型根据干涉条纹光强变化求解相位分布，实现测量。测量过程中通过多幅采样可以抑制干涉仪的系统误差，降低对干涉仪本身对光学元件加工精度的要求。数学测量模型中使用最小二乘拟合的方法确定测量波面相位的方法，可以减小大气湍流、振动及漂移的影响。

图 2-29 所示为移相干涉仪的原理图，图中泰曼干涉仪的参考镜与压电晶体固接，该压电晶体与正弦振动的激励系统相连，以使压电晶体带动参考镜以一定的振幅和频率做正弦振动，设振动的瞬时振幅为 l_i，则参考波前为

$$A_1 = a\exp[2\mathrm{j}k(L + l_i)] \tag{2-39}$$

被测波面的波前为

$$A_2 = b\exp[2\mathrm{j}k(L + W(x, y))] \tag{2-40}$$

式中，a 为参考波前的振幅；b 为被测波前的振幅；L 是参考面和被测面到分束板的距离；$W(x, y)$ 是被测波面（位相）函数。

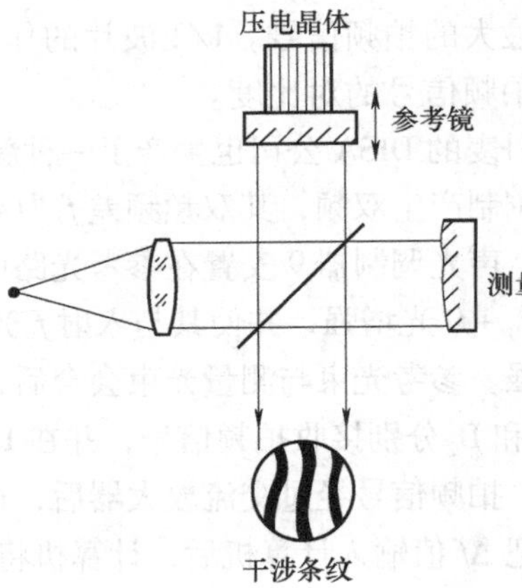

图 2-29 移相干涉光路原理图

当参考波前与被测波面波前干涉以后，干涉条纹的光强分布为

$$\begin{aligned} I_i(x, y, l_i) &= a^2 + b^2 + 2ab\cos[2k(W(x, y) - l_i)] \\ &= A_0 + A_1\cos 2kl_i + A_2\sin 2kl_i \end{aligned} \tag{2-41}$$

式中，$A_0 = a^2 + b^2$；$A_1 = 2ab\cos 2kW(x, y)$；$A_2 = 2ab\sin 2kW(x, y)$。因此式（2-41）是关于 A_0、A_1 和 A_2 的三元方程组，使用最小二乘法的原理即可得到 A_1 和 A_2，从而实现对被测波面位相的计算。

采集 n 步移相的干涉条纹图像，构建最小二乘法的目标函数

$$F = \sum_{i=1}^{n} [I_i - A_0 - A_1\cos 2kl_i - A_2\sin 2kl_i]^2 \tag{2-42}$$

求解得到

$$\begin{pmatrix} A_0 \\ A_1 \\ A_2 \end{pmatrix} = A^{-1}(2kl_i)B(2kl_i) \tag{2-43}$$

式中，

$$A(2kl_i) = \begin{pmatrix} n & \sum\cos2kl_i & \sum\sin2kl_i \\ \sum\cos2kl_i & \sum\cos^2 2kl_i & \sum\cos2kl_i\sin2kl_i \\ \sum\sin2kl_i & \sum\cos2kl_i\sin2kl_i & \sum\sin^2 2kl_i \end{pmatrix}$$

$$B(2kl_i) = \begin{pmatrix} \sum I_i \\ \sum I_i\cos2kl_i \\ \sum I_i\sin2kl_i \end{pmatrix}$$

于是可以得到

$$W(x,\ y) = \frac{1}{2k}\arctan\left(\frac{A_2}{A_1}\right) \tag{2-44}$$

因此，在被测表面上任意点（x，y）的波面 $W(x,\ y)$ 的相对位相是由在该点的条纹轮廓函数的 n 个测定值计算得到的。例如采用四步移相，即 $n=4$，使

$$2kl_i = 0,\ \frac{\pi}{2},\ \pi,\ \frac{3\pi}{2}$$

代入式（2-44）中，得

$$W(x,\ y) = \frac{1}{2k}\arctan\frac{I_4(x,\ y) - I_2(x,\ y)}{I_1(x,\ y) - I_3(x,\ y)} \tag{2-45}$$

2.3.2 激光移相干涉测量的特点

激光移相干涉测试技术由于采用上述最小二乘法拟合来确定被测波面，因此可以消除随机的大气湍流、振动及漂移的影响，这是这种测试技术的一大优点。

这种技术的第二个优点是可以消除干涉仪调整过程中及安置被测件的过程中产生的位移、倾斜及离焦误差。干涉仪及被测件在装调以后，被测波面可用表示为

$$W(x,\ y) = W_0(x,\ y) + A + Bx + Cy + D(x^2 + y^2) \tag{2-46}$$

式中，$W(x,\ y)$ 为被测波面上任意点的位相；$W_0(x,\ y)$ 为消除了位移（A）、倾斜（B 和 C）以及离焦（D）后的波面。为了求出 $W_0(x,\ y)$，就必须确定并减去含有 A，B，C，D 的各项。这可以在孔径范围内对所有点用最小二乘法求取对应于 A，B，C，D 各项的最小 $W(x,\ y)$ 来得到。当波面的数据存储在计算机的存储器里，然后对积累的数据进行处理，就很容易做到这一点。既然安装误差能够用分析方法除去，则被测件在干涉仪中就无须严格地安装和调整。

这种技术的第三个优点是可以大大降低对干涉仪本身的准确度要求。在目视观察测量或照相记录测量时，为了保证测试准确度，对干涉系统各光学元件有很高的准确度要求。但在激光移相干涉测试技术中，波面位相信息是通过计算机自动计算、存储和显示的。这就在实际上有可能先把干涉仪系统本身的波面误差存储起来，而后在检测被测波面时在后续的波面数据中自动减去。这样，就使干涉仪制造时元件所需的加工精度可以放宽。当要求总的测量

不确定度达到 1/100 波长时，干涉仪系统本身的波面误差小于一个波长就可以了，这是一个很宽的容限。很明显，如果不用波面相减方法，在干涉仪中要用不确定度为一个波长的仪器去检验 1/100 波长的被测表面是完全不可能的。

2.3.3 激光移相干涉测量的应用

1. 光学零件表面面形测量

图 2-30 所示为 1974 年美国贝尔实验室研制的用于测量光学零件表面面形的激光移相干涉系统光路图。该系统中的干涉仪实际上是一台改型的泰曼—格林型双光束干涉仪。采用压电晶体驱动参考镜，探测系统采用 32 ×32 的光电二极管阵列，并用一台小型计算机PDP-8 及一系列外部设备，并应用软件程序对测量过程进行自动控制。计算机自动计算并显示等高线图，以实现对被检表面（平面或球面）及光学镜头的 1024 点的位相测量。测量平面的最大直径为 125mm，测量不确定度达 1/100 波长。

图 2-30 所示的干涉仪采用分光路的结构布局，对机械振动等外界环境干扰敏感，需要采取隔振、恒温等技术措施，而且还需要高质量的参考镜。

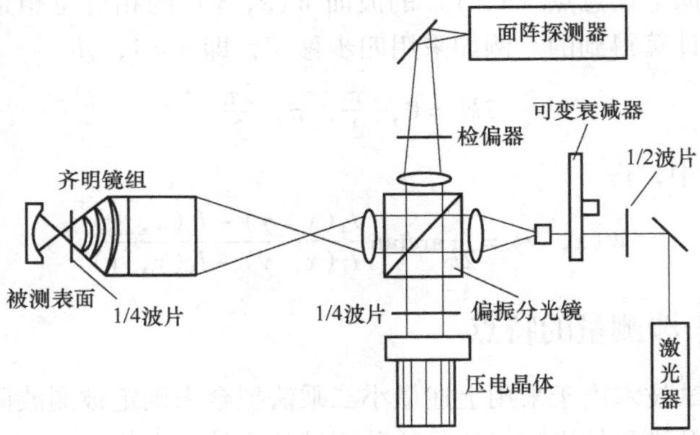

图 2-30 激光移相干涉系统光路图

2. 表面轮廓测量

采用移相干涉技术的共光路布局微分干涉仪，如图 2-31 所示，在一般的环境条件下可使垂直分辨力达到 0.1nm。由光源发出的光经扩束、准直后经起偏器变成单一方向的线偏振光，经半反半透镜射向渥拉斯顿棱镜，棱镜将其分成两束具有微小夹角并且振动方向互相垂直的两支线偏振光，通过显微镜后，产生剪切量为 Δx 的平行光入射到被测表面。从被测表面返回的两束正交偏振光再经原路返回，由渥拉斯顿棱镜重新共线，然后通过 1/4 波片和检偏器后产生干涉，被 CCD 接收。

设渥拉斯顿棱镜的剪切方向为 x，则干涉场上的光强分布为

$$I(x, \theta) = I_1 + I_2\sin[2\theta + \varphi(x)] \tag{2-47}$$

式中，I_1和 I_2分别为直流背景光强和交流背景光强；θ 为检偏器方位与光轴的夹角；$\varphi(x)$ 为被测位相，它与被测表面轮廓有关。

从式（2-47）可以看出，微分干涉图像中的光强不仅与被测相位 $\varphi(x)$ 有关，而且还与检偏器方位角 θ 有关，因此，可以通过旋转检偏器对微分干涉图像进行调制，采用移相干

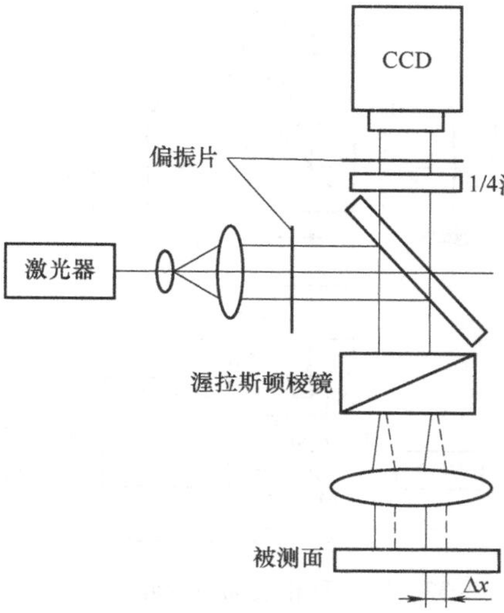

图 2-31　移相干涉共光路布局微分干涉仪

涉技术直接测量被测相位的分布。与压电晶体移相干涉方法相比，这种旋转检偏器移相的方法不存在非线性、滞后和漂移等问题，具有很高的测量准确度。

被测表面的轮廓 $H(x)$ 满足下面方程

$$\frac{\mathrm{d}H(x)}{\mathrm{d}x}=\frac{\lambda}{4\pi}\frac{\varphi(x)}{\Delta x} \tag{2-48}$$

由于采用 CCD 和计算机组成的数字图像采集系统，表面轮廓的坐标变量被量化了，可以用数值积分的方法计算表面轮廓。将积分区间分成 n 等份，则积分步长为 $\Delta=l/n$，积分点为 $x_i=i\Delta l$，设起始点轮廓高度为 $H(x_0)=0$，则

$$H(x_i)=\frac{\lambda}{8\pi}\frac{\Delta l}{\Delta x}\sum_{k=1}^{i}\left[\varphi(x_{k-1})+\varphi(x_k)\right] \tag{2-49}$$

表面轮廓测量过程中的移相方法多采用分时移相的方法，在不同的测量时刻通过多步移相获得干涉图形，进而实现干涉相位的分析和恢复。在分时移相的过程中，振动、空气扰动、光源稳定性等因素会引入移相误差，降低测量精度。因此基于偏振干涉原理，搭建同步移相表面轮廓测量系统，同时获得产生不同相移的多幅相移干涉图形，如图 2-32 所示。

He-Ne 激光器发出的光经空间滤波器、偏振片和准直镜 L_1 后，成为准直平面波进入偏振分光棱镜，偏振方向垂直纸面的分量经分光面反射，经过 1/4 波片 Q_1 到达参考表面，并被反射回来穿过分光棱镜成为参考光波，该光波由于两次通过 Q_1 使偏振方向变为平行于纸面，从而穿过偏振分光棱镜分光面进入干涉光路；偏振方向平行于纸面的偏振分量穿过分光面，经过 1/4 波片 Q_2 后入射到被测表面，反射回来的光波为带有被测表面偏离信息的准平面波。该准平面波再经过 Q_2，偏振方向变为垂直纸面并由偏振分光棱镜分光面反射进入干涉光路。这两束偏振方向正交的光波在干涉光路中共路经过 1/4 波片 Q_3 后变为旋转方向相反的圆偏振光，它们一同经过 L_2 和 L_3 组成的扩束镜后进入同步相移干涉单元。在同步相移单元中，多步相移同时发生并被同步采集送入计算机进行分析和干涉相位恢复，得到被测表面返回的波面波前形状，从而得到被测表面面形。

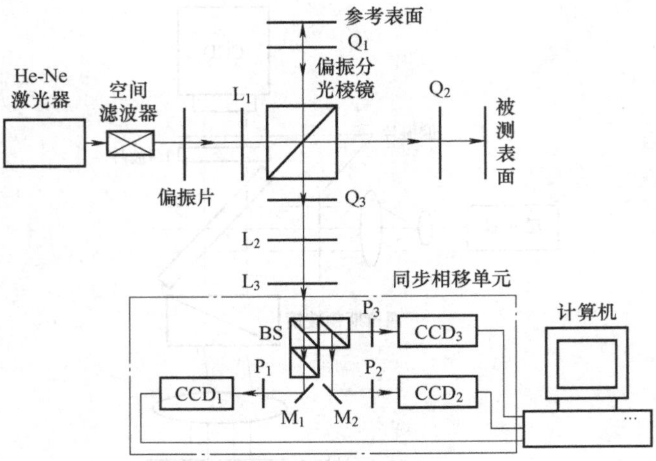

图 2-32　同步移相表面轮廓测量系统

同步相移干涉单元如图 2-33 所示，旋转方向相反的两共路干涉光波被消偏振分光棱镜 BS_1、BS_2 和 BS_3 分为光强相等的三组相干光束，消偏分光棱镜可以将入射光分为能量相等的两束出射光并且不影响其偏振态。通过检偏器 P_1、P_2 和 P_3 后产生偏振干涉，偏振干涉相位对应被测表面形状误差及检偏器的检偏角度。通过设置检偏器 P_1、P_2 和 P_3 合适的检偏角，使得三路相干光波偏振干涉分别产生相位值为 0、$2\pi/3$、$4\pi/3$ 的相移，从而同时获得三步相移干涉图形。

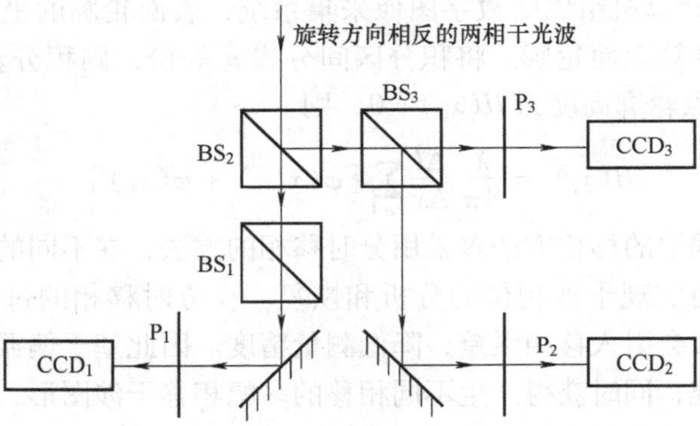

图 2-33　同步相移干涉单元

3. MEMS 器件微运动测量

频闪显微移相干涉系统是在计算机微视觉和频闪动态成像技术的基础上融入了显微移相干涉仪，实现 MEMS 器件微运动的测量，如图 2-34 所示。

频闪显微移像干涉系统采用频闪成像以及基于最小二乘法的图像相关技术实现面内微运动的测量，运动幅度的分辨率在 20X 物镜下为 3.6nm，采用频闪成像以及相移干涉技术实现离面微运动的测量，运动幅度的测量范围为 20μm，分辨率为 0.7nm，可测量的周期运动频率达 500kHz，同时它们将平面微运动的测量数据与离面微运动的测量数据有机结合起来，通过图像传递实现了三维微运动的耦合测量。

频闪显微移相干涉系统干涉测量部分包括一个可以进行频闪照明的 658nm 波长的激光二极管，一个偏振分光棱镜，一个参考平面镜，若干 1/2、1/4 波片和被测 MEMS 器件，激光二极管的频闪频率由计算机发出的脉冲电流控制，参考镜与一个压电控制单元结合在一起，在测量过程中进行可控的微小轴向运动，实现测量所需的相位调整，系统通过 5 步 PSI（相移干涉测量法）算法（又称为 Hariharan 算法）计算离面运动位移。此外，频闪显微移相干涉系统同时还可用于 MEMS 微结构的表面轮廓测量。

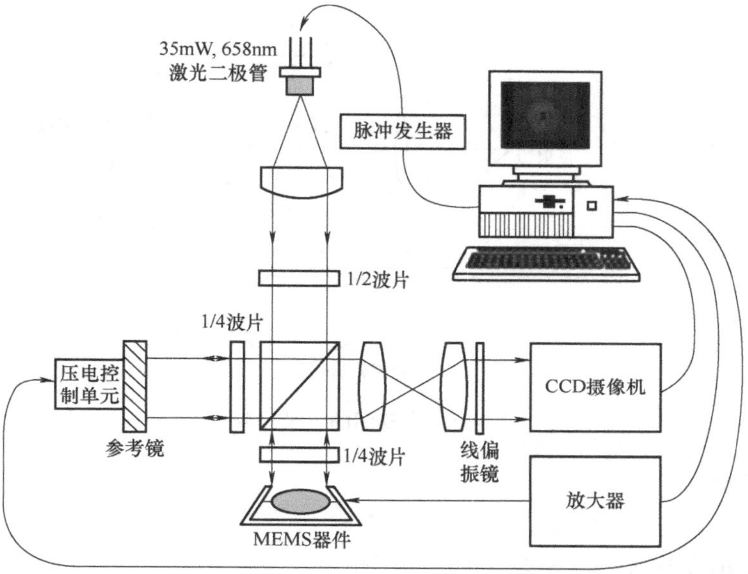

图 2-34　频闪显微移相干涉系统示意图

2.4　激光全息干涉测量

1949 年英国的 D. Gabor 提出了波前重现的基本实现，利用一束相干参考光将光场中的振幅和相位信息转化为干涉的强度信息保存。为了得到稳定的干涉场要求高度的相干性，最初的全息照相光源采用汞灯，并使用同轴光路，即参考光与物光的方向一致。激光器的成功发明之后，1962 年 E. N. Leith 等提出了离轴全息图的方法，使参考光与物光之间存在一定的夹角，获得清晰的再现像，使全息干涉测量技术得以实用化。

2.4.1　全息干涉的基本原理

全息技术分为两步，即全息图的记录和物光波的再现。和普通照相技术的区别是全息技术不仅能在底片上记录物光光强的变化，还能同时记录下物光的位相变化，能把物光的所有信息全部记录下来，通过再现，可以获得物体的立体像。

1. 全息图的记录

如图 2-35 所示，用相干光照射物体，物体散射出来的光波投射到全息干板上，同时用同一光源发出的另一部分相干光波作参考光也照射到全息干板上，于是在干板上形成两束光的干涉。在感光乳胶的作用下，干涉条纹被记录下来。这样曝光后的干板再经适当的显影、定影处理就成为全息底片。这个过程称为“记录过程”。假定物体光波沿 z 轴正向照射到全息干板上，全息干板放在 xOy 平面内（图中仅画出 yOz 坐标面）。参考光束是以一定的入射角对干板进行照射的平面波（也可是球面波）。

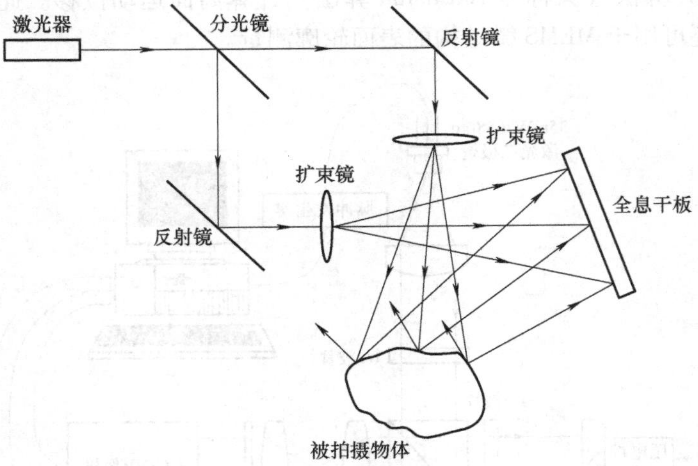

图 2-35　全息图的记录过程

设参考光波为

$$E_r = A_r e^{j\varphi_r} \tag{2-50}$$

式中，A_r 为参考光波振幅；φ_r 为参考光波初位相。

同样，设物体光波为

$$E_0 = A_0 e^{j\varphi_0} \tag{2-51}$$

因为参考光波是一个强度均匀的平面波，它以入射角 i 照射到记录介质上，介质上各点的强度分布是相同的（即振幅恒定）。而位相分布则随 y 值而变，如果以入射到 O 点的光线的位相为参考，那么入射到记录介质上任一点 $P(x, y)$ 的光线的位相将比入射到 O 点光线的位相延迟一个 $\Delta\varphi_r$，即

$$\Delta\varphi_r = \frac{2\pi}{\lambda}\Delta = \frac{2\pi}{\lambda}\sin i \tag{2-52}$$

令 $\frac{2\pi\sin i}{\lambda} = \alpha$，则在任一点 $P(x, y)$，参考光波的电场分布可写为

$$E_r = A_r e^{j\alpha y} \tag{2-53}$$

对物体光波，由于入射到记录介质上各点的振幅和位相均为 x、y 的函数，故在 $P(x, y)$点物体光波电场分布将是

$$E_0 = A_0(x, y)e^{j\varphi_0(x,y)} \tag{2-54}$$

于是参考光波和物体光波在 $P(x, y)$ 处的合成电场分布是

$$E = E_0 + E_r \tag{2-55}$$

记录介质仅对光强起反应，而光强可表示为光波振幅的二次方，即

$$I(x, y) = |E|^2 = EE^* = (E_r + E_0)(E_r + E_0)^* \tag{2-56}$$

式中，* 号表示复数共轭。

于是式（2-56）可写为

$$I(x,\ y)=[A_r e^{j\alpha y}+A_0(x,\ y)e^{j\varphi_0(x,y)}][A_r e^{-j\alpha y}+A_0(x,\ y)e^{-j\varphi_0(x,y)}]$$
$$=A_r^2+A_0^2(x,\ y)+A_rA_0(x,\ y)e^{j[\alpha y-\varphi_0(x,y)]}+A_rA_0(x,\ y)e^{-j[\alpha y-\varphi_0(x,y)]} \tag{2-57}$$

从式（2-57）可以看出，全息底片上的光强按正弦规律分布。由于参考光是固定不动的，所以 A_r 和 $\Delta\varphi_r$ 是不变的。全息底片上的干涉条纹主要由物光束调制，即干涉条纹的亮度和形状主要由物光波决定，因此物体光波的振幅和相位以光强的形式记录在全息底片上。全息底片经过显影和定影处理后，就成为一张全息图。

2. 物光波的再现

由式（2-57）所决定的全息图片处理后具有一定的振幅透过率分布 $t(x,\ y)$，它是记录时曝光光强的非线性函数，曝光量 E 和振幅透过率 t 之间的关系如图 2-36 所示。一般把这个曲线叫作 t-E 曲线。当记录介质的曝光使用 t-E 曲线线性部分时，所得到的透过率就和曝光光强呈线性关系。这时

$$t(x,\ y)=mI(x,\ y) \tag{2-58}$$

式中，m 是常数。

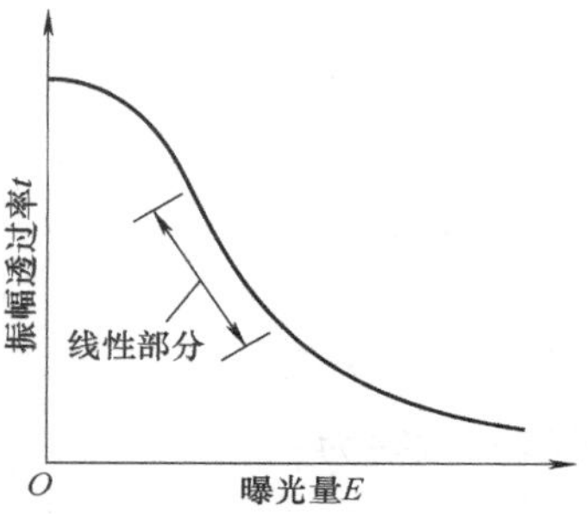

图 2-36 t-E 曲线

再现时，如果用和参考光波一样的光波作照明光波来照明处理后的记录介质（全息图），则得到的透射光波为

$$E_t(x,\ y)=t(x,\ y)E_r=mI(x,\ y)A_r e^{j\alpha y}$$
$$=mA_r[A_r^2+A_0^2(x,\ y)]e^{j\alpha y}+mA_r^2A_0(x,\ y)e^{j\varphi_0(x,y)}$$
$$+mA_0(x,\ y)e^{-j\varphi_0(x,y)}A_r^2e^{j2\alpha y} \tag{2-59}$$

式（2-59）是再现时的光波表达式。由此可以看出，如果参考光波是充分均匀的，A_r^2 是在整个全息图上近似为常数，即方程第二项正好是 mA_r^2 乘上一个物体光波 $A_0(x,\ y)e^{j\varphi_0(x,y)}$，它表示一个与物体光波相同的透射光波，这个光波具有原始光波所具有的一切性质。如果我们迎着这个光波观察就会看到一个和原来一模一样的“物体”，这个光波就好像是它发出似的。所以，这个透射波是原始物体波前的再现。由于再现时实际物体并不存在，该像只是由衍射光线的反向延长线所构成的，把它所形成的像称为原始物体的虚像或原始像，如图 2-37 所示。式中第三项也含有物体光波的的振幅和位相信息，但是它和物波的前进方向不同，这可从位相项中看出。第三项所表示的光波是比照明光波更偏离于 z 轴的光束波前，偏角比 i 大一倍左右。$\varphi_0(x,\ y)$ 前的负号表示再现光波对原始物体光波在位相上是共轭的，即从波前来看，若原来物体光波是发散的话，则该光波将是会聚的。在这里，原来物体光波是发散的，所以，这一项表示的光波在记录介质后边某处形成原始物体的一个实像。式中第一项是照明光束传播的光波，它经全息照片后不偏转，是照明光波的继续。A_r^2 仅造成一种均匀的背景。$A_0^2(x,\ y)$ 包含物体上各点在记录时所发射光波的自相干和互相干分量，一般使全息图在表观上看来出现一种均匀颗粒状分布或所谓的斑点图像，再现时，产生“晕状雾光”，当物体亮度较小时，可忽略不计。

3. 干涉条纹的调制度

下面讨论物体光波和参考光波在记录介质上相干叠加后所得到的强度分布特点，将式

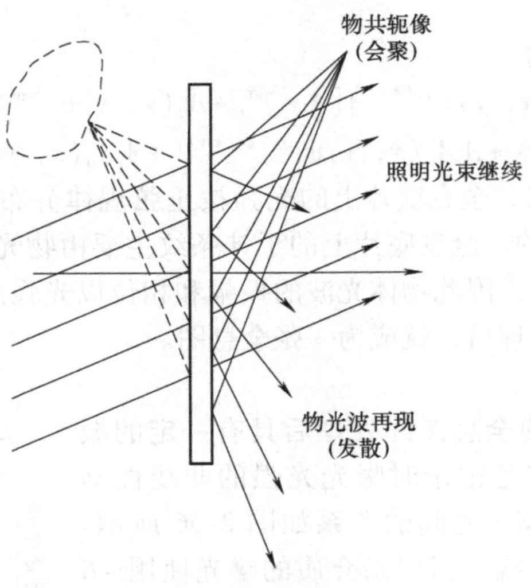

图 2-37 物光波的再现示意图

(2-57) 改写为

$$
\begin{aligned}
I(x, y) &= A_r^2 + A_0^2 + 2A_rA_0\cos(\alpha y - \varphi_0) \\
&= (A_r^2 + A_0^2)\left[1 + \frac{2A_rA_0}{A_0^2 + A_r^2}\cos(\alpha y - \varphi_0)\right]
\end{aligned}
\tag{2-60}
$$

由此看出，这种光强分布是在一个均匀项上加上一个余弦调制，亦即全息图上的光强分布是按正弦变化的，这种正弦变化的记录就得到干涉条纹，如图2-38所示，再现时就起到正弦光栅的作用。物体光波振幅对参考光波调幅，物光波位相对参考光波调相。振幅调制度可写为

$$
M = \frac{2A_rA_0}{A_r^2 + A_0^2} \tag{2-61}
$$

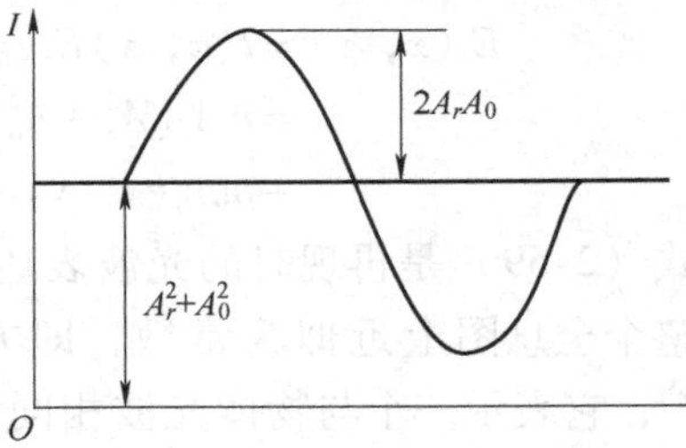

图 2-38 光强分布曲线

当 $A_r = A_0$ 时，有最大调制度 $M = 1$。如果干涉条纹的强度分布是单纯的正弦型分布，则这个调制度有时也称为条纹的对比度。

4. 全息技术对光源的要求

由全息技术的原理可知，全息图的记录和再现依赖于光的干涉和衍射效应。因此，全息技术对所用光源有如下要求：同普通照相一样具有能使底片得以曝光的光能输出；具有为满足光束的干涉和衍射所必需的时间相干性和空间相干性。

在全息图的记录中，为使物体光束和参考光束产生干涉，两光束必须来自同一光源。为了在全息底片上得到清晰的干涉图像，光源的时间相干性一定要好，即相干长度一定要大于物体光束和参考光束的最大光程差。另外，被记录物体大都是具有漫反射表面的三维物体，记录时物体上每一点衍射或漫反射的光波要与参考光波中任一点的光波进行干涉，这实际上是光束截面内不同空间点间光场的干涉问题，因此又需要光源有很好的空间相干性。被摄物体横向范围越大，空间相干性要求越高。一般来说，光源的时间相干性决定了能够记录物体

的最大景深，空间相干性决定了能够记录物体的最大横向范围。

一般的热光源从时间相干性、空间相干性和输出功率上不能同时满足全息照相的要求。激光器在上述三个方面都能满足，很适合于全息照相。目前，He-Ne激光器、氩离子激光器广泛用于静态全息照相。固体激光器如红宝石激光器，虽然相干性不如气体激光器，但其脉冲工作和高的峰值功率输出特点，普遍用于动态全息。

2.4.2 全息干涉测量技术

1. 全息干涉测量的特点

全息干涉测量技术是全息技术应用于实际的最早也是最主要技术之一，1965年首先由R. Powell和K. Stetsen提出，将普通的干涉测量同全息技术结合起来，利用全息图再现波前相互干涉的方法实现计量或检测。

与普通干涉测量方法相比，全息干涉测量具有如下特点：

1）一般干涉测量只可用来测量形状比较简单的高度抛光表面的工件，而全息干涉测量能够对具有任意形状和粗糙表面的三维表面进行测量，精度可达光波波长数量级。

2）由于全息图再现的像具有三维性质，故用全息技术就可以从许多不同视角去观察一个形状复杂的物体，一个干涉测量全息图可相当于用一般干涉测量进行的多次观察。

3）全息干涉测量可以对一个物体在两个不同时刻的状态进行对比，因而可以探测物体在一段时间内发生的任何改变。这样，将此一时刻物体与较早时刻的物体本身加以比较，在许多领域的应用中将有很大优点，特别是适用于任意形状和粗糙表面的测量。

全息干涉测量的不足之处是其测量范围小，仅几十微米左右。

2. 全息干涉测量方法

全息干涉测量方法是将不同时间、不同物光记录在全息干板上，然后将波前再现形成干涉，获取测量信息。全息干涉测量方法分为实时法、二次曝光法和时间平均法。

（1）实时法

实时法是物体曝光一次的全息图，经显影和定影处理后在原来摄影装置中精确复位，再现全息图时，再现像就重叠在原来物体上，若物体稍有位移或变形，就看到干涉条纹，由于这种干涉测量方法是即刻发生的，因而称为实时全息干涉计量法，简称实时法。实时法通过观察干涉条纹的变化情况来研究物体的变形趋势和状况，探测和检查物体内部的缺陷。其原理如图2-39所示。

实时法只用一张全息图，能以随时改变物体的变形条件（如应力、温度），实时地观察不同条件下物体产生的任何微小的运动或变形情况，在工程系统的自动检测中具有实用价值。但在实际应用中要求全息图必须严格复位，否则复位精度不高，将直接影响测量精度。实时法使用方便，节省测量时间，特别适用于测试透明物体中的一些现象。

（2）二次曝光法

二次曝光法全息图的制作和实时法全息图的制作在第一步是完全类似的，只是在第二步二次曝光法拍摄了第一次未变形物体的全息图后，全息底片并不立刻进行处理，而是在原来的位置不动，让加载系统对物体加载使物体变形，当物体变形到所要观察的状态时，再在同一张全息干板上对变形后的物体进行第二次曝光记录，然后将干板进行处理。这样全息干板上就记录了物体在两个状态时的全息图。当用和记录时参考光束入射方向相同的照明光波照

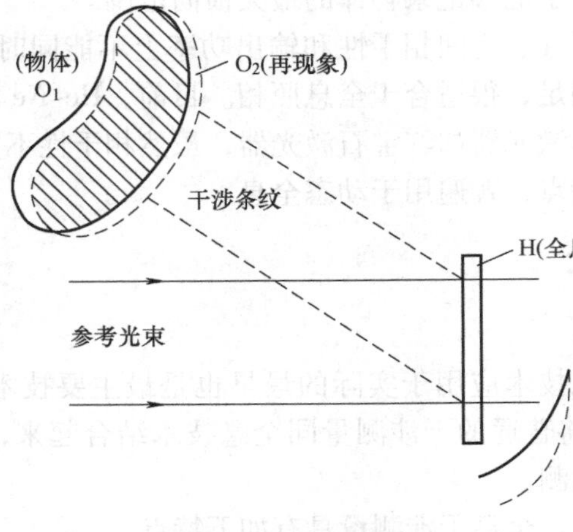

图 2-39　实时法原理图

明二次曝光全息图后，再现的原物体光波和变形后的物体光波发生干涉，在再现像上会看到由变形或位移引起的干涉条纹。

二次曝光法的原理如图 2-40 所示。2-40a 为全息图记录过程，物体在两种状态下的位置分别为 O_{01} 和 O_{02}，波阵面分别为 U_{01} 和 U_{02}，在同一张底片 H 上进行二次曝光，获得一张二次曝光的全息图。2-40b 为再现过程，再现像 O'_{01} 和 O'_{02} 之间存在相位关系，在 O'_{01} 和 O'_{02} 重合处出现干涉条纹，干涉条纹便记录下了物体在两个状态下的位移或变形量。

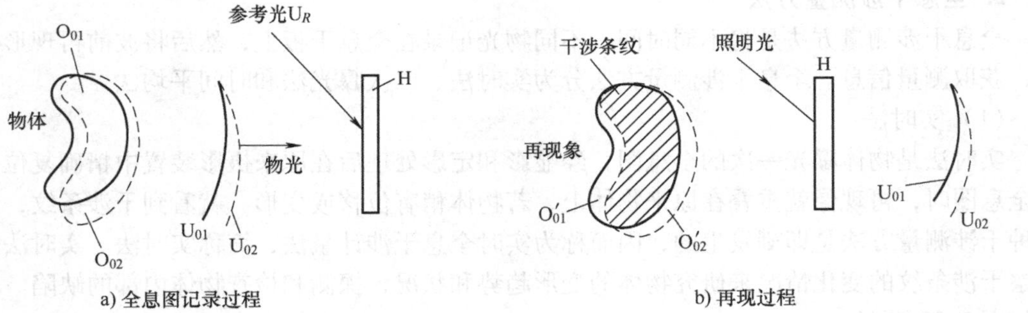

图 2-40　二次曝光法原理图

由于二次曝光法的干涉条纹是两个再现光波之间的干涉，故不必考虑物体与全息图的位置精度，而且获得的是物体两个状态变化的永久记录。二次曝光法用于研究许多材料的性能参数，如检查材料内部缺陷，在两个不同时刻材料或物体的变形量等。若采用脉冲激光，二次曝光法就可以应用于瞬态现象的研究，如冲击波、高速流体、燃烧过程等，可以计量到 1/10 波长的微小变化。

另外，二次曝光中干涉条纹往往是由两个因素引起的，一个因素是两次曝光中间物体状态的变化，另一个因素是两次曝光时光波频率的变化。后一种因素往往使问题复杂化，有时频率的变化甚至使干涉条纹消失，所以为保证测量的准确性，要严格控制激光器输出光波频率的稳定性。

（3）时间平均法

多次曝光全息干涉测量技术的概念可以推广到连续曝光这一极限情况，结果得到所谓“时间平均全息干涉测量技术”。这种方法常用来研究特殊振动的物体，对周期振动物体做一次曝光。当记录的曝光时间远大于物体振动周期时，全息图上记录的是振动物体各个状态在这段时间中的平均干涉条纹。当这些光波又重新再现出来时，它们在空间必然要相干叠加，由于物体不同点振幅不同而引起的再现波位相不同，叠加结果是再现像上必然会呈现和物体的振动状态相对应的干涉条纹，亦即产生和振动的振幅相关的干涉条纹。

时间平均法可用非接触方法来获得振动体的振动模，能对整个二维扩散的表面精密地测出振动的振幅。测量对象以粗糙面较为适宜。同时，可对小至晶体振子大至扩音器、乐器、涡轮机翼等进行振动分析。

2.4.3　全息干涉测量技术的应用

1. 全息光栅位移测量

全息光栅位移精密测量系统是利用全息光栅高空间分辨率作为长度测量基准，实现位移的高精度测量。全息光栅位移测量分为全息光栅的制作和全息光栅位移测量。

全息光栅的制作时利用两束具有特定波面形状的光束干涉，在记录基面上形成亮暗相间的干涉条纹，用全息记录介质记录干涉条纹。全息光栅制作可以使用对称光路，用两个准直物镜产生平面波，如图 2-41 所示。由激光器发出的激光经分束镜 BS 后被分为两束，一束经反射镜 M_1 反射、准直物镜 L_1 和 L_2 扩束准直后，直接射向全息干板 H；另一束经反射镜 M_2 反射、准直物镜 L_3 和 L_4 扩束准直后，也射向全息干板 H。将电子快门 S 与曝光定时器相连，控制全息干板的曝光时间，光强衰减器 A 控制全息光栅的光强。两束平行光在全息干板上叠加形成平行等距的干涉条纹，经处理后得到全息光栅。设两束平行光的夹角为 θ，曝光时激光波长为 λ，则全息光栅的条纹间距即光栅常数 d 为

$$d = \frac{\lambda}{2\sin\dfrac{\theta}{2}} \tag{2-62}$$

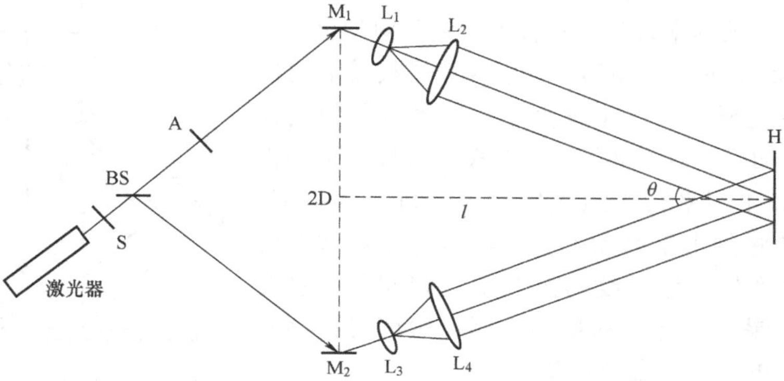

图 2-41　全息光栅的制作

从式（2-62）可以看出通过改变两束平行光的夹角可以改变全息光栅的条纹间距。当两束光的夹角为 110°和 122°时，可以产生空间频率约为 3360l/mm 和 5000l/mm 的全息光栅，

若增大夹角，还可以增加其空间频率，最高可达6000l/mm左右。

全息光栅因为其制作方法可以消除刻划光栅的缺点。刻划光栅因为加工误差刻线之间的距离会出现周期性变化，在谱线旁出现假谱线，称为鬼线。全息光栅的周期与波长成正比，不存在周期性误差，可以消除鬼线。全息光栅不存在刻划光栅刻槽的微观不规则或毛刺等缺陷，所以杂散光远远小于刻划光栅的杂散光。全息光栅可以通过增加光栅长度来增加光栅刻线的总数，从而提高光栅分辨率。

全息光栅位移测量系统如图2-42所示，当一束单色平面波垂直入射当全息光栅上时发生衍射，对称的 $\pm m$ 级衍射波叠加形成干涉场。当全息光栅以速度 v 沿 x 方向移动时，衍射波的位相将发生变化，干涉条纹随之移动。根据光学多普勒效应，全息光栅运动引起的两束衍射波的频率偏移量分别为 $\Delta\nu_1$ 和 $\Delta\nu_2$，则

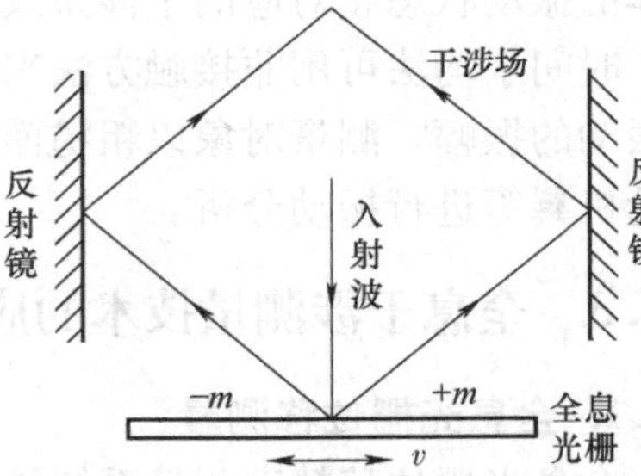

图2-42 全息光栅位移测量系统

$$\Delta\nu_1 = \nu\frac{V}{c}\sin\theta$$
$$\Delta\nu_2 = -\nu\frac{V}{c}\sin\theta \tag{2-63}$$

式中，ν 为入射波的频率；θ 为 $\pm m$ 级衍射波的衍射角。光栅移动距离测量过程中，对两束光的频差进行积分，得到干涉条纹的移动数 N 为

$$N = \int_0^T(\Delta\nu_1 - \Delta\nu_2)\mathrm{d}t = \frac{2\nu\sin\theta}{c}\int_0^T V\mathrm{d}t = \frac{2\nu\sin\theta}{c}x \tag{2-64}$$

若光栅常数为 d，则光栅方程为

$$d\sin\theta = m\lambda \tag{2-65}$$

将式（2-65）代入式（2-64）中，得

$$x = \frac{Nd}{2m} \tag{2-66}$$

由式（2-66）可知通过对干涉条纹移动数 N 计数，可以实现对全息光栅位移量的测量。

全息光栅位移测量系统如图2-43所示，激光器发出的光经准直透镜后成为平行光，垂直入射到反射型全息光栅上，产生 $\pm m$ 级衍射光 a 和 b，分别经角锥棱镜后再次倾斜入射到衍射光栅上，产生垂直于衍射光栅的衍射光 a' 和 b'，两者叠加后形成干涉场。角锥棱镜可以保证两次衍射的衍射光 a' 和 b' 平行于激光器发出的垂直入射光，而且全息光栅微量的上下移动不会影响衍射光 a' 和 b' 的干涉结果。叠加产生干涉条纹的衍射光 a' 和 b' 是全息光栅两次衍射的结果，因此位移量的检测灵敏度可提高一倍，式（2-66）的位移测量公式变为

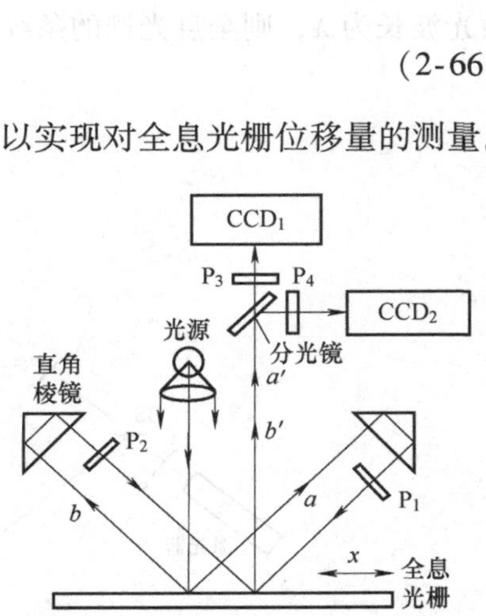

图2-43 全息光栅位移测量系统

$$x = \frac{Nd}{4m} \tag{2-67}$$

为了能分辨全息光栅的移动方向，利用偏振光束形成两相信号，即在衍射光 a 和 b 的光路中分别插入透光轴正交的两偏振片 P_1 和 P_2，则二次衍射光 a' 和 b' 成为矢量反向正交的线

偏振光。偏振光 a' 和 b' 经分光镜分光后，分别通过透光轴相互正交的两偏振片 P_3 和 P_4，最后两相信号送入两线阵 CCD。若偏振片 P_1 和 P_3 二者透光轴方向角分别为 $-45°$ 和 $+45°$，即可获得 90°位相差的两路正交干涉信号，从而实现辨向。从 CCD 输出的两路信号经后续数据采集、滤波放大、门限比较等信号处理后，经计数器得到干涉条纹的移动数 N，计算得到光栅的位移量 x。

2. 气缸内孔测量

机械工程中各种气缸、液压泵等内孔需进行精密测量，内孔的指标是圆度和直线性。虽然圆度和直线性已有多种方法可以检测，如圆度仪，但直接测量圆度和直线性有一定难度。圆度仪可达 0.1μm 的测量精度，但测量一个圆柱内孔必须测量多个截面的圆度和多条母线的直线性。特别是当圆度和直线性混在一起的时候，同时测量出来更为困难。用全息干涉方法便可以解决这一难题，图 2-44 是用全息干涉方法精密测量气缸内孔的光路图。

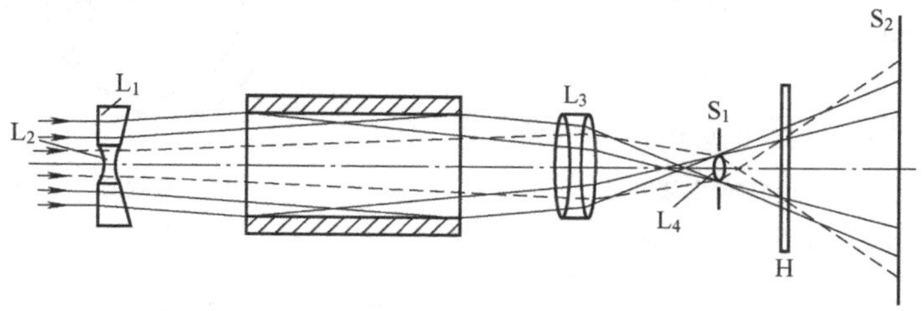

图 2-44　全息干涉测量气缸内孔的光路图

平行激光束照在透镜 L_1 上，这个透镜一面是平面，另一面是锥面，中间有一个孔装有凹透镜 L_2。一部分光通过锥面后发散照射到气缸内壁。光束与气缸内壁的夹角很小，因此，即使相当粗糙的表面也能产生镜面反射。反射光束通过透镜 L_3 形成一个圆环，聚焦在屏 S_1 上。屏 S_1 有一个窄环，只让镜面反射光通过而挡住散射光，一部分光经透镜 L_2 后发散，并由透镜 L_3 聚焦在屏 S_1 中心的凸透镜 L_4 上。经透镜 L_4 的光束扩散后做为参考光与反射的物光投到全息干板 H 上产生干涉，形成全息图。全息底片处理后仍放回原处，然后将被检内孔精确地放置在记录时标准内孔的位置上。在激光照射下，在屏 S_2 上观察到再现的标准内孔光波和被检内孔表面反射光波之间所产生的全息干涉图，如图 2-45a 所示。分析这种干涉图就可以测得内孔直径的微小变化。

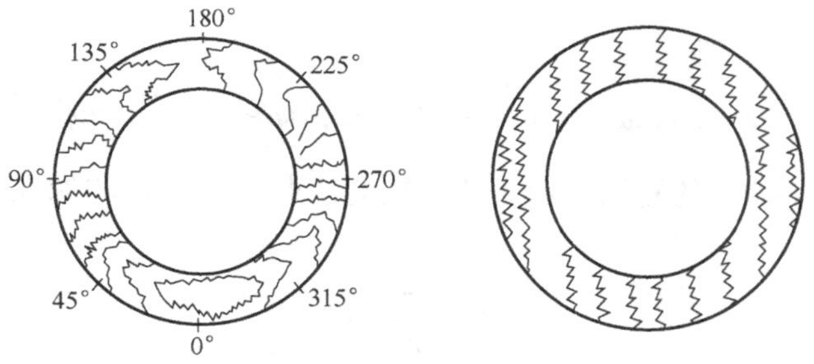

a) 干涉条纹　　b) 直条纹

图 2-45　标准内孔光波和被检内孔表面反射光波产生的干涉图

由于两个气缸表面偏差产生的条纹，一般不如平面或球面产生的条纹那么容易分析。首先需从理论上推导各种不同条纹的起因，尤其必须先导出由于气缸轴的倾斜和平移产生的光程差的表达式。

假定气缸轴原来沿 z 轴安放，然后变换成沿点（x_1，y_1，0）和（x_2，y_2，l）的连线方向。其中 l 是气缸的长度，如图 2-46a 所示。并假定任何气缸截面垂直于轴。图 2-46b 是距原点 z 处的气缸截面，若 x_1，y_1，x_2，$y_2 \leqslant R$（气缸半径），那么气缸壁在这个截面上沿方向 φ 的径向位移 D 为

$$D = x\cos\varphi + y\sin\varphi$$

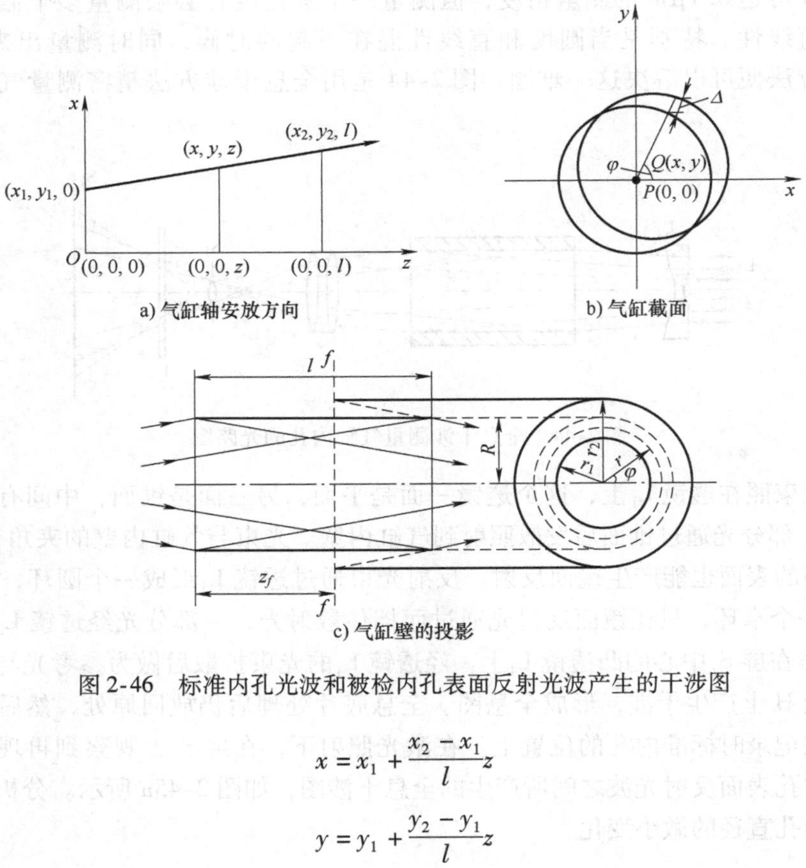

a) 气缸轴安放方向　　b) 气缸截面

c) 气缸壁的投影

图 2-46　标准内孔光波和被检内孔表面反射光波产生的干涉图

而

$$x = x_1 + \frac{x_2 - x_1}{l}z$$

$$y = y_1 + \frac{y_2 - y_1}{l}z$$

则有

$$D = x_1\cos\varphi + y_1\sin\varphi + \frac{x_2 - x_1}{l}z\cos\varphi + \frac{y_2 - y_1}{l}z\sin\varphi \tag{2-68}$$

气缸壁的投影像如图 2-46c 的右侧所示，若气缸上某点（z，φ）的像在（r，φ），那么坐标关系为

$$\frac{z}{l} = \frac{r - r_1}{r_2 - r_1}$$

代入式（2-68）得

$$D=\left\{\frac{x_1(r_2-r)+x_2(r-r_1)}{r_2-r_1}\right\}\cos\varphi+\left\{\frac{y_1(r_2-r)+y_2(r-r_1)}{r_2-r}\right\}\sin\varphi \tag{2-69}$$

由于这个位移引起的光程差为

$$\Delta = D\cos\theta \tag{2-70}$$

式中，θ 为照明光束的角度。

（1）径向条纹

径向条纹是由与 r 无关的光程差形成，即与 z 无关。所以由式（2-68）可知 $x_1=x_2$，$y_1=y_2$。这意味着条纹是由平行于气缸轴的横向位移所引起，与 φ 角的关系为

$$D=x_1\cos\varphi+y_1\sin\varphi \tag{2-71}$$

由式（2-71）看出，径向条纹按正弦规律分布，在与移动相垂直的方向上最密集。

（2）直条纹

在投射的环形像上的直条纹是由于气缸轴的平移和倾斜共同引起，或者是围绕气缸外的某一轴上的点倾斜造成。直条纹很重要，通过观测这种条纹可判断气缸是否在公差范围内。

在投影的条纹图上，当 $D=r\cos\varphi$ 是常数时，产生水平方向的直条纹。即式（2-69）中所有系数除 $r\cos\varphi$ 之外都等于零。满足上述条件时

$$y_1 = y_2 = 0$$

和

$$x_1r_2-x_2r_1=0$$

即

$$\frac{x_2}{x_1}=\frac{r_2}{r_1}$$

$\frac{r_2}{r_1}$与气缸半径 R 和照明光束的角度有关。如图 2-46c 所示，它们的关系为

$$\frac{r_2}{r_1}=1+\frac{1}{R\tan\theta-z_f}$$

若气缸围绕 $z=-h$ 处倾斜，由简单的比例关系得

$$\frac{x_2}{x_1}=\frac{h+l}{h}=1+\frac{l}{h}$$

比较上两式可知，获得直条纹的条件是

$$h=R\tan\theta-z_f \tag{2-72}$$

一种测定被测气缸是否在特定的公差范围内的快速比较方法可按下列程序进行。首先制备标准气缸的全息图，然后把全息图重新放置在原来的位置上，将标准气缸放在安装架上，并倾斜到轴上预先计算好的位置，从而产生了如图 2-45b 所示的直条纹。当用被测气缸代替标准气缸时，则与前者图形的任何偏差都可指出气缸壁上任何点沿半径方向的局部偏差。

（3）圆条纹

条纹出现同心圆不是轴的简单移动引起。仅当气缸与其他旋转表面（如圆锥）共轴进行比较时产生。出现的条纹数是气缸两端的直径变化量。条纹的分布表示直径的变化率。

3. 缺陷检测

利用被测件在承载或应力下表面微小变化的信息，就可以判定被测件某些参量的变化，发现缺陷部位。

复合材料是用特殊纤维树脂材料（硼素或碳素复合）或特殊金属胶片纤维黏结而成的，对发展燃气轮机、航空发动机具有重要意义，检测复合材料内部的脱胶状态是十分关键的。全息干涉法检测复合材料是基于脱胶或空隙产生振动这一现象，并由振型区分缺陷。图2-47是用全息干涉法检测复合材料两表面的光路图，当叶片两面在某些区域中存在不同振型的干涉条纹时，表示这个区域的结构已遭到破坏。如果振幅本身还有差别，则表示这是可疑区域，表明这个复合材料结构是不可靠的。

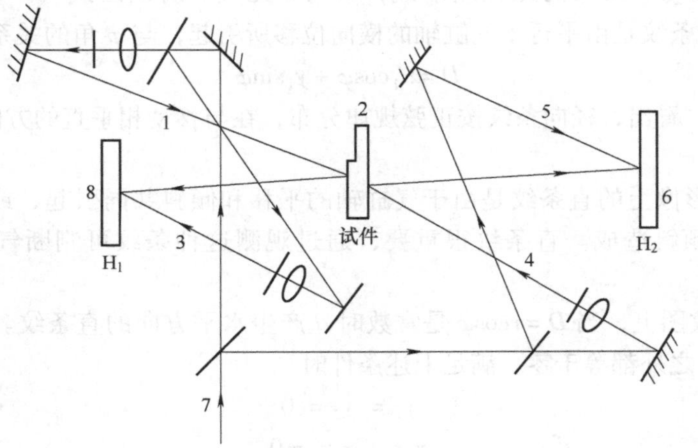

图2-47　复合材料叶片两表面全息干涉检测光路图

1、4—物光束　2—被测叶片　3、5—参考光束　6、8—全息片　7—入射激光束

用全息干涉法检测复合材料的缺陷不仅能测量脱胶区的大小和形状，而且还可以判定深度。全息干涉法在缺陷检测方面成功例子还有：断裂力学研究中采用实时全息干涉监测裂纹的产生和发展，用于应力裂纹的早期预报；利用二次曝光采用内部真空法对充气轮胎进行检测，可以十分灵敏、可靠地检测外胎花纹面、轮胎的网线层、轮胎边缘的脱胶、缩空以及各种疏松现象。

4. 粒子与流场分布测量

全息干涉技术对粒子尺寸和流场三维分布可进行很有效的测量，是获得整个流场定量信息的理想方法。目前已在空气动力学、气动传输、蒸汽涡轮机测试、雾场水滴微粒尺寸分布、透明体的均匀性分布、温度分布、流速分布等方面得到应用。

图2-48是测量光学玻璃均匀性的全息干涉原理图，其中 M_1、M_2、M_3、M_4 是反射镜，B_1 和 B_2 是分光板，L_1是准直物镜，L_2和 L_3是扩束镜，H 是全息底片，G 是待测玻璃样品。从 L_2扩束的光线经 L_1准直后由 M_1反射回到 B_1，再反射到 H 上，这是物光束。从 B_2反射的光束经 M_4，再由 L_3扩束后直达 H，这是参考光束。用物光束和参考光束同时在 H 上曝光即可获得全息图。检测过程分为两步：拍摄透射光全息图和拍摄反射光全息图。

（1）拍摄透射光全息图

首先在样品 G 未放入光路时，曝光一次。然后，其他条件不变，在光路中放入样品再曝光一次。这两次曝光的物光束之间由于插入了样品 G 而引起的光程差 Δ 为

$$\Delta = 2(n-1)h = k_t\lambda \tag{2-73}$$

式中，n 为玻璃的折射率；h 为样品的厚度；λ 为激光波长；k_t为透射光干涉级次。

如果待测玻璃 G 是一块理想的光学均匀的平行平板，即 n，h 均为常数，则光程差 Δ 为常数，这时，整个全息图的再现视场中将出现一个均匀的照度，无干涉条纹。由于玻璃生产及加工中的种种原因，玻璃板上各处折射率 n 和厚度 h 不会完全相同，视场中将出现透射光干涉条纹。

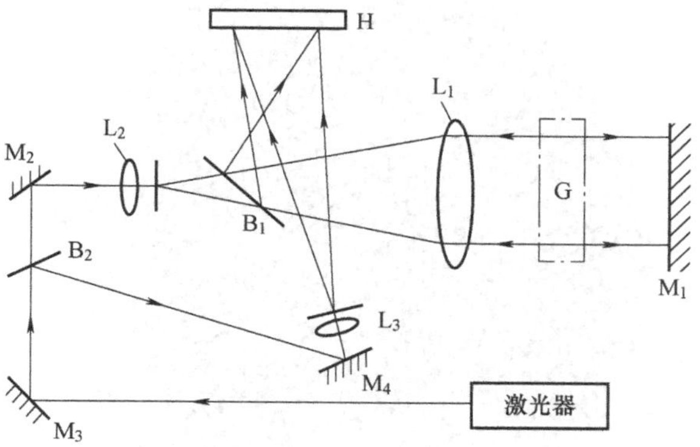

图 2-48　全息干涉测量光学玻璃均匀性光路图

（2）拍摄反射光全息图

拍摄反射光全息图时不用反射镜 M_1，直接利用玻璃 G 前后两表面的反射光作为二次物光束与参考光束同时在底片上曝光，此时二次物光束之间的光程差为

$$\Delta' = 2nh = k_r\lambda \tag{2-74}$$

式中，k_r为反射光干涉级次。再现时视场中将出现反射光干涉条纹。

由式（2-73）和式（2-74）可以求出被检测玻璃板上各处折射率和厚度的不均匀性

$$\Delta h = \frac{\lambda}{2}(\Delta k_r - \Delta k_t) \tag{2-75}$$

$$\Delta n = \frac{\lambda}{2h}[\Delta k_r - n(\Delta k_r - \Delta k_t)] \tag{2-76}$$

式中，Δk_t和 Δk_r分别为被检测玻璃板上任意两点之间的透射光干涉级之差和反射光干涉级之差，它们的值可以直接从全息干涉图中得出。

2.5 激光散斑干涉测量

1970 年，Leenderz 开创了一类新的光学粗糙表面检测的干涉方法，称为散斑干涉测量。它的记录和再现在本质上与全息干涉测量相同，在形式上更加灵活，即不仅可以用光学方法实现，还可以用电子学和数字方法实现。在光学方法中原始散斑场用光学胶片记录，用光学信息处理技术提取信息，而在电子学和数字方法中，原始散斑用光电器件（通常是 CCD 光电探测器）记录，用电子学和数字信息处理技术实现信息的提取，这种方法一般称为电子散斑干涉测量技术。

2.5.1 散斑干涉的基本原理

当用一束激光照射到物体的粗糙表面（例如铝板）上时，在铝板前面的空间将布满明暗相间的亮斑与暗斑，若再置一纸屏于铝板的前面，就会更明显地看到这一现象。这些亮斑与暗斑的分布是杂乱的，故称为散斑（Speckle）。图 2-49 为激光散斑图。

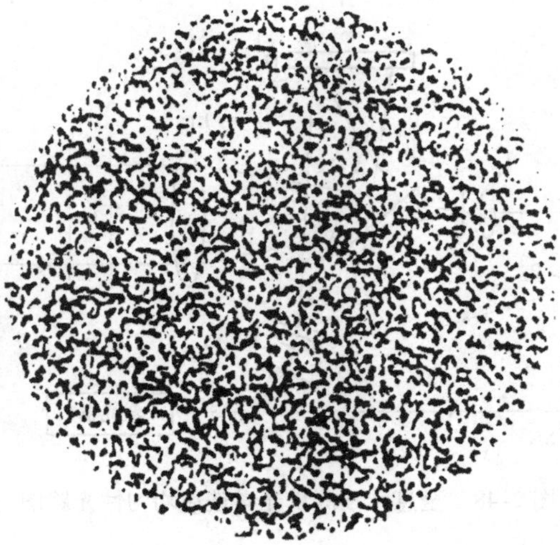

图 2-49　激光散斑图

1. 散斑形成的条件

散斑可以看作是激光照射粗糙表面所产生的散射光在空间干涉的结果，不是物面的像。要形成散斑必须具有以下两个条件。

1）必须有能发生散射的粗糙表面。为了使散射光较均匀，则粗糙表面的深度必须大于光波波长。

2）入射光的相干度要足够高，如使用激光。

当激光入射到毛玻璃上时，因符合上述两个条件，所以，在毛玻璃后面的整个空间充满着散斑。

2. 散斑的大小

散斑是相干光照明时，粗糙表面各面积元上散射光波之间干涉在空间域内形成的颗粒状结构。颗粒尺寸定义为两相邻亮斑间距离的统计平均值。实际使用中，散斑颗粒的大小常用它的平均直径来表示，平均直径由激光波长 λ 及粗糙表面圆形照明区域对该散斑的孔径角 u'所决定，其数学表达式为

$$<\sigma> = \frac{0.6\lambda}{\sin u'} \tag{2-77}$$

式（2-77）说明散斑的大小粗略地对应于干涉条纹间隔。当照明区域为圆形时，散斑亦为圆形。若照明区域增大，那么有更多面积元上散射的光波参与干涉，照明区域对该散斑的孔径角 u'增大，所以散斑变小了。若照明区域不是圆形而是椭圆形，所成的散斑亦是椭圆形，椭圆形的长短轴是正交的。

上述散斑是由粗糙表面的散射光干涉而直接形成的，称为直接散斑。若经过一个光学系

统，在它的像面上形成的散斑，称为成像散斑，亦称为主观散斑，图 2-50 是成像散斑形成的光路图。成像平面上 P 点大散斑直径取决于光学系统出射光瞳对 P 点的孔径角 u'，即

$$<\sigma> \approx \frac{0.6\lambda}{\sin u'} = \frac{0.6\lambda}{NA} \tag{2-78}$$

式中，NA 是光学系统得数值孔径。式（2-78）说明孔径角较小时，散斑较大。

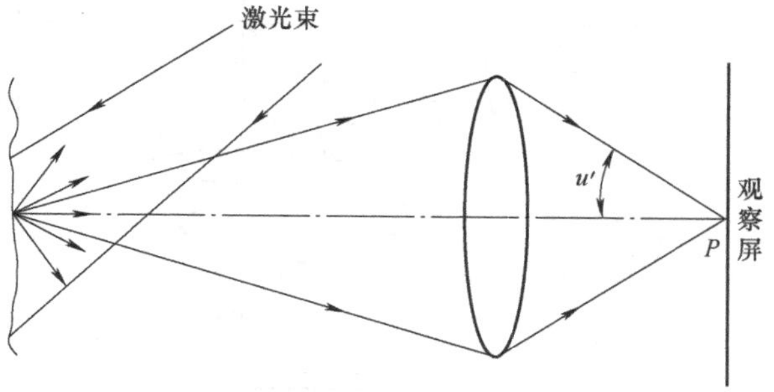

图 2-50 成像散斑光路

2.5.2 散斑干涉测量技术

被激光照射的粗糙物面在透镜的像面上形成散斑图，此方法称为散斑照相。若这时另外加一个相干的参考光，这相干的参考光可以是平面波、球面波，甚至是另一粗糙面的散斑场，这种组合散斑场的技术，就称为散斑干涉技术。利用散斑干涉技术可以测量物体的位移、应变及振动、物面的变形和粗糙度等，在各种工程技术中应用十分广泛，在光学上用来检验感光材料的分辨率，测定透镜焦面位置及焦距等；在医学上，可用散斑技术作视力检查；在天文学方面，用散斑技术揭示星体的构造和超巨星的亮度分布等。按散斑测量位移的方法，可以分为测量物体纵向位移的干涉法和测量物体横向位移的干涉法。

1. 纵向位移测量

图 2-51 是散斑干涉测量表面纵向位移的原理图。从迈克耳孙干涉仪的一支光路中去掉反射镜，换成被测物体，则该物体表面产生散射光。在另一支光路中保留反射镜 M，由 M 的反射光作为参考光。在物体表面的散射场与参考光重叠的区域发生干涉，散斑上出现光强度亮暗起伏变化的现象。若物体沿法线方向（设为 z 方向）有一微小位移 δz，则两个光场之间的位相差改变为 $\delta\varphi$，则有

$$\delta\varphi = \frac{2\pi}{\lambda}2\delta z \tag{2-79}$$

当 $\delta z = m\lambda/2(m=0,\ m=\pm1,\ m=\pm2,\ \cdots)$ 时，散斑条纹与 $\delta z=0$ 时相同；当 $\delta z=(m+1/2)\lambda/2$ 时，散斑条纹的对比度反转，即亮暗反转。当物体沿法线方向缓慢移动时，散斑条纹也发生移动，这种方法适合测量物体表面变形及振动物体的振动模式。在振动节点处出现高对比度的散斑，在有振动处散斑的对比度降低。对比度为常数的区域表示振动的振幅相同。图 2-51 中的可变光阑 D 用来调整散斑的大小。

2. 横向位移测量

用于测量表面横向位移的散斑干涉仪原理如图 2-52 所示。干涉仪对垂直于观察方向（图中 x 方向）的位移敏感，而的对 z 方向的位移不敏感。在这种干涉仪中，被测表面由两

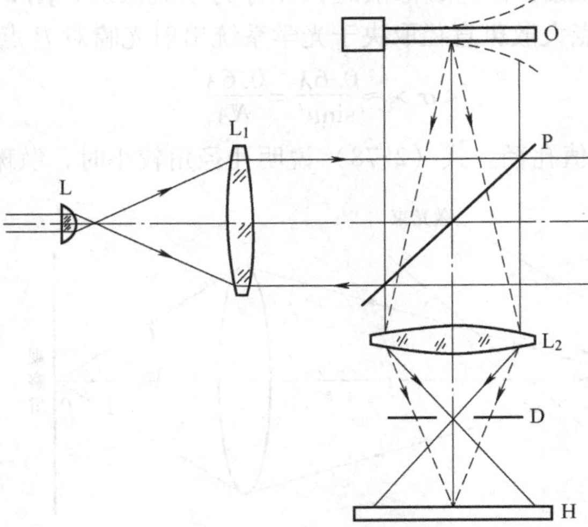

图 2-51　散斑干涉仪表面纵向位移测量

束准直光对称照明，并用一个透镜将其像聚焦在全息底片上，在底片上记录下散斑图。为进行实时观察，把经过处理的底片放回原来的位置。底片好像是个影屏，它抑制了来自明亮散斑区的光，因而视场呈均匀的黑色。若表面沿观察方向（z 方向）运动，则两个照明方向上的光束光程变化一致，因而散斑图保持不变，且仍和原来的记录相匹配。若表面横向（沿 x、y 方向）移动一距离 d，则照明光程差的变化为

$$\Delta = 2d\sin\theta$$

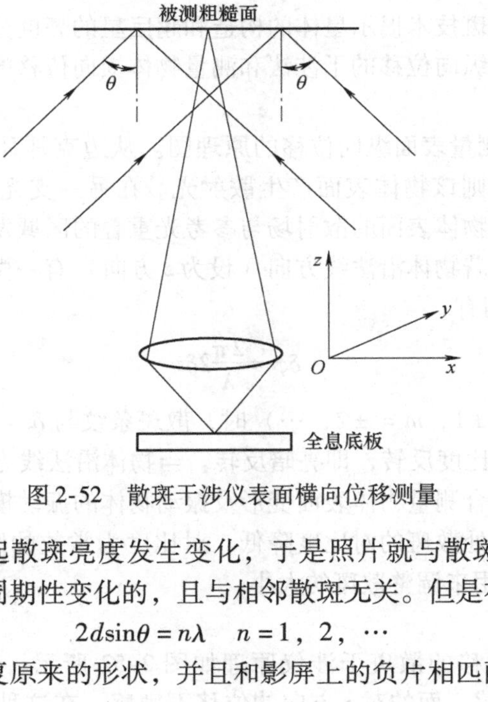

图 2-52　散斑干涉仪表面横向位移测量

由于光程差的出现引起散斑亮度发生变化，于是照片就与散斑花样不匹配而出现透射光。每个散斑的亮度都是周期性变化的，且与相邻散斑无关。但是在满足条件

$$2d\sin\theta = n\lambda \quad n = 1，2，\cdots \tag{2-80}$$

的情况下，散斑花样将恢复原来的形状，并且和影屏上的负片相匹配。因此，在一个这样的

成像系统中，凡是横向移动距离对应于波长整数倍的那些表面上的区域就表现为暗区，中间区域则为亮区。因此，可以用被观察到的散斑干涉图来测定表面上各个区域的变形情况。

2.5.3　电子散斑干涉测量

几乎在散斑干涉测量技术发展的同时，用视频摄像系统替代照相处理，用电子技术和计算机技术代替光学记录技术的电子散斑技术已经开始出现。随着计算机技术的高速发展，电子散斑干涉技术已成为散斑测量技术中最有实用价值的技术之一。在 ESPI 中，原始的散斑干涉场由光电器件（一般为 CCD 探测器）转换成电信号记录下来，用电子技术方法实现信息的提取，形成的散斑干涉场可直接显示在图像监视器上，也可以存入计算机。与光学记录法相比，ESPI 操作简单、实用性强、自动化程度高，可以进行静态和动态测量。

图 2-53 所示为电子散斑干涉仪原理图。激光器发出的光束由分束镜 B_1 透过的一束光，被反射镜 M_2 反射并经由透镜 L_2 扩束照明物面。物面散射的激光被透镜 L_3 成像到摄像机成像面上。由分束镜 B_1 反射的另一束光被角锥棱镜反射到 M_3 上，经透镜 L_1 扩束后，由分束镜 B_2 转向，与物光合束到摄像机成像面上，作为参考光 R。角锥棱镜可以前后移动以调节光程，保证两束光之间的相干性。由物表面散射的激光在摄像机成像面上以散斑场的形式与参考光相干涉。

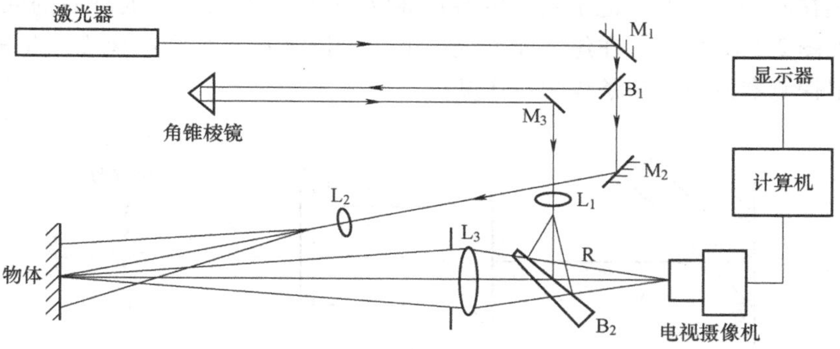

图 2-53　电子散斑干涉仪原理图

若变形前物光束在像面上形成的光振动复振幅为

$$A_{11} = a_{11}\exp(i\varphi_{11})$$

参考光复振幅为

$$A_{21} = a_{21}\exp(i\varphi_{21})$$

则在成像面上合成光强为

$$I_1 = a_{11}^2 + a_{21}^2 + 2a_{11}a_{21}\cos(\varphi_{11} - \varphi_{21}) \tag{2-81}$$

变形后，参考光复振幅没有变化。物光束在物面发生变形时，离面位移造成物光复振幅的总位相改变 $\Delta\varphi$，因而有

$$A_{12} = a_{11}\exp[i(\varphi_{11} + \Delta\varphi)]$$

变形后

$$I_2 = a_{11}^2 + a_{21}^2 + 2a_{11}a_{21}\cos(\varphi_{11} - \varphi_{21} + \Delta\varphi) \tag{2-82}$$

比较式（2-81）与式（2-82）可以发现，由于引入参考光，光强被余弦函数调制。当

$\Delta\varphi$ 为 2π 的整数倍时，变形前后散斑干涉图不发生变化。当 $\Delta\varphi$ 为 $(2n+1)\pi$ 时，变形前后合成光强变化最大。$\Delta\varphi$ 为表面离面位移的函数，散斑干涉图的变化情况就反映了物面的变化情况。因此，ESPI 采用图像相减技术来提取有关离面位移，即 $\Delta\varphi$ 的信息。在 $\Delta\varphi=2n\pi$ 的位置，两散斑图完全相同，相减后光强为零，散斑消失。在 $\Delta\varphi=(2n+1)\pi$ 的位置，相减后仍有散斑，并呈现出最大的对比度和最大的平均强度。物表面分布着与 $\Delta\varphi$ 有关的条纹，这种条纹反映出两次散斑干涉光强之间的相关性，称之为"相关条纹"，与干涉条纹有着本质的不同。有时，两幅散斑图像相减后可能出现负值，一般再做一次二次方运算。为提高相关条纹的质量，有时还需做带通滤波处理。

上面介绍的测量纵向位移的干涉仪和测量横向位移的干涉仪，都可以改造成电子散斑干涉仪。随着计算机技术和图像数字处理技术的发展，ESPI 将逐渐代替传统的光学记录散斑图的散斑干涉测量技术。

2.5.4 散斑干涉测量的应用

1. 散斑干涉表面粗糙度测量

如图 2-54a 所示，被测表面 S 用 He-Ne 激光器的相干平面光波照射，θ_0是入射角，在无限远处记录由表面散射的散斑。将底片 P 放在无像差的傅里叶变换透镜 L 的焦平面上。用二次曝光法连续在同一张底片上记录入射角为 θ_0 和 $\theta_0+\delta\theta$ 的散斑图。处理后的底片放在聚焦激光束中，如图 2-54b 所示。在焦平面上观察由两个记录在底片上的斑点产生的干涉条纹。用狭缝和光电探测器测量这些条纹的对比度。

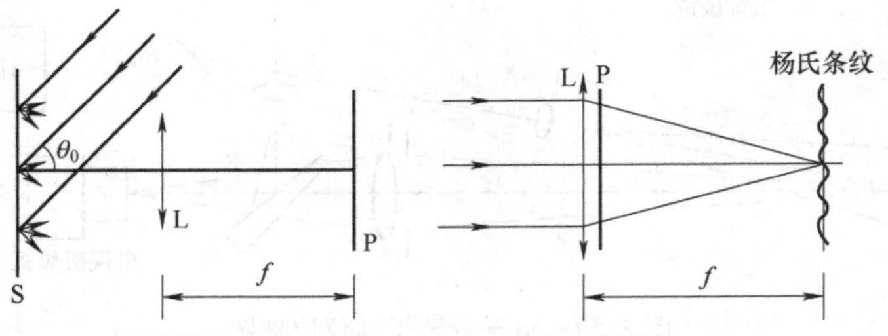

图 2-54 散斑干涉表面粗糙度测量原理图

理论上研究了各向同性高斯分布的表面，导出对比度 V 与表面粗糙度均方值 σ 的关系为

$$V=\exp\left\{-\left(\frac{2\pi}{\lambda}\sigma\sin\theta_0\delta\theta\right)^2\right\} \tag{2-83}$$

当 V，θ_0，$\delta\theta$ 已知，由上式便可求出表面粗糙度 σ（此方法实用于 $\sigma>\lambda$ 的情况）。

图 2-55 为采用 ESPI 测量表面粗糙度的装置示意图。在这个装置中，粗糙表面同时被两束相干激光束照明。这两束激光是从激光器射出经干涉仪 I_1 分开成一角度 $\delta\theta_1$ 的两束光。照射到被测表面后按 $\delta\theta_2$ 角产生两束散射光，在双束干涉仪 I_2 里产生干涉，并在透镜 L 的焦平面 P 上形成散斑图样。散斑的对比度与表面的性质有关，对比度可用视频摄像系统来进行实时测量。

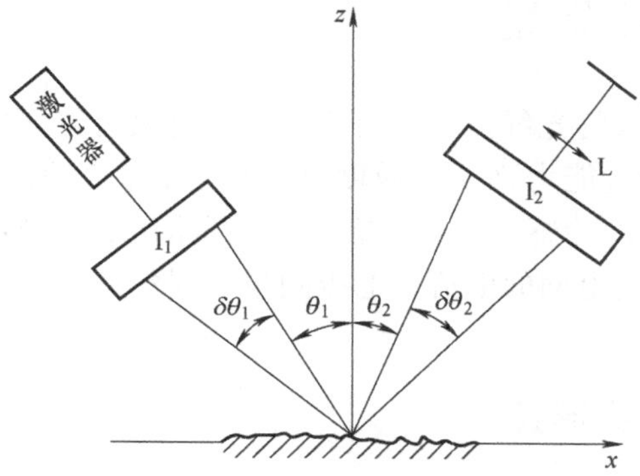

图2-55 采用ESPI技术测量表面粗糙度

2. 圆柱内孔表面质量测量

在许多工业部门中要求有检验圆柱内孔表面质量的自动化检测仪，如汽车和航空工业的汽缸内表面，发动机部件中的孔或轴承的内表面等。图2-56是一台利用激光散斑技术制成的测量内孔表面质量的仪器的原理示意图。仪器包括三部分：探头转动式激光扫描器、安装被测缸筒的滑道和信息接收与处理系统。

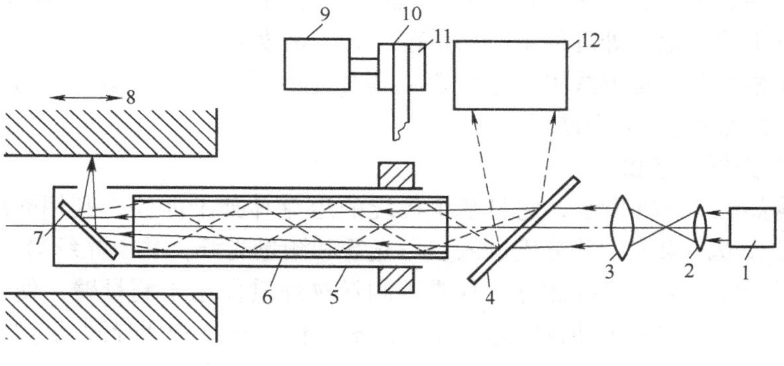

图2-56 激光散斑测量内孔质量系统原理图

1—He-Ne激光器 2、3—透镜 4—中空反射镜 5—探头外壁 6—玻璃棒 7—反射镜 8—缸筒 9—电动机 10—带 11—带轮 12—光探测器

由一低功率He-Ne激光器1（1MW）发出的光通过中空反射镜4的中心未镀膜部分，然后穿过包有镀层的玻璃棒6，两端是经过抛光的平行端面，再经过反射镜7反射，穿过探头外壁5的窗口射向被测孔的内表面。调整透镜2使激光束到达孔表面时正好聚焦。探头部件由高速旋转（600r/min）的电动机9通过带轮11和带10带动旋转。光束由被测内孔表面反射和散射进入探头孔，并由反射镜7反射进入玻璃棒，多次反射后回到中空反射镜4，这些光包含了表面质量的信息。扫描工作是由探头旋转与缸筒8平移来完成的。带有表面质量信息的散射光通过光探测器12进入计算机处理后显示内孔的表面质量。

2.6 激光光纤干涉测量

20 世纪 50 年代发展起来的光纤技术，由于光纤本身具有可弯曲、体积小、重量轻、长距离传输损耗低、抗环境干扰能力强、灵敏度高等优点，在航天、航空（飞机与航天器各部位的压力、温度测量、光纤传感、光纤陀螺等）、石油化工（液面、流量、井下温度、压力测量）、电力工业（高压输电网的电流、电压测量）、医疗（血液流速、血压测量）等领域得以广泛应用。

2.6.1 光纤干涉仪的结构形式

将光纤作为传光和传感元件的一部分代替原光学设计中复杂的光路，导致了以单模光纤为基础的干涉系统的引入和发展，它提供了可以与传统分立式干涉仪相比拟的性能，又没有与传统干涉仪相关的稳定性问题，抗环境干扰能力强，测量灵敏度高，增强了测量仪器的实用性。光纤干涉仪利用被测物理量改变光纤内传导的光波的光学特性，再通过光波导在光纤内干涉将微小的光波位相、频率变化量转换成可直接探测的强度变化，从而得出被测量的大小。光纤中的光波导在经过被测物理量所构成的调制区域时，会由于调制区域被测物理量的作用而使光波导的光强、波长、频率、相位及偏振态等特性发生变化，产生调制，经过特定的干涉结构，将这些调制信息转换成强度信息的干涉图样。由此可以测量位移、流体速度、压力、磁场、液温、辐射、电压（高压）、电流（大电流）等许多依靠传统干涉仪无法测量的物理量。光纤干涉仪信号处理简单、测量范围大、精度高。

光纤干涉仪根据其结构形式可以分为迈克耳孙光纤干涉仪、马赫-泽德光纤干涉仪、塞格纳克干涉仪和法布里-珀罗干涉仪。

1. 迈克耳孙光纤干涉仪

干涉仪结构如图 2-57a 所示，它是基于传统的迈克耳孙干涉仪，利用光纤 3dB 的 2×2 耦合器将入射光分成两束光，并分别进入参考光纤和测量光纤，并由光纤另一端反射面反射回到耦合器相遇干涉，输出到探测器，外界被测量物理量作用于测量臂，使其光程差变化，由探测器探知其大小。这种干涉仪很适合于点测量，但由于结构所导致的光反馈，要求光源具有高度的稳定性。它可以用于测量振动、位移、应变、温度等。

2. 马赫-泽德光纤干涉仪

干涉仪结构如图 2-57b 所示，相干光经过一个 3dB 耦合器分成两个强度相等的光束，一束为测量光，一束为参考光，被测物理量作用于测量光束，使其发生变化，在另一 3dB 耦合器中两束光相遇并发生干涉，再分成两束光送到光电探测器，它将被测物理量引起的位相变化通过干涉条纹转换成光强变化。由于其结构特点，它只有少量或没有光直接返回激光器，因而不会影响光源的稳定性。而且干涉仪输出两路干涉信号反相，这非常便于后续电路作辨向、细分等处理，使得它成为光纤干涉仪中应用最多的结构。可用于测量位移、高电压、大电流、磁场、应力等。

3. 塞格纳克干涉仪

塞格纳克干涉仪结构如图 2-57c 所示。相干光由 3dB 耦合器分成 1:1 的两束光，耦合进入一个多匝单模光纤圈两端，两路光反向传输再回到耦合器，耦合后送到探测器输出。当闭

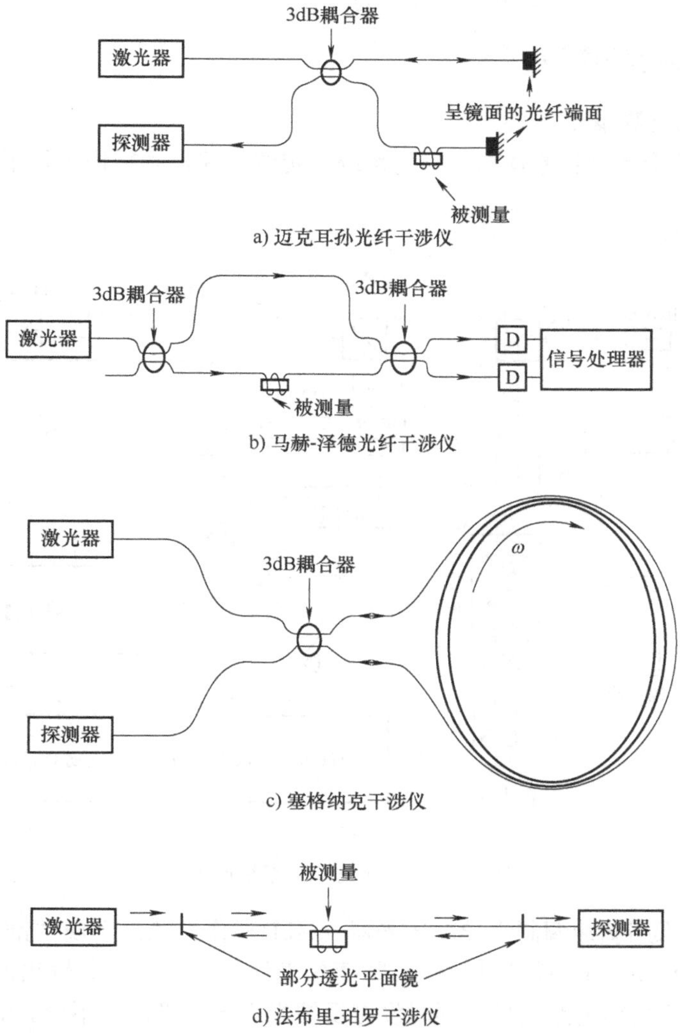

图 2-57　光纤干涉仪结构类型

合光纤圈静止时，两光束传播路径相同。当光纤圈相对惯性空间以转速 ω 转动时，则两路光产生非互易性光程差，其干涉图样可反映出光程差和位相变化。它一般用于测量转角等能够破坏相反方向传播光束的对称性物理量，最典型的应用是光纤陀螺仪。与其他陀螺仪相比，具有灵敏度高、无机械转动部分、体积小、成本低等优点，是航空、航天及其他导航系统中优选的惯性导航仪。

4. 法布里-珀罗干涉仪

干涉仪结构如图 2-57d 所示，它是一种多光束干涉类型。光纤光波导经聚焦透镜进入两端贴有高反射镜或直接镀有高反射膜的腔体（F-P 腔），光束在两反射镜（膜）之间产生多次反射形成光束干涉，由光电探测器探测由 F-P 腔受被测物理量调制产生的干涉图样，得出被测量。一般是利用腔长或腔内介质折射率变化感知外界物理量，如温度、应力、位移、气体浓度等。由于多光束干涉的特点，在干涉条纹的峰值处衰减异常迅速，在极大值附近，

F-P 干涉仪是一种极灵敏的测量位移和长度的装置。

2.6.2 光纤干涉仪的应用

1. 光纤干涉长度测量

图 2-58 为光纤干涉测长原理图。测量系统由定位干涉仪和扫描测量干涉仪两部分组成。

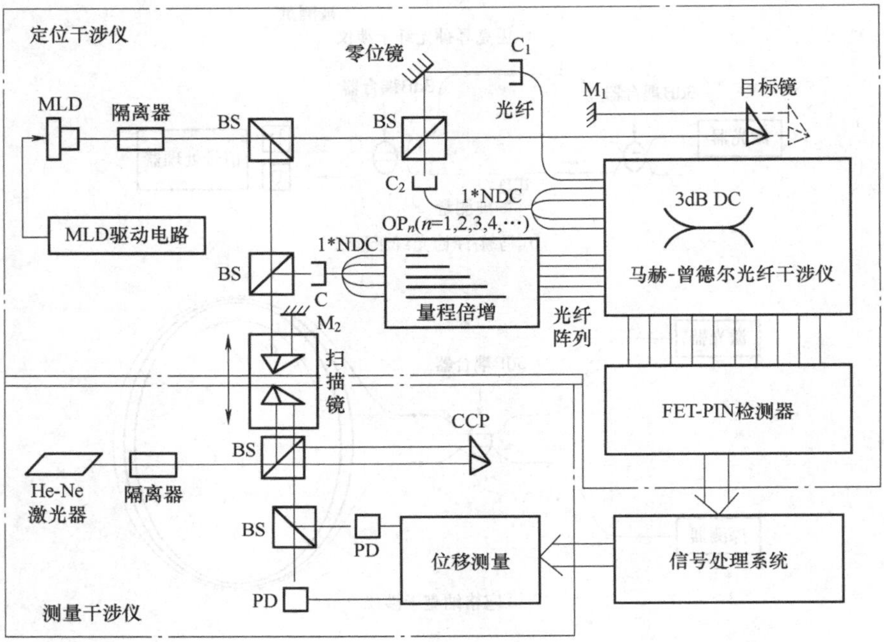

图 2-58　光纤干涉测长系统原理图

定位干涉仪中采用脉冲调制半导体激光器（MLD）作光源，实现“准白光”干涉定位，其定位精度可达 ±1μm。干涉仪选用马赫-曾德尔光纤干涉仪，因其输出两路的干涉信号有 180°的相位差，便于后续电路处理。同时没有反馈光进入激光器，不会影响激光器工作的稳定性。测量系统中设置一个零位镜，它由定位干涉仪的结构参数（光程长度）所决定，不会因掉电等因素而丢失，只要定位干涉仪能够准确地确定这个零位镜，那么测量系统就有了一个固定不变的绝对零位。在任何一次测量中，只要测出目标镜（代表被测点位置）相对零位镜的距离值，就可以实现对一维空间任意位置的绝对测量，而两次测量的空间位置相对零位的距离值之差即是被测量点间的距离或长度，测量可以间断地进行。扫描干涉仪是一个高精度位移测量系统，它要测量出沿短导轨运动的扫描镜在零位和测量位之间的位移值，采用迈克耳孙干涉仪的结构形式。在定位干涉仪中选用不同光程长度的单模光纤，用以改变干涉仪测量光路的光程长度，实现测量量程倍增。

定位干涉仪的扫描镜与扫描干涉仪的扫描镜安装固定在同一移动工作台上，当工作台移动时，定位干涉信号光程和扫描干涉仪的测量光程将同时做等量改变。对扫描干涉仪而言，扫描镜在扫描过程中某两个位置处（设为 OP_{S_1} 和 OP_{S_2}）将分别与系统零位镜（OP_1）和目标镜（OP_0）产生等光程差，实现干涉定位，即

$$OP_{S_1}=OP_1,\quad OP_{S_2}=OP_0$$

式中，OP 表示各光学元件在其对应位置处的光程。

同时，扫描干涉仪测量出扫描镜沿导轨的位移。在信号处理中，利用定位干涉仪的定位信号将这两个干涉仪有机结合起来，用定位输出信号控制扫描干涉仪的测量，使其输出位移值对应于定位干涉仪零位点和目标点之间的位移量，从而实现绝对距离测量。

目标镜对于零位镜的总光程差 L（即零位镜与目标镜之间的距离）可以通过下面的公式来计算

$$L = OP_0 - OP_i = N\frac{\lambda}{2} + OP_n \tag{2-84}$$

式中，OP_i 是零位镜光程；OP_0 是目标镜光程；N 是扫描干涉仪输出的对应零位点和目标点之间的条纹数；OP_n($n=1$，2，3，…）是作为量程倍增而插入的单模光纤光程，OP_n 的值代表不同的标准光程，作为整数标准距离引入系统中。该光纤干涉测长系统的测量范围可达 10m，测量精度为 2.6×10^{-5}。

2. 光纤干涉温度、压力、加速度的测量

图 2-59 是光纤干涉测温原理图。干涉仪采用马赫-泽德光纤干涉仪的形式。将测量光纤置于被测温度场中，参考光纤置于恒定的温度场内。当被测温度变化时，测量光纤出射光的相位将发生变化，从而导致干涉条纹移动，通过计量干涉条纹的移动数目，可求出相位的变化量，也就可以推知相应的温度变化量。

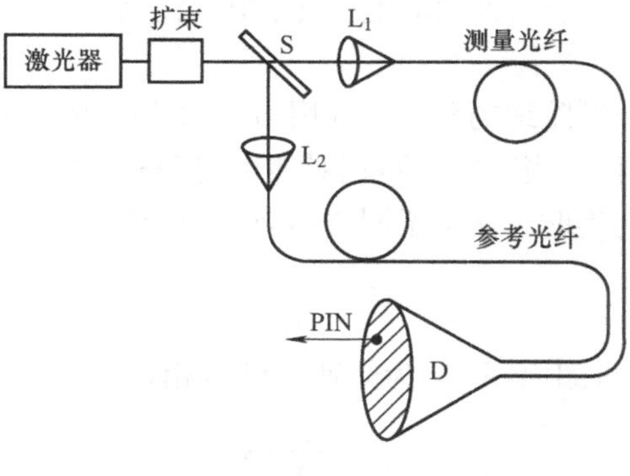

图 2-59　光纤干涉测量温度原理图

光纤干涉测量压力和测量温度原理相似，把测量光纤置于被测压力场中，将参考光纤置于恒压场中。

3. 光纤干涉气体成分分析

图 2-60 为用于气体成分分析的法布里-珀罗干涉仪。激光由多模输入光纤自聚焦透镜进入 F-P 腔，腔体的两端镀有高反射膜，且有一个气体通道，光束在两反射膜之间产生多次反射以形成多光束干涉，再经自聚焦透镜进入输出光纤，又经探测器探测，当气体成分、浓度不同会引起干涉条纹的变化，相应得到其测量值。

根据多束光干涉理论，F-P 干涉仪输出光强为

$$I_T = I_0\frac{T^2}{(1-R)^2}\left\{\frac{1}{1+\left[\frac{4R}{(1-R)^2}\right]\sin^2\left(\frac{\Delta\varphi}{2}\right)}\right\} = I_0\frac{T^2}{(1-R^2)}\left[\frac{1}{1+F\sin^2\left(\frac{\Delta\varphi}{2}\right)}\right] \tag{2-85}$$

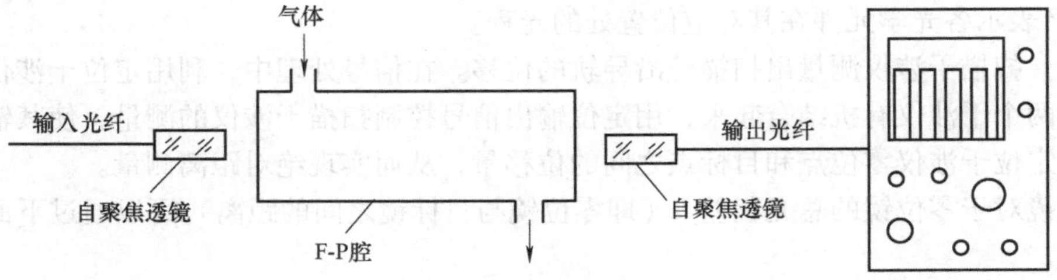

图 2-60　测量气体成分、浓度的 F-P 干涉仪

式中，I_0是入射光强；T 是腔体一个镀膜面的透射率；R 为镀膜面反射率；$\Delta\varphi$ 是两个连续光束的位相差；$F=4R/(1-R)^2$，称为精细度。

可以证明，条纹与光源波长应满足

$$2nd\cos\theta=\lambda m \quad m=1,2,3,\cdots \tag{2-86}$$

式中，n 为折射率；θ 为光的入射角；d 为 F-P 腔体长度；$m=\varphi/\pi$ 是干涉条纹的级数；φ 是相移。

假设入射角 $\theta=0°$，折射率 $n=1$（即空气腔），d 为定值，则 m 仅与波长有关，对于某一个固定波长而言，其条纹数是一定的。当在腔体中流过其他气体时，折射率即发生变化，条纹就会变化或移动，这样就可分析各种不同的气体。

假设腔体中没有流动的气体，其一端出口封闭，那么在腔体内的气体浓度逐渐增大，引起压力、温度的改变，使干涉条纹也相应地变化，因此，也可测定气体浓度的变化。

4. 光纤陀螺

1976 年 V. Vail 提出了光纤陀螺的概念。利用图 2-61 所示的多圈光纤，构成了封闭光路的环形干涉仪—塞格纳克干涉仪。当环形光路相对惯性空间有一转动角速度 ω 时（设 ω 垂直于环形平面），则对于顺时针与逆时针两个不同方向前进的光将产生一个非互易的光程差

$$\Delta L=\frac{4NA}{c}\omega \tag{2-87}$$

式中，N 为光纤圈数；A 为每圈面积；c 为光速。则位相差为

$$\Delta\varphi=\frac{8\pi NA}{\lambda c}\omega \tag{2-88}$$

用探测器测出位相的变化 $\Delta\varphi$，从而测量出转动角速度 ω。

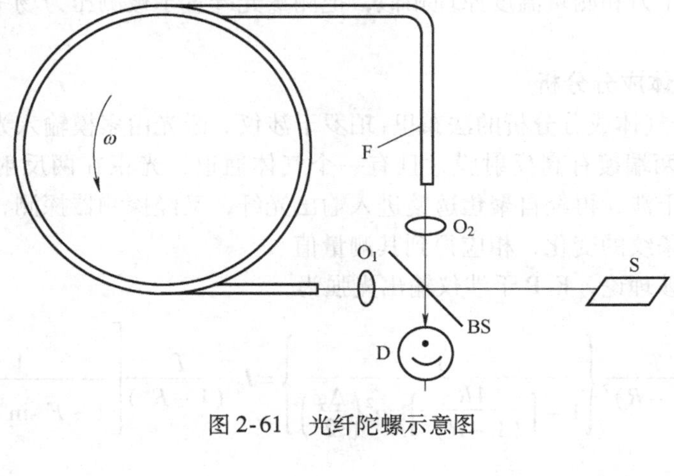

图 2-61　光纤陀螺示意图

图2-62所示为美国斯坦福大学研制的全光纤陀螺系统，全部元件都做在一根连续不断的单根光纤上。因为用一根光纤，从而避免了光纤连接分界面上的反射及损耗。陀螺中采用了半导体激光器1，虽然降低了相干性，但使瑞利散射和克尔效应的影响减小，对信号来说，因光程差很小，所以相干性差并不会使光信号变差。图中2和3为偏振控制器，它使光能量有效地通过偏振器4。5和6为四端定向耦合器（也称瓶式耦合器），它能将一束光分成两束或将两束光合成一束，起到分光与合光的作用。为了获得π/2的偏置位相，一小段光纤绕在压电陶瓷管PZT上，用很小的电压使光纤周长变化而调制此段光纤的应力。用长为580m的单模光纤，$NA=0.1$，$2a=24\mu m$，绕在直径$D=14cm$的芯棒上，能测得的长期灵敏度为0.2°/h，短期灵敏度可达0.02°/h。

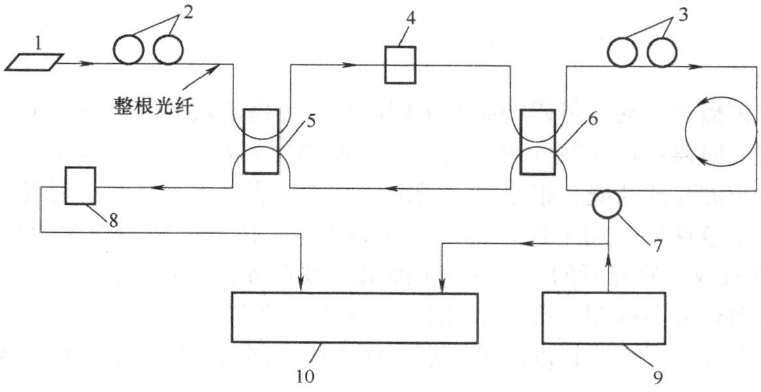

图2-62 全光纤陀螺系统

1—半导体激光器 2、3—偏振控制器 4—偏振器 5、6—瓶式耦合器

7—压电陶瓷位相调制 8—探测器 9—交流信号发生器 10—同步放大器

光纤陀螺具有的灵敏度高、重量轻、体积小、成本低、结构紧凑等特性，更适合于空间尺寸有限及环境条件很差的导弹、飞机和舰船的惯性制导和导航系统上使用。

第 3 章

激光衍射测量技术

衍射是波在传播途中遇到障碍物而发生偏离直线传播的现象。波的衍射也叫绕射。顾名思义，波可以绕过障碍物而在某种程度上传播到障碍物的几何阴影区。由于光的波长较短，只有当光通过很小的孔或狭缝，很小的屏或细丝时才能明显地观察到衍射现象。激光出现以后，由于它具有单色性好、相干性好、高亮度等优点，使光的衍射现象得到了实质性的应用。1972 年加拿大国家研究所的 T. R. Pryer 提出了激光衍射测量方法。这是一种利用激光衍射条纹的变化来精密测量长度、角度、轮廓的一种测量方法。由于衍射测量方法具有非接触、稳定性好、自动化程度及精度高等优点，在工业、国防及医学等领域得到广泛应用。

3.1 激光衍射测量原理

3.1.1 激光衍射的种类

光的衍射现象，按光源、衍射物和观察衍射条纹的屏幕（即衍射场）三者之间的位置关系分为两种类型。

1）菲涅耳衍射。它是有限距离处的衍射现象，即光源和观察屏（或二者之一）到衍射物的距离比较小的情况，也称为近场衍射。

2）夫琅和费衍射。它是无限距离处的衍射现象，即光源和观察屏都离衍射物无限远，也称为远场衍射。

如图 3-1a 所示，会聚透镜 O 在 S′处给出点光源 S 的一个像。这个透镜的有效表面受到孔径为 D 的光阑限制，在此衍射物（光阑）的边缘将产生衍射现象。如果在 S′处研究像的结构，就是研究在无限远处的衍射现象，即夫琅和费衍射。如果在远离 S′处的 π 平面观察衍射现象这就是有限距离处的衍射，即菲涅耳衍射。

图 3-1a 情况可以等效成图 3-1b，用两个透镜代替透镜 O，使得 S 和 S′保持共轭，透镜 1 的焦距等于距离 SO_1，透镜 2 的焦距等于距离 O_2S'。对透镜 2 来说，其效果好像被一无限远处的光照射，也就是被一平面光波照射，这平面波受到光阑孔径 D 的限制。因此，用透镜接收后，在 S′平面或其附近平面上的衍射，都属于夫琅和费衍射，图 3-1b 的结构即为远场衍射的基本装置。

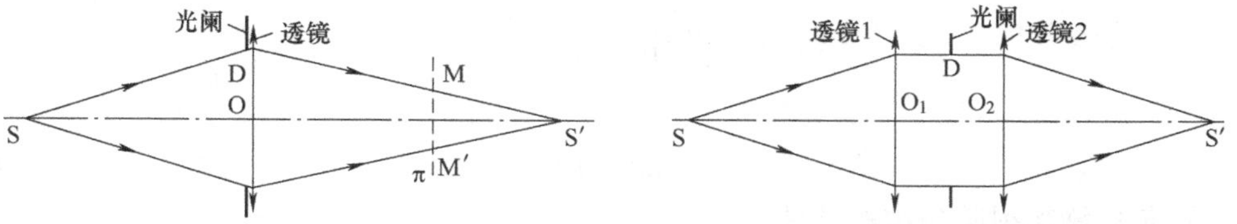

a) 衍射原理图

b) 夫琅和费衍射基本结构图

图 3-1 菲涅尔衍射与夫琅和费衍射

远场衍射和近场衍射是相对的，如 3-1a 中当满足条件 $|R| \gg b^2/\lambda$ 和 $|L| \gg b^2/\lambda$ 时，就可以看作是夫琅和费衍射。式中 L 是光阑和观察屏之间的距离，R 是光源和光阑之间的距离，b 是光阑的直径，λ 是入射光波的波长。图 3-1b 所示是较理想的夫琅和费衍射。夫琅和费衍射的计算模型相对简单，在衍射测量中通常使用夫琅和费衍射。

3.1.2 单缝衍射

1. 测量原理

激光衍射测量的基本原理是利用激光的夫琅和费衍射。图 3-2 是衍射测量的原理图，它是利用被测物与参考物之间的间隙所形成的远场衍射来实现的。用激光束照射被测物与参考物之间的间隙，将形成单缝远场衍射。当波长为 λ 的平面光波入射到宽度为 b 的单缝上，观察屏与狭缝的距离为 L，且当 $|L| \gg b^2/\lambda$ 时，在观察屏上将看到十分清晰的衍射条纹。图 3-2a是单缝衍射测量原理图，图 3-2b 是单缝衍射图。

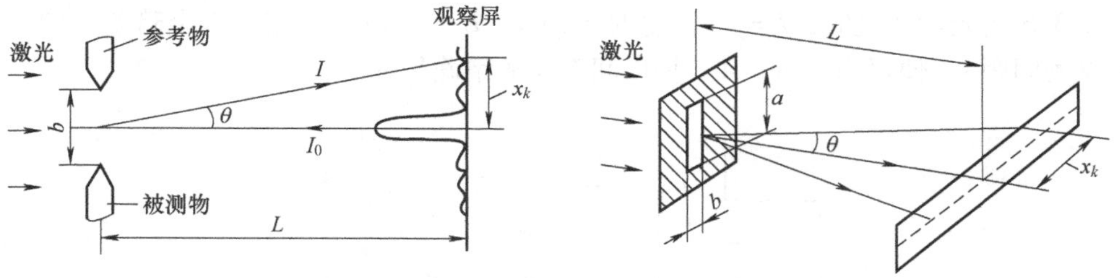

a) 单缝衍射原理图

b) 单缝衍射图

图 3-2 单缝夫琅和费衍射

在观察屏上形成单缝夫琅和费衍射条纹，条纹的光强

$$I = I_0\left(\frac{\sin^2\beta}{\beta^2}\right) \tag{3-1}$$

式中，$\beta = \left(\frac{\pi b}{\lambda}\right)\sin\theta$，$\theta$ 为衍射角；I_0 是 $\theta = 0°$ 时的光强，即光轴上的光强。由公式（3-1）可以得出以下结论：

1）衍射条纹平行于单缝方向的。

2）当 $\beta = \pm\pi,\ \pm 2\pi,\ \cdots,\ \pm n\pi$ 时，出现一系列 $I = 0$ 的暗条纹。

测定任一个暗条纹的位置就可以精确知道被测间隙 b 的尺寸，这就是衍射测量的基本原理。

2. 测量基本公式

由 $\beta = \left(\frac{\pi b}{\lambda}\right)\sin\theta$，对第 k 个衍射暗条纹有

$$\left(\frac{\pi b}{\lambda}\right)\sin\theta = k\pi$$

即

$$b\sin\theta = k\lambda \tag{3-2}$$

式（3-2）是单缝衍射暗条纹的条件。

由远场衍射条件，有

$$\sin\theta = \frac{x_k}{\sqrt{L^2 + x_k^2}}$$

式中，x_k 为第 k 级暗条纹中心距中央零级条纹中心的距离，L 为观察屏距单缝平面的距离。所以式（3-2）可写为

$$b\frac{x_k}{\sqrt{L^2 + x_k^2}} = k\lambda$$

即

$$b = \frac{k\lambda\sqrt{L^2 + x_k^2}}{x_k} \tag{3-3}$$

当 θ 不大时，则式（3-3）可改写为

$$b = \frac{kL\lambda}{x_k} = \frac{L\lambda}{s} \tag{3-4}$$

式（3-3）和式（3-4）就是单缝衍射测量的基本公式。式中，s 为相邻暗条纹的间距。当使用图 3-3 的光学系统时，$L = f$。测量时已知 λ，L（或 f），测定第 k 个暗条纹的 x_k 或相邻暗条纹的间距 s，便可由式（3-4）算出间隙 b 的精确尺寸。

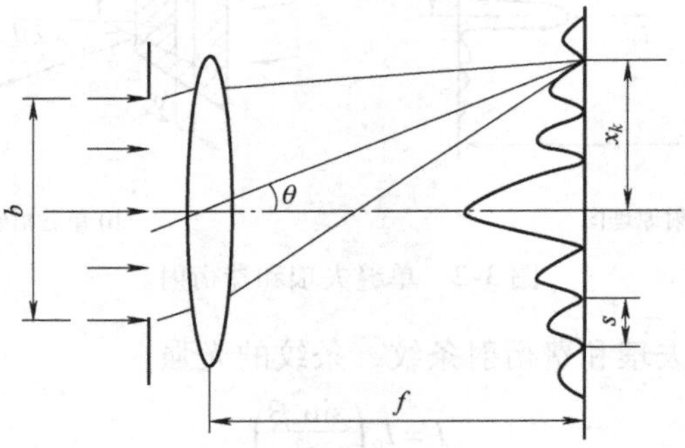

图 3-3 夫琅和费衍射等效光学系统

3. 测量的分辨力、测量不确定度和测量范围

测量分辨力是指激光单缝衍射测量能分辨的最小量值。把衍射测量基本公式（3-4）改写为

$$x_k = \frac{kL\lambda}{b}$$

对上式进行微分，得到衍射测量的灵敏度为

$$s = \frac{dx_k}{db} = \frac{kL\lambda}{b^2} \tag{3-5}$$

式（3-5）表明，缝宽 b 越小，L 越大，激光波长 λ 越长，所选取的衍射级次越高，则 s 越小，测量分辨力越高，测量就越灵敏。由于 b 受测量范围限制，L 受仪器尺寸的限制，k 受激光器功率限制，因此，实际上 s 只能近似确定。如果取 $L=1000\text{mm}$，$b=0.1\text{mm}$，$k=4$，$\lambda=0.633\mu\text{m}$，代入式（3-5）得 $s=253\mu\text{m}/\mu\text{m}$。这就是说通过衍射，使 b 的变化量放大了 253 倍。如果 x_k 的测量分辨力是 0.01mm，则衍射测量能达到的分辨力为 0.04μm。

从式（3-4）可知，衍射测量的准确度决定于 λ、L 和 x_k 的误差大小。根据测量不确定的评定方法，缝宽 b 的目标测量不确定度可表示为

$$u_{c,\text{rel}}(b)=\sqrt{u_{\text{rel}}^2(\lambda)+u_{\text{rel}}^2(f')+u_{\text{rel}}^2(x_k)} \tag{3-6}$$

对于 He-Ne 激光器，波长引起的不确定度分量可忽略。若 x_k 和 f' 的相对扩展不确定度为 0.1%，$k=2$。则有

$$u_{c,\text{rel}}(b)=\sqrt{\left(\frac{0.1\%}{2}\right)^2+\left(\frac{0.1\%}{2}\right)^2}=0.07\%$$

所以，$u_c(b)=0.1\times10^3\times0.07\%=0.07\mu\text{m}$。取 $k=2$，可得 $U=0.14\mu\text{m}$

实际测量中还包括环境因素的影响，衍射测量的不确定度一般在 0.5μm 左右。

变换式（3-4）为

$$x_k=\frac{kL\lambda}{b}$$

对上式微分得

$$\mathrm{d}x_k=-\frac{kL\lambda}{b^2}\mathrm{d}b=-\beta\mathrm{d}b \tag{3-7}$$

式中，$\beta=kl\lambda/b^2$，为激光单缝衍射放大倍数。如果取 $L=1000\text{mm}$，$k=4$，$\lambda=0.63\mu\text{m}$，取不同缝宽代入式（3-7），经计算得到表 3-1，此表说明：

1）缝宽 b 越小，衍射效应越显著，放大倍数越大。

2）缝宽 b 变小，衍射条纹拉开，光强减弱，高级次条纹难以测量。

3）缝宽 b 变大，条纹密集，测量灵敏度变低，实际上当 $b\geqslant0.5\text{mm}$ 时，衍射测量就失去意义。另一方面，为满足夫琅和费衍射条件 $L\gg b^2/\lambda$，L 一定后，被测最大缝宽 b 已被限定，如果 $L=1000\text{mm}$，则 $b\ll0.8\text{mm}$。增大 L 可以扩大量程。但 L 增大往往受到仪器结构和体积的限制。

所以单缝衍射测量仪器的测量范围一般为 0.01～0.5mm。

表 3-1　缝宽与条纹位置、灵敏度的关系

缝宽 b/mm	放大倍数 β	暗条纹位置 x_k（$k=4$）/mm	衍射斑
0.01	2500	250	
0.1	250	25	
0.5	10	5	
1	2.5	2.5	

3.1.3 圆孔衍射测量

当平面光波照射的开孔不是矩形而是圆孔时，其远场的夫琅和费衍射像是中心为一圆形亮斑，外面绕着明暗相间的环形条纹。这种环形衍射条纹称为艾里斑（Airy）。

图 3-4 是圆孔的夫琅和费衍射图，接收屏上衍射条纹的光强分布为

$$I_P = I_0 \left[\frac{2J_1(x)}{x} \right]^2 \tag{3-8}$$

式中，$J_1(x)$ 为一阶贝塞尔函数；$x = \frac{2\pi a \sin\varphi}{\lambda}$，$\lambda$ 为激光波长；a 为圆孔半径；φ 为衍射角。

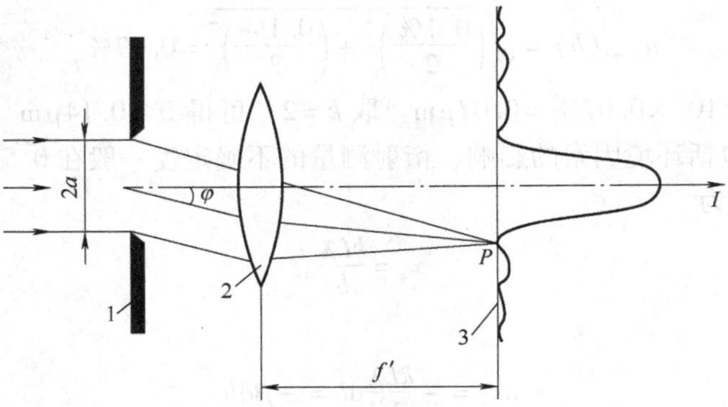

图 3-4　圆孔衍射

1—圆孔　2—汇聚透镜　3—接收屏

由式（3-8）求得条纹极小值对应于 $J_1(x)=0$ 的根是：$x=3.832$，7.016，10.174，13.32 等。条纹极大值对应于：$x=5.136$，8.46，11.62 等，如图 3-5 所示。

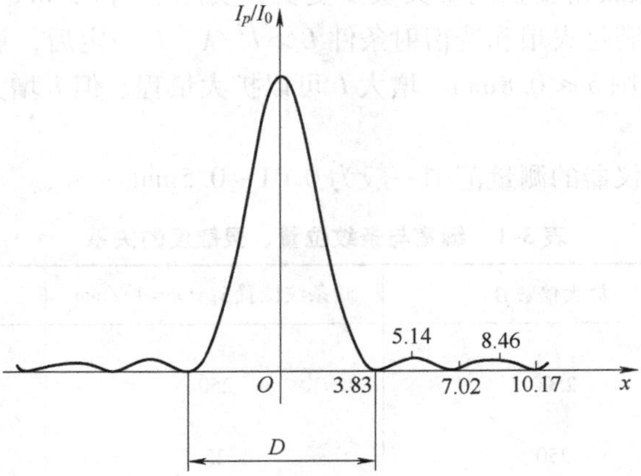

图 3-5　圆孔衍射光强分布

表 3-2 列出了夫琅和费圆孔衍射条纹的标值位置和相对强度。

表 3-2　夫琅和费圆孔衍射条纹的标值位置和相对强度

条纹序数	x	$\sin\varphi$	I_p/I_0
中央极大	0	0	1
第一极小值	3.832	$1.22\frac{\lambda}{2a}$	0
第一极大值	5.136	$1.635\frac{\lambda}{2a}$	0.0175
第二极小值	7.016	$2.233\frac{\lambda}{2a}$	0
第二极大值	8.46	$2.679\frac{\lambda}{2a}$	0.0042
第三极小值	10.174	$3.238\frac{\lambda}{2a}$	0
第三极大值	11.62	$3.699\frac{\lambda}{2a}$	0.0016

衍射图中央是亮斑，它集中了84%左右的光能量。设中心斑点（即第一暗环）的直径为D，因

$$\sin\varphi\approx\varphi=\frac{D}{2f'}=\frac{3.83\lambda}{2\pi a}$$

所以

$$a=1.22\frac{\lambda f'}{D} \tag{3-9}$$

式中，f'为透镜2的焦距。当已知f'和λ时，测定D就可以由式（3-9）求出圆孔半径a。因此，测定或研究艾里斑可以精密测量或分析微小内孔的尺寸。

3.2　激光衍射测量方法

在实际应用中，基于单缝衍射的各种测量方法大都是根据式（3-3）或式（3-4），基于圆孔衍射的测量方法是根据式（3-9），通过测量单缝衍射暗条纹之间的距离或艾里斑第一暗环的直径来确定被测量。根据不同的测量对象，测量方法主要有以下几种。

3.2.1　间隙测量法

间隙测量法是基于单缝衍射的原理，是衍射测量的基本方法，主要用于以下方面。

1）作尺寸的比较测量，如图3-6a所示。采用相对测量方法，先用标准尺寸的工件相对参考边的间隙作为零位，然后放上被测工件，测定间隙的变化量从而推算出工件尺寸。

2）作工件形状的轮廓测量，如图3-6b所示。同时转动参考物和工件，由间隙变化得到工件轮廓相对于标准轮廓的偏差。

3）作应变传感器使用，如图3-6c所示。当试件上加载力P时，将引起单缝的尺寸变化，从而可以用衍射条纹的变化来得出应变量。

图3-7是间隙测量法的基本装置。激光器1发出的光束，经柱面扩束透镜组2形成一个激光亮带，并以平行光的方式照明由工件3和参考物4组成的狭缝。5是成像透镜；6是观

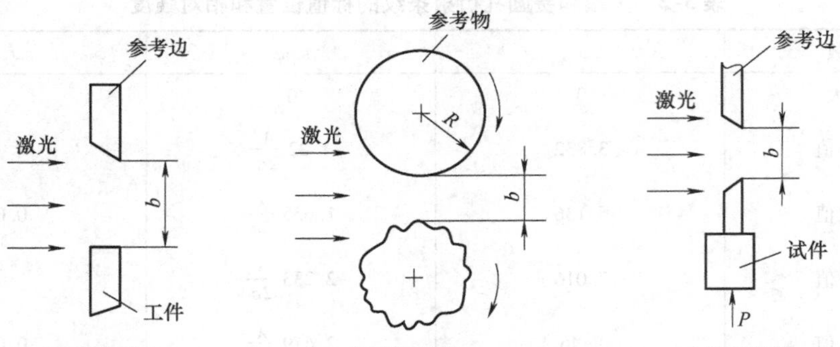

a) 比较测量　　b) 测量轮廓　　c) 测量应变

图 3-6　间隙测量法

察屏，在实际应用中用光电探测器代替，如线阵 CCD。7 是微动机构，用于衍射条纹的调零或定位。

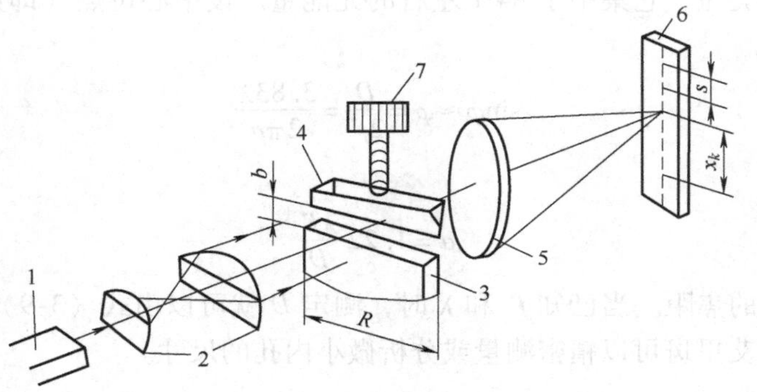

图 3-7　间隙测量法的基本装置

1—激光器　2—柱面镜组　3—工件　4—参考物　5—成像透镜　6—观察屏　7—微动机构

间隙测量法可按式（3-4）进行，即 $b = kL\lambda/x_k = L\lambda/s$。通过测量 x_k 或两个暗条纹之间的间隔值 s 来计算 b。

用间隙测量法测量位移时，即测量狭缝宽度 b 的改变量 $\delta = b' - b$，可采用下面两种方法。

1）绝对法。在这种情况下，只需将变化前后的两个缝宽 b 和 b' 求出，然后相减，即

$$\delta = b' - b = \frac{k'L\lambda}{x'_k} - \frac{kL\lambda}{x_k} = kL\lambda\left(\frac{1}{x'_k} - \frac{1}{x_k}\right) \tag{3-10}$$

2）增量法。其测量公式表示为

$$\delta = b' - b = \frac{k\lambda}{\sin\theta} - \frac{k'\lambda}{\sin\theta} = (k - k')\frac{\lambda}{\sin\theta} = \Delta N\frac{\lambda}{\sin\theta} \tag{3-11}$$

式中，$\Delta N = k' - k$，是通过某一固定的衍射角 θ 来记录条纹的变化数目。因此只要测定 ΔN 就能求得位移值 δ。这种情况类似于干涉仪的条纹计数。

间隙法作为灵敏的光传感器可用于测定各种物理量的变化。如应变、压力、温度、流量、加速度等。

图3-8是间隙法测量应变值的例子。图中量块3两个臂的远端各自用销钉或通过焊接浇铸等方法固定被测试的工件2上，两量块的棱缘组成狭缝，两固定点的距离为 l。当工件被加载时，量块棱边的间隔发生变化，b 值有 Δb 的改变量，衍射条纹发生移动。则应变值 ε 为

$$\varepsilon = \frac{\Delta l}{l} = \frac{\Delta b}{l} = \frac{kL\lambda}{l}\left(\frac{1}{x_k'} - \frac{1}{x_k}\right) \tag{3-12}$$

式中，Δl 为量块两个固定点距离 l 的变化量；x_k 和 x_k' 分别为第 k 个暗条纹在变形前和变形后距中央零级条纹中心的距离值。

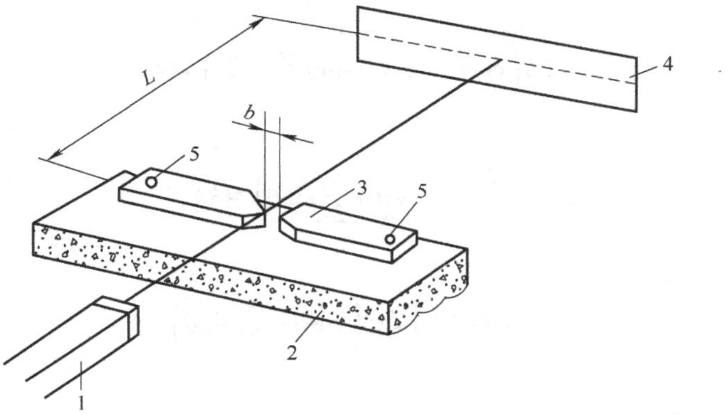

图3-8　间隙法测量应变

1—激光器　2—被测工件　3—量块　4—接收屏　5—固定点

图3-9是圆棒直径变化量测量示意图。沿轴向（箭头所示）移动的圆棒直径变化量，是由上下两个棱缘和圆棒组成的间隙变化量求出的。

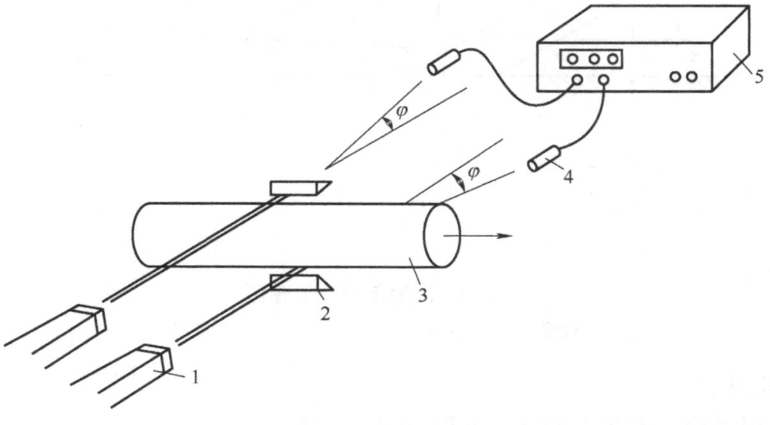

图3-9　间隙衍射测量圆棒直径

1—激光器　2—棱缘　3—被测圆棒　4—光电探测器　5—处理及显示电路

3.2.2　反射衍射法

反射衍射法是利用试件棱缘和反射镜构成的狭缝来进行衍射测量。图3-10是反射衍射

法的原理图，狭缝由棱缘 A 与反射镜 3 组成。反射镜的作用是用以形成 A 的像 A'。这时，相当于以 θ 角入射，缝宽为 $2b$ 的单缝衍射。显然，若在 P 处出现第 k 级暗条纹，则第 k 个暗条纹满足下列条件：

$$2b\sin\theta - 2b\sin(\theta-\varphi) = k\lambda \tag{3-13}$$

式中，θ 为激光对平面反射镜的入射角；φ 为光线的衍射角；b 为试件边缘 A 和反射镜之间的距离。$2b\sin\theta$ 为光线射到边缘前，其镜像光束在 A 和 A'处之光程差，$2b\sin(\theta-\varphi)$ 是在衍射角为 φ 的 P 点，A 与 A'处两条衍射光线之光程差，此时应为负值。将上式展开进行三角运算得到

$$2b\left(\cos\theta\sin\varphi + 2\sin\theta\sin^2\frac{\varphi}{2}\right) = k\lambda \tag{3-14}$$

即

$$\frac{2bx_k}{L}\left(\cos\theta + \frac{x_k}{2L}\sin\theta\right) = k\lambda \tag{3-15}$$

或

$$b = kL\lambda\Big/\left[2x_k\left(\cos\theta + \frac{x_k}{2L}\sin\theta\right)\right] \tag{3-16}$$

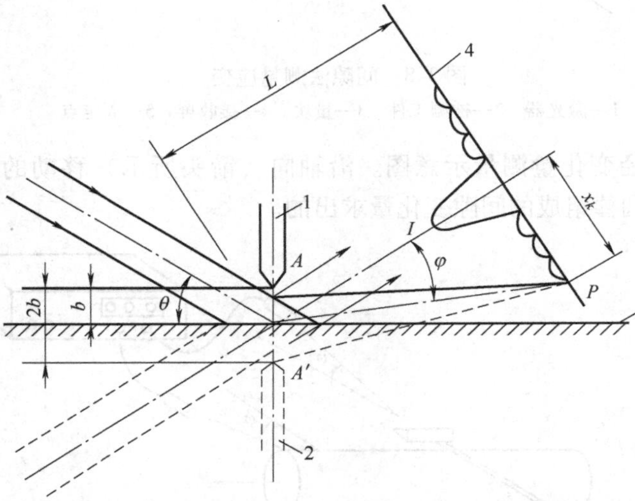

图 3-10　反射衍射法原理图

1—棱缘　2—镜像棱缘　3—反射镜　4—接收屏

由式（3-16）可知：

1）由于反射效应，测量 b 的灵敏度可以提高一倍。

2）θ 一般是任意的，测得某一 θ 位置的两个 x_k 值代入式（3-16），然后联立解出 θ 值和 b 值。

反射衍射技术主要应用在表面质量评价、直线性测定、间隙测定等。

图 3-11 是反射衍射法测量的实例。图 3-11a 是利用标准的刃边来评价工件的表面质量。图 3-11b 是利用标准的反射镜面（如水银面、液面等）来测定工件的直线性误差。图 3-11c 是

利用反射衍射的方法来测定计算机磁盘系统的间隙。图3-11d是测量旋转轴的偏摆。从以上实例可见，反射衍射方法易于实现检测自动化，对生产线上的零件自动检测有重要的实用价值。

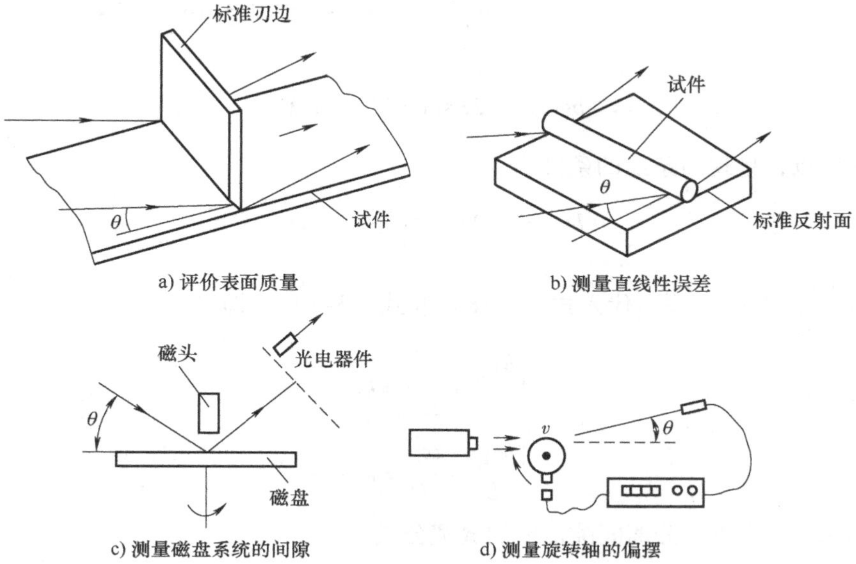

图3-11　反射衍射法应用实例

3.2.3　分离间隙法

在实际测量中，常会遇到组成狭缝的两棱边不在同一平面内，即存在一个间隔 z。此时衍射图形出现不对称现象。利用参考物和试件不在一个平面内所形成的衍射条纹进行精密测量的方法被称为分离间隙法。

分离间隙法的测量原理如图3-12所示。棱缘 A 和 A_1 不在同一平面内，分开的距离为 z。狭缝 AA_1' 的缝宽为 b，A_1' 是 A_1 的假设位置并和 A 在同一平面内。在接收屏4上 P_1 点两棱边1、2之衍射角为 φ_1，P_2 点两棱边之衍射角为 φ_2。

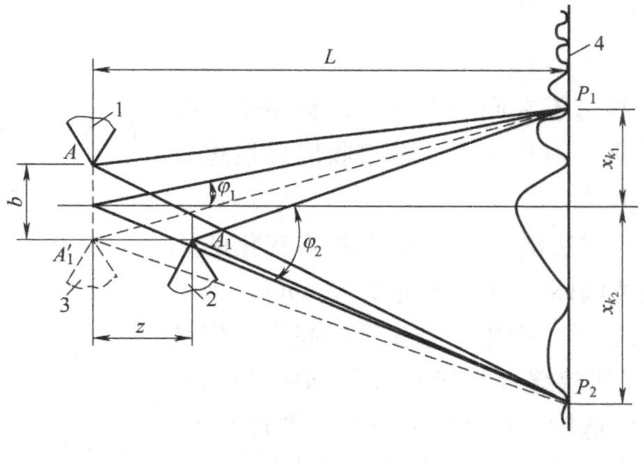

图3-12　分离间隙法原理图

1、2—棱缘　3—假设棱缘　4—接收屏

激光束通过狭缝衍射以后，在 P_1 处出现暗条纹的条件为

$$\overline{A'_1A_1P_1}-\overline{AP_1}=\overline{A'_1P_1}-\overline{AP_1}+(\overline{A'_1A_1P}-\overline{A'_1P_1}) \tag{3-17}$$
$$=b\sin\varphi_1+(z-z\cos\varphi_1)=k_1\lambda$$

因此

$$b\sin\varphi_1+2z\sin^2\left(\frac{\varphi_1}{2}\right)=k_1\lambda \tag{3-18}$$

同理，对于 P_2 点，呈现暗条纹的条件为

$$b\sin\varphi_1-2z\sin^2\left(\frac{\varphi_2}{2}\right)=k_2\lambda \tag{3-19}$$

因为 $\sin\varphi_1=\frac{x_{k_1}}{L}$，$\sin\varphi_2=\frac{x_{k_2}}{L}$，代入式（3-18）和式（3-19），即得

$$\begin{cases}\dfrac{bx_{k_1}}{L}+\dfrac{zx_{k_1}^2}{2L^2}=k_1\lambda\\ \dfrac{bx_{k_2}}{L}-\dfrac{zx_{k_2}^2}{2L^2}=k_2\lambda\end{cases} \tag{3-20}$$

由式（3-20）可求出分离间隙衍射的缝宽公式

$$b=\frac{k_1L\lambda}{x_{k_1}}-\frac{zx_{k_1}}{2L}=\frac{k_2L\lambda}{x_{k_2}}+\frac{zx_{k_2}}{2L} \tag{3-21}$$

只要测得 x_{k_1} 和 x_{k_2}，由式（3-21）即可求出缝宽 b 和偏离量 z。显然，根据式（3-20），对同样级次的暗点，即 $k_1=k_2$ 时，有

$$\frac{bx_{k_1}}{L}+\frac{zx_{k_1}^2}{2L^2}=\frac{bx_{k_2}}{L}-\frac{zx_{k_2}^2}{2L^2}$$

化简得

$$x_{k_1}\left(b+\frac{zx_{k_1}}{2L}\right)=x_{k_2}\left(b-\frac{zx_{k_2}}{2L}\right)$$

因为 $\left(b+\frac{zx_{k_1}}{2L}\right)>\left(b-\frac{zx_{k_2}}{2L}\right)$，故有

$$x_{k_2}>x_{k_1}$$

所以，狭缝的两个棱边不在同一平面上，会使中心亮条纹两边的衍射图样出现不对称现象。在接收屏离棱边较近的方向，条纹的间距增大。

图 3-13 是用分离间隙法测量折射率或液体变化的原理图。此装置中，1 是玻璃棒（直径 φ 为 2～3mm），当用一束激光通过其直径照射时，产生一条狭窄的亮带照射被测试样 2 上。3 和 4 是一对狭缝（棱缘），用分离间隙法形成衍射条纹。衍射条纹由透镜 5 成像在光电探测器件 6 上，并进行测量。当变换试样 2 或改变试样 2 中的液体时，衍射条纹的位置就灵敏得反应了折射率或折射率的变化。

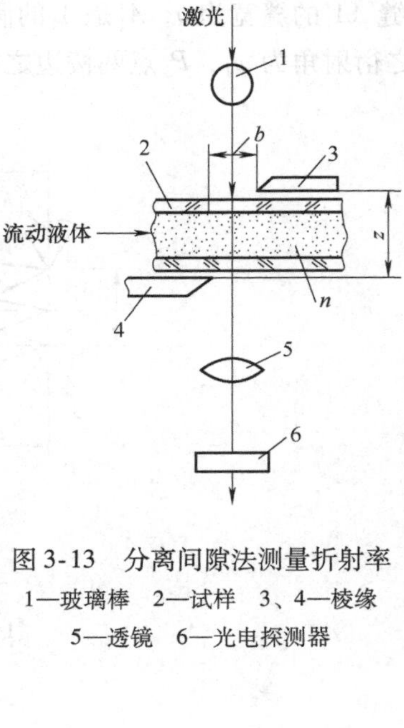

图 3-13　分离间隙法测量折射率
1—玻璃棒　2—试样　3、4—棱缘
5—透镜　6—光电探测器

3.2.4　互补测量法

激光衍射互补测量法的原理是基于巴比涅（Babinet）定理。图 3-14 中 D_1 和 D_2 是两个互补衍射屏，用平面光波照射两个屏时，它们产生的衍射光场在接收屏上的复振幅分别为 $\dot{E}_1$ 和 $\dot{E}_2$，如果平行光不经过任何衍射物时的复振幅为 $\dot{E}_0$，那么两个互补衍射屏形成的衍射场的复振幅之和等于自由光场的复振幅，即

$$\dot{E}_1+\dot{E}_2=\dot{E}_0 \tag{3-22}$$

这就是巴比涅定理。

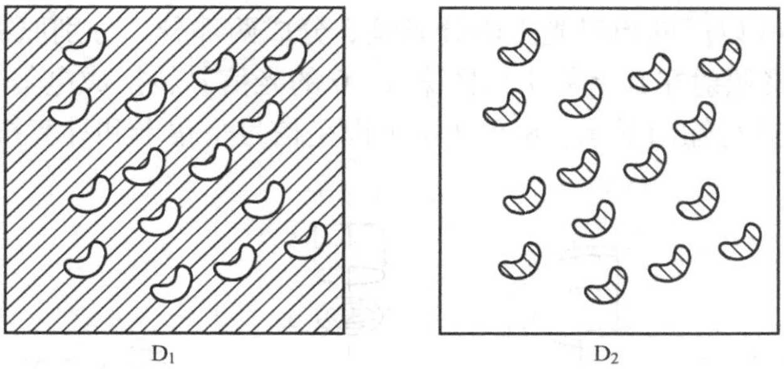

图 3-14　巴比涅互补屏

根据巴比涅定理可以从一种衍射屏的衍射图样求出其互补屏的衍射图样。在符合几何光学传播的自由光场中，像平面上除了成像点以外光场的复振幅均为 0，即 $\dot{E}_0=0$，因此在衍射屏上除了像点以外的其他位置上满足：

$$\dot{E}_1=-\dot{E}_2 \tag{3-23}$$

由式（3-23）可以看出在 $\dot{E}_0=0$ 的点上 $\dot{E}_1$ 和 $\dot{E}_2$ 的相位相差 π，强度 $I_1=|\dot{E}_1|^2$ 和 $I_2=|\dot{E}_2|^2$ 相等。也就是说当平行光照射两个互补屏时，产生的衍射图形的形状和光强完全相同，仅复振幅的相位差为 π。

利用互补原理，可以对各种细金属丝（如漆包线、钟表游丝等）和薄带的尺寸进行高精度的非接触测量。图 3-15 是利用互补法测量细丝直径的原理图，利用透镜将衍射条纹成像于透镜的焦平面上，则细丝直径

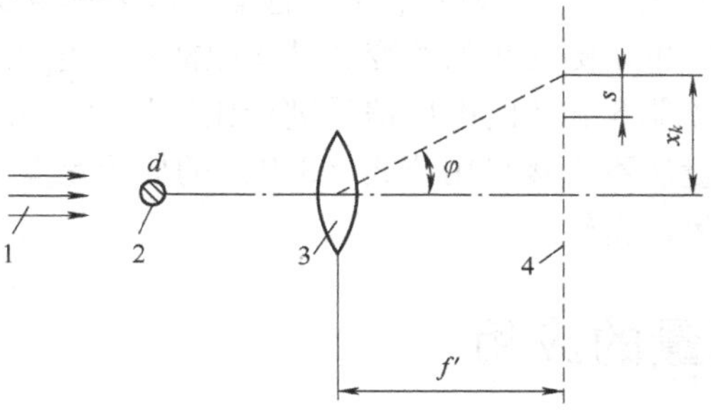

图 3-15　互补法测量细丝直径原理图

1—平行激光束　2—被测细丝　3—会聚透镜　4—衍射条纹

$$d=\frac{k\lambda\sqrt{x_k^2+f'^2}}{x_k}=\frac{\lambda\sqrt{x_k^2+f'^2}}{s} \tag{3-24}$$

式中，s 为暗条纹间距；x_k 为 k 级暗条纹的位置；f'为透镜焦距。

互补测量法测量细丝直径的测量范围一般是 0.01～0.1mm，测量精度可达 0.05μm。

3.2.5 艾里斑测量法

艾里斑测量法是基于圆孔的夫琅和费衍射原理。图 3-16 是用艾里斑测量人造纤维或玻璃纤维加工中的喷丝头孔径的原理图。测量仪器和被测件做相对运动，以保证每个孔顺序通过激光束。通常不同的喷丝头，其孔的直径为 10～90μm。由激光器 1 发出的激光束，照射到被测孔 2 上，通过孔以后的衍射光束由分光镜 3 分成两部分，分别照射到光电接收器 5 和 7 上。两接收器分别将照射在其上的衍射图案 4、6 的光信号转换成电信号送到电压比较器 8 中，然后由显示器 9 进行输出显示。8 和 9 也可以是信号采集卡和计算机。

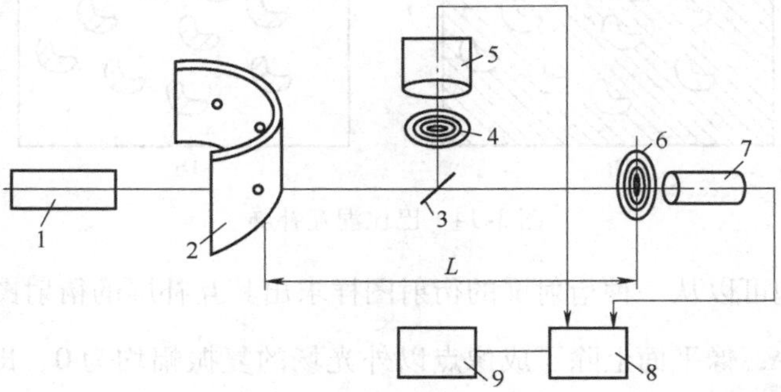

图 3-16　喷丝头孔径的艾里斑测量原理图

1—激光器　2—被测孔　3—分光镜　4、6—衍射图案　5、7—光电接收器　8—电压比较器　9—显示器

通过微孔衍射所得到的明暗条纹的总能量，可以认为不随孔的微小变化而变化，但是明暗条纹的强度分布（分布面积）是随孔径的变化而急剧改变的。因而，在衍射图上任何给定半径内的发光强度，即所包含的能量，是随激光束通过孔的直径变化而显著变化的。

因此，需设计使光电接收器 5 接收被分光镜反射的衍射图的全部能量，因而它所产生的电压幅度可以作为不随孔径变化的参考量。在实际上，中心亮斑和前四个亮环即已基本上包含了全部能量，所以光电接收器 5 只要接收这部分能量就可以了。

光电接收器 7 只接收艾里斑圆中心的部分光能量，通常选取艾里斑圆面积的一半。因此，随被测孔径的变化和艾里斑圆面积的改变，其接收能量发生改变，从而输出电压幅值改变。电压比较器将光电接收器 5 和 7 的电压信号进行比较从而得出被测孔径值。

在实际中，艾里斑测量法不直接采用公式（3-9）的原因是艾里斑中心亮斑和暗环没有十分明显的边界，测量结果误差较大。

3.3 激光衍射测量的应用

激光衍射测量技术是一种高精度、小量程的精密测量技术，下面介绍几种衍射测量系统的实例。

3.3.1 物理量传感器

许多物理量，如压力、温度、流量、折射率、电场或磁场等，都可通过相应的转换器转换成直线性的位移。因此，就有可能利用激光衍射效应对这些物理量进行测量。

图3-17a是作为压力传感器的例子。具有一定压力的气流进入膜盒，膜盒作为初级压力传感器，将位移通过杠杆传到衍射传感器上，缝隙的变化使衍射条纹移动，并由光电器件检测出来，这样就可以很灵敏地测量压力及其变化。图3-17b是作为温度传感器的例子，利用双金属片把温度变化转换为位移差值，用激光衍射间隙测量法测出位移差值。

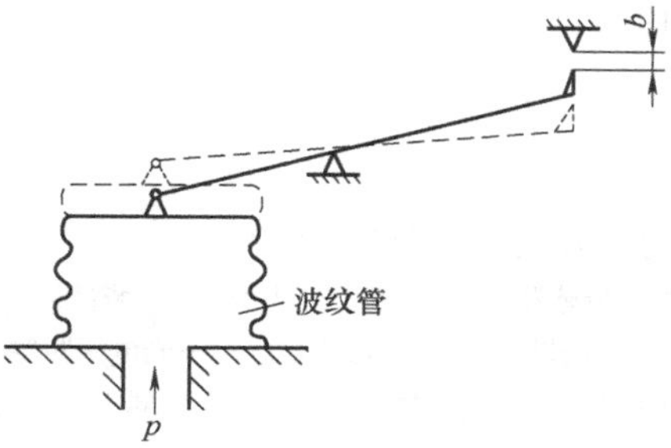

a) 压力传感器

b) 温度传感器

图3-17 物理量传感器

3.3.2 薄膜材料表面涂层厚度测量

图3-18是利用分离间隙法测量薄膜材料表面涂层厚度检测仪的原理图。被测试件4是表面有可塑性涂层的纸质材料或聚脂薄膜，滚筒6用于传送被测薄膜。激光器1发出的激光束经柱面透镜2和3扩展，以宽度为 l 的入射光束照射由薄膜表面和棱缘7组成的狭缝。为便于安装被检薄膜，棱缘7和薄膜表面错开一定距离 z。调整柱面透镜2和3之间的间距，使通过狭缝后的衍射光聚焦于预定距离 L 处（$L \gg b$），衍射条纹16垂直于狭缝展开，光电探测器14置于一给定的位置，将衍射条纹的光强信号转换成电信号，并经放大器13放大后，由显示器10显示。光电二极管的位置一般选取第二级或第三级条纹极小值作为检测定位条纹。调节棱缘7改变缝宽，使定位条纹进入光电探测器。测量开始时将没用涂层厚度的薄膜通过滚筒，并调整显示器使之显示为零。当有涂层的薄膜通过滚筒时，狭缝宽度变小，条纹位置 x_k 移动，显示器显示出涂层厚度。

利用测微计8可准确测出棱缘7的移动量，模拟涂层引起缝宽 b 的变换量，对显示器进行校准。干涉滤光片15用来消除杂散光的影响。容性滤波网络12使滚筒的振动、滚筒几何形状偏差及其他微小振动等引起的波动取平均效应。为保证缝宽 b 的变化准确反映涂层厚度的改变，要求滚筒不能有径向跳动。可以采取滚筒固定不转的方案，让薄膜在滚筒表面滑动，为减小滑动摩檫，表面可涂上聚四氟乙烯等润滑剂。电容传感器5用来检测滚筒由于某些偶然因素造成的位置变化，以消除测量误差。驱动电动机9由探测器电路控制，在仪器的调整过程中，它自动带动棱缘移动直到探测器对准定位条纹为止。

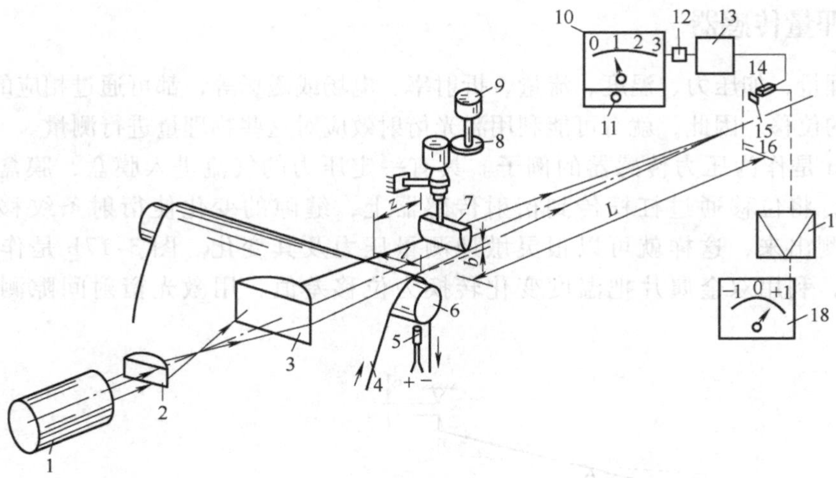

图 3-18　薄膜材料表面涂层厚度检测仪原理图

1—激光器　2、3—柱面透镜　4—试件　5—电容传感器　6—滚筒　7—棱缘　8—测微计　9—电动机　10—显示器　11—调零机构　12—容性滤波网络　13—放大器　14—光电探测器　15—干涉滤光片　16—衍射条纹　17—差动放大器　18—显示器

这种检测仪可稳定地分辨出 0.3μm 的变化。此类微小间隔测量装置还可以用于旋转轴的径向跳动、圆棒直径的变化和圆柱度等的静态和动态测量。图 3-19 是激光衍射间隙法测量圆柱度的原理图。激光器发出的激光经柱面透镜形成条状平行光束，投射到刀口和圆柱之间的狭缝处，衍射条纹由 CCD 探测器探测。

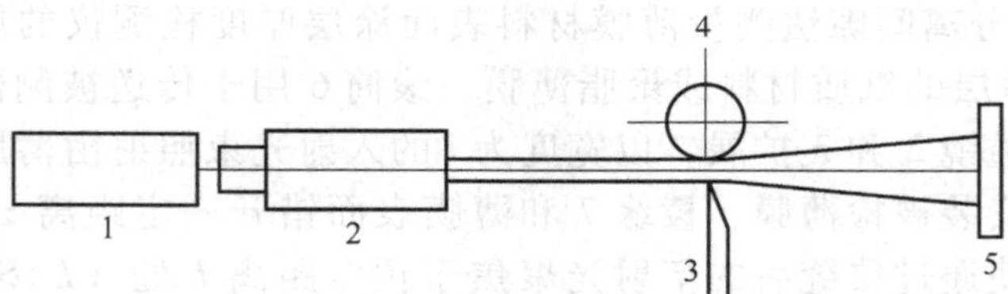

图 3-19　圆柱度的测量原理图

1—激光器　2—扩束器　3—刀口　4—被测工件　5—CCD 探测器

3.3.3　全长剖面测量

激光衍射可以对一个工件的棱缘全长作剖面测量，此时要求棱缘全长都同时被激光束照亮，测量原理如图 3-20 所示。激光束通过柱面透镜 2 扩展为扇形发射面，照射在一个由受压体 4（被测件）的边缘和参考的固定棱镜 3 所形成的狭缝上，这样就可以获得描绘被测件的剖面情况的二维条纹图像。当被测件没有承受载荷和形变时，衍射条纹将是近于平行的直线，加上负载以后，可得到反映被测件变形情况的弯曲衍射图像。这种方法通常应用于线状边缘的物体，也可以测定曲率较小的弧形或一些不规则的构件。

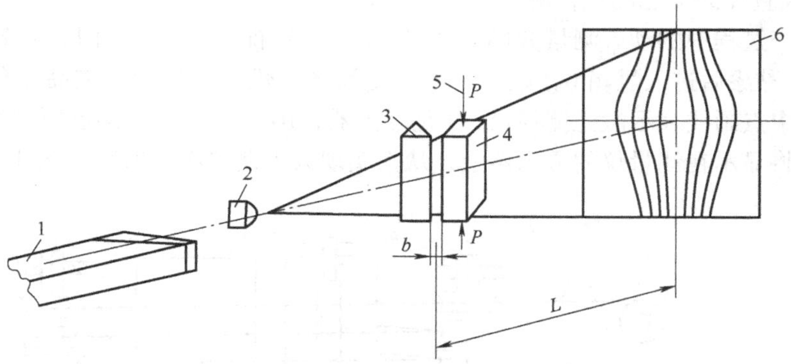

图 3-20 全长剖面测量

1—激光器 2—柱面透镜 3—固定棱镜 4—被测件 5—负荷 6—显示屏

3.3.4 振动测量

图 3-21 是激光衍射测量振动的原理图。基准棱缘 2 被布置在悬板 3 附近，悬板的振动方向如图箭头所示。探测器 5 将衍射条纹的光信号转换为电信号，通过运算显示电路 6 运算并显示在示波器 7 上。所形成的方波 a 和 a' 对应于待测物体在改变振动方向时的转折点。因此，位于两个转折点 a 和 a' 之间整数和小数部分的条纹数，就相当于峰间振幅。也就是说由于悬板相对基准棱缘在半个周期中不断改变缝宽 b，于是引起衍射条纹沿一个方向扫过探测器，当振幅到达极限位置后，条纹即向相反方向移动，因而 a 和 a' 两转折点之间的 Δb 值，就是悬板振幅的两倍。在测试过程中，当示波器上的波形不易区分 a、a' 转折点时，可稍稍改变探测器的位置。

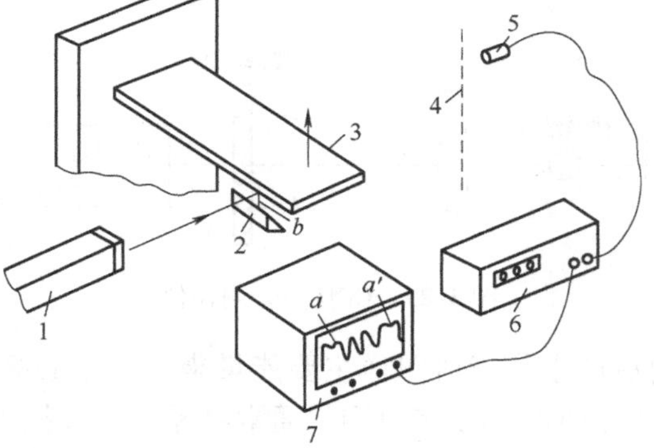

图 3-21 激光衍射测量振动原理图

1—激光器 2—棱缘 3—悬板 4—衍射条纹 5—探测器 6—运算显示电路 7—示波器

3.3.5 直径测量

细漆包线生产过程中为了达到要求的漆层厚度，铜线要经过多次涂漆和烘干。烘干之后需要使用漆包线激光动态测径仪对漆包线的直径进行动态监测，该仪器可以实现 0.01 ~

0.05mm 漆包线直径的动态测量，测量精度在 0.1μm 左右。

漆包线生产过程中的动态测量如图 3-22 所示，一根裸线 2 经线轴 1、导轮 3 进入漆槽 5，经黏漆轴 4 黏漆后进入烘箱 6，以后多次重复涂漆与烘干，最后将成品漆包线圈绕于收线轴 8 上。图中点画线表示激光测径仪，9 是激光器，10 是探测器。漆层厚度变化造成漆包线外径的变化将显示在测量仪的显示器上，从而实现人工调整涂漆参数，保证涂漆质量。

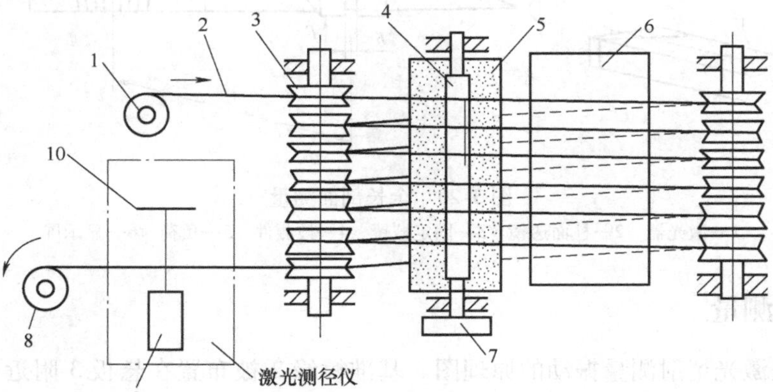

图 3-22　漆包线生产过程中直径的动态测量

1—线轴　2—裸线　3—导轮　4—黏漆轴　5—漆槽　6—烘箱　7—传动齿轮　8—收线轴　9—激光器　10—探测器

图 3-23 是激光测径仪结构示意图。He-Ne 激光器发出的激光束经照射到被测细丝上，在探测器 CCD 上形成衍射条纹，CCD 将衍射图样的光强信号转换成电信号，经调整电路处理后送入计算机，计算机在测量软件的支持下处理采集到的信号，精确地求出衍射图样中暗点（亮点）分布间隔尺寸，从而求出细丝直径。激光测径仪的测量范围为 10～50μm，精度为 ±0.1μm。

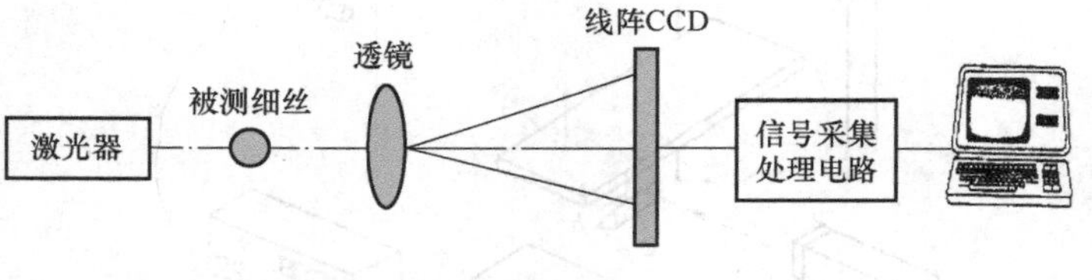

图 3-23　CCD 激光测径仪

激光经被测细丝衍射后产生的衍射图样主要能量集中在中心亮纹（零级条纹）上，为避免 CCD 探测器饱和，扩大 CCD 的动态范围，通常将零级条纹挡去。一般情况下，含被测量信息的较高级次衍射条纹信号很微弱，容易受干扰。此外，CCD 本身也存在一定噪声，因此，CCD 输出信号受干扰程度很大，为提高信号质量，调整电路对 CCD 输出信号进行预处理。

3.3.6　薄带宽度测量

钟表工业中的游丝以及电子工业中的各种金属薄带（一般宽度在 1mm）以下，均可利用激光衍射互补测量法进行测量。在测量时，要求薄带相对激光束的光轴有准确的定位，否则将引起测量误差。也就是说只有当薄带面严格垂直于激光束光轴时，测得的值是准确的带宽，不允许薄带有相对的转动。因此，为了保证薄带相对于激光束轴线的准确位置，必须在薄带的测量装置中装有定位装置。

图3-24是薄带宽度激光衍射测量原理图。激光器1发出的激光束经过反射镜2和半反半透镜3转向，照射在宽度为b，厚度为t的薄带上（$b \gg t$），在距离为L的接收屏上产生衍射条纹6。通过测量条纹之间的间距s，可求得薄带宽度b。

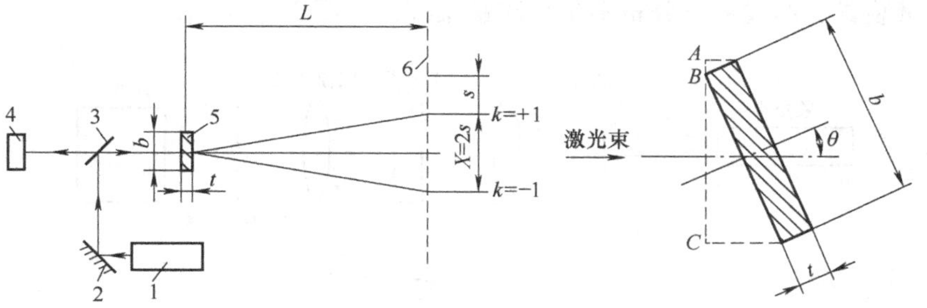

图3-24 薄带宽度激光衍射测量原理图

1—激光器 2—反射镜 3—半反半透镜 4—光电二极管 5—被测薄带 6—衍射条纹

为保证薄带和激光束互相垂直的准确位置，薄带表面的反射光通过半反半透镜3照射到定位指示光电二极管4上，薄带的转动将引起光点在光电二极管上位置的变化，由其发出信号使调整机构调整薄带复位，达到准确定位。

如果选取中心亮条纹作为测量对象，即测量$k=+1$和$k=-1$两个暗点之间的距离，设此距离为X，则$X=2s$。当L为足够大时，得到带宽的计算公式为

$$b = \frac{2\lambda L}{X} \tag{3-25}$$

测得距离X或其变化量，即可根据上式求出带宽b或其变化量。

3.3.7 粒子分布测量

如果一束激光照射到由许多粒子组成样品池中，那么激光光束在经过每个粒子时都会产生衍射，在接收屏上产生多个衍射场叠加的结果，利用衍射中光强的分布可以反演出粒子的大小和分布。根据式（3-8）圆孔夫琅和费衍射光强分布公式可知，多种尺寸的许多粒子形成的衍射场光强分布可以写为

$$I = I_0 \int_0^{\infty} \left[\frac{2J_1(x)}{x}\right]^2 \mathrm{d}a = \boldsymbol{Kq} \tag{3-26}$$

式中，$\boldsymbol{K}$为衍射矩阵，根据测量系统的设计得到，$\boldsymbol{q}$为粒子的分布向量，通过光强I和衍射矩阵$\boldsymbol{K}$反演计算得到。

粒子分布激光衍射测量系统如图3-25所示。激光器发出的光经准直扩束后直射到样品池中，样品池中悬浮有待测粒子。衍射图形经成像透镜后由光电探测器接收，输出信号送入计算机中，经反演计算得到粒子的大小和分布情况。

激光照射到样品池中除了发生衍射以外，还会被粒子散射，产生散射光。因此为了提高粒子大小和分布情况测量的分辨力和粒子尺寸的测量范围，在粒子分布测量系统中增加侧向

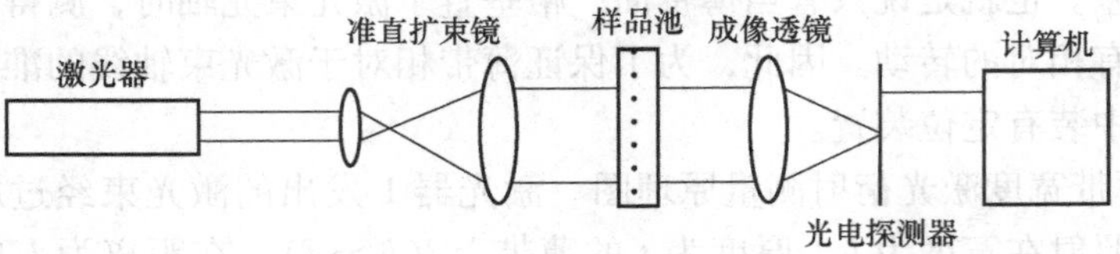

图 3-25　粒子分布激光衍射测量系统示意图

散射光的测量装置，形成粒子分布多角度测量系统，如图 3-26 所示。

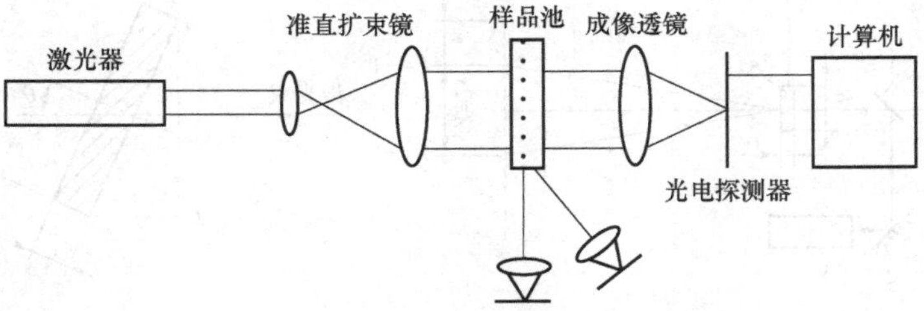

图 3-26　粒子分布多角度测量系统

3.3.8　衍射光栅测量

把由大量等宽等间距的狭缝构成的光学元件称为衍射光栅。光栅根据其用于透光还是反光分为透射光栅和反射光栅，其中透射光栅是在光学玻璃上刻画出等间距的划痕，划痕处不透光，未刻画处是透光狭缝产生衍射；反射光栅是在金属反射面上刻划出等间距的划痕，划痕处产生漫反射，未刻画处在反射光方向产生衍射。

根据衍射原理，当激光垂直入射到光栅表面，产生的衍射图样中亮条纹的位置为

$$d\sin\theta = m\lambda \quad m=0,\ \pm1,\ \pm2,\ \cdots \tag{3-27}$$

式中，d 为光栅的栅距，θ 为衍射角，λ 为波长。式（3-27）描述了衍射光栅形成衍射图形的基本模型，称为光栅方程。如果激光倾斜入射到光栅表面，入射角为 α，则衍射图样中亮条纹的位置为

$$d(\sin\alpha \pm \sin\theta) = m\lambda \quad m=0,\ \pm1,\ \pm2,\ \cdots \tag{3-28}$$

对于入射光同一侧的衍射光，式（3-28）中取正号；入射光异侧的衍射光，式（3-28）中取负号。

利用光栅方程可以实现金属材料应变的测量，如图 3-27所示。在金属材料表面刻画反射光栅，激光照射到光栅上产生衍射，使用光电探测器接收 m 级衍射亮条纹的位置 W_m

$$W_m = D\sin\theta_m$$

式中，D 为光电探测器到光栅的距离。当试件受力变形后，光栅栅距发生变化，则垂直于光栅栅线方向的应变为

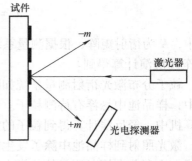

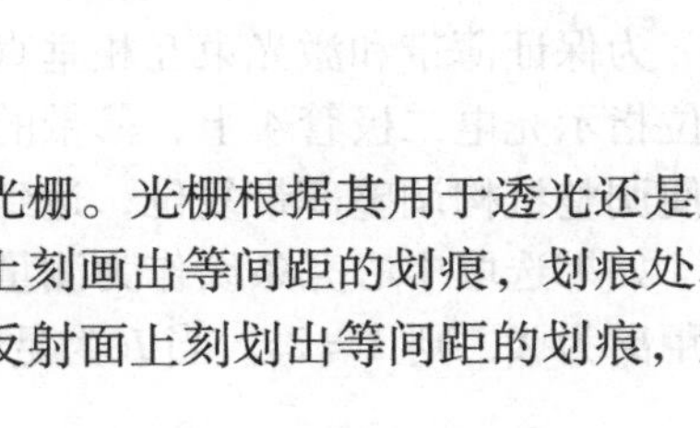

图 3-27　金属应变测量

$$\varepsilon = \frac{\Delta d}{d} = \frac{\sin\theta_m - \sin\theta'_m}{\sin\theta'_m} = \frac{W_m - W'_m}{W_m} \tag{3-29}$$

利用光栅的衍射方程还可以实现光栅栅距的高精度测量，如图 3-28 所示。被测光栅放置在转台上，激光器发出的光束经偏振分光棱镜后照射到被测光栅上，经光栅反射后照射到光电探测器上。测量时调整转台的姿态，使光栅反射的零级亮条纹投射到光电探测器上。然后旋转转台，使光栅的 1 级衍射亮条纹重新投射到光电探测器上。如果转台旋转角度为 α，则根据光栅方程可得光栅的栅距 d 为

$$d = \frac{\lambda}{2\sin\alpha} \tag{3-30}$$

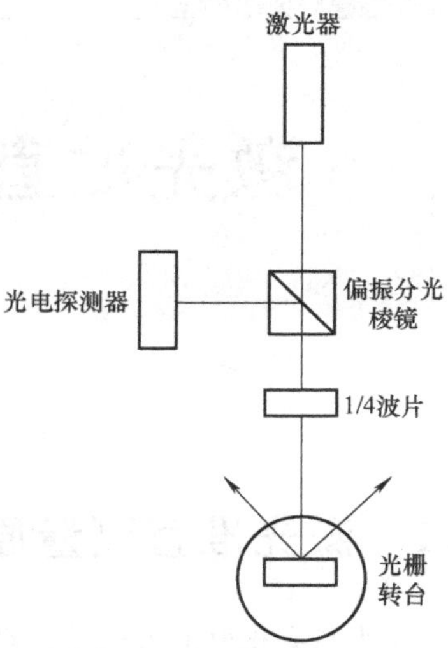

图 3-28　光栅栅距测量装置示意图

利用光栅栅距测量装置还可以实现液体折射率的测量，如图 3-29 所示。使用橡胶软管将光栅套住，在橡胶软管中充满被测液体。通过调整转台的姿态，使光栅反射的零级亮条纹投射到光电探测器上。然后旋转转台，使光栅的 m 级衍射亮条纹重新投射到光电探测器上。如果已知光栅的栅距 d，转台旋转角度为 α，被测液体的折射率为

$$n = \frac{m\lambda}{2d\sin\alpha} \tag{3-31}$$

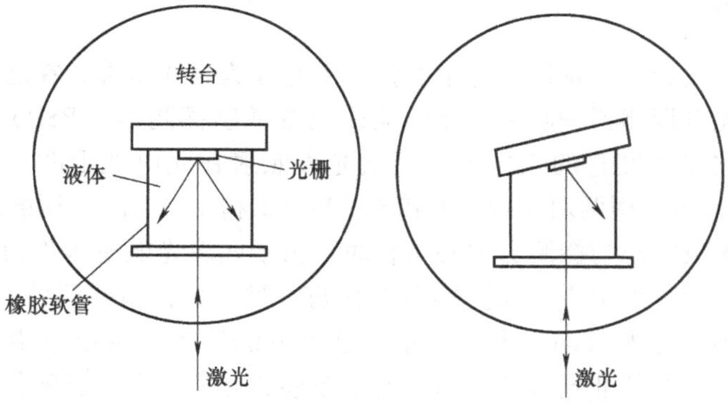

图 3-29　液体折射率测量装置示意图

第 4 章 激光准直及多自由度测量技术

4.1 激光准直测量原理

激光具有很好的方向性，经过准直的激光束其能量分布中心可以认为是一条几何直线。激光准直测量就是利用激光的方向性，以激光光束作为直线基准来测量被测物体与激光光束之间的偏差，得到被测几何量的几何误差。现有的激光准直仪按其工作原理可分为振幅（光强）测量法、干涉测量法和偏振测量法。

4.1.1 振幅测量法

振幅测量型准直仪的特征是以激光束的强度中心作为直线基准，在需要准直的点上用光电探测器接收它，光电探测器一般采用光电池或位置敏感探测器（PSD）。四象限光电池固定在靶标上，靶标放在被准直的工件上，当激光束照射在光电池上时，产生电压 U_1，U_2，U_3和 U_4，如图 4-1 所示，用两对象限（1 和 3）与（2 和 4）输出电压的差值就能决定光束中心的位置。若激光束中心与探测器中心重合时，由于四块光电池接收相同的光能量，这时指示电表指示零；当激光束中心与探测器中心有偏离时，将有偏差信号 U_x和 U_y。$U_x = U_2 - U_4$，$U_y = U_1 - U_3$，其大小和方向由电表指示。这种方法比用人眼通过望远镜瞄准方便，精度上也有一定的提高，但其准直精度受到激光束漂移、光束截面上强度分布不对称、探测器灵敏度不对称以及空气扰动造成的光斑跳动的影响。为克服这些问题，常采用了以下几种方法来提高激光准直仪的基准精度。

1. 菲涅尔波带片法

利用激光的相干性，采用方形菲涅耳波带片来获得准直基准线。当激光束通过望远镜后，均匀地照射在波带片上，并使其充满整个波带片。于是在光轴上的某一位置出现一个很细的十字亮线，将观察屏放在该位置上，可以清晰地看到它，如图 4-2 所示。若调节望远镜的焦距，则十字亮线就会出现在光轴的不同位置上，这些十字亮线中心点的连线为一直线，这条线可作为基准来进行准直测量。由于十字亮线是干涉的效果，所以具有良好的抗干扰性。同时，还可克服光强分布不对称的影响。

2. 位相板法

在激光束中放一块二维对称位相板，它由四块扇形涂层组成，相邻涂层光程差为 $\lambda/2$，

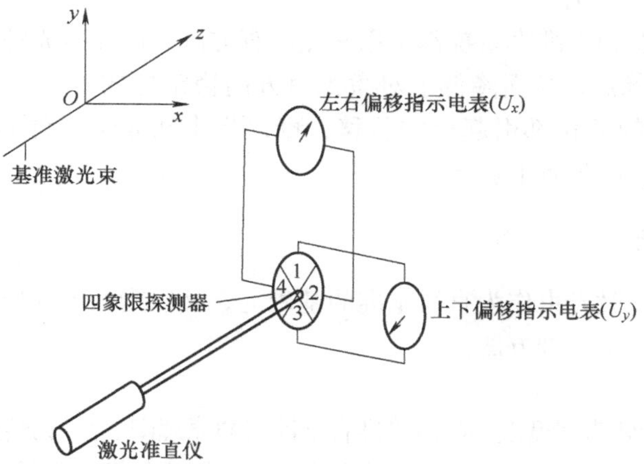

图4-1 激光准直原理图

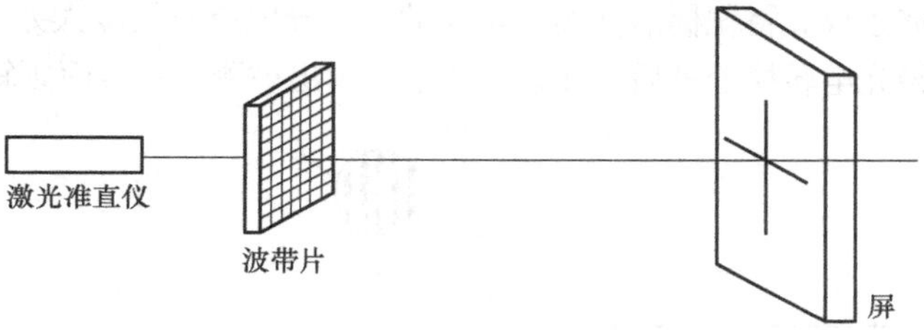

图4-2 菲涅尔波带片准直原理图

(即位相差为π)。在位相板后面的光束任何截面上都出现暗十字条纹。暗十字条纹中心的连线是一条直线，利用这条线作基准可直接进行准直测量。若在暗十字中心处插进方孔 P_A，在孔后的屏幕 P_B上可观察到一定的衍射分布，如图4-3所示。假若方孔中心精确与光轴重合，在 P_B上的衍射图像将出现四个对称的亮点，并被两条暗线（十字线）分开。若方孔中心与光轴有偏移，那么在 P_B上的衍射图像就不对称。这些亮点强度的不对称随着孔的偏移而增加。因此，这个偏移的大小和方向可以通过测量 P_B上的四个亮点的强度来获得。在 P_B处放一四象限光电池来探测，若 I_1，I_2，I_3，I_4分别表示四个象限上四块光电池探测到的信号，则靶标的位移为

$$\begin{aligned}\Delta x &= A + B \\ \Delta y &= A - B\end{aligned} \tag{4-1}$$

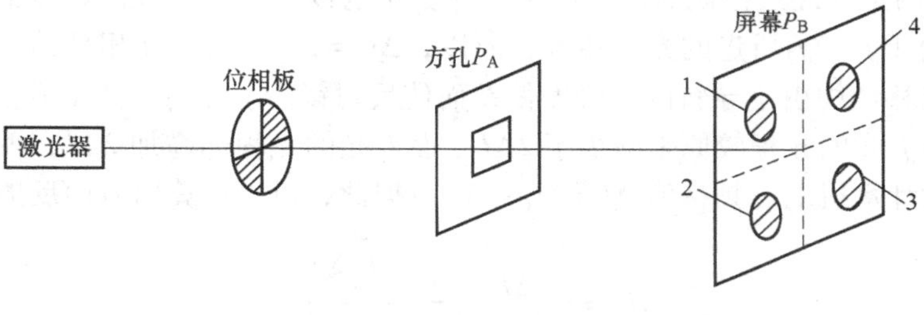

图4-3 位相板法准直原理图

式中，$A=I_1-I_3$；$B=I_2-I_4$。

菲涅尔波带片和位相板准直系统都采用三点准直方法，即连接光源、菲涅耳波带片的焦点（或方孔中心）和像点，从而降低了对激光束方向稳定性的要求。这里任何中间光学元件（波带片或方孔）的偏移都引起像的位移，可以将中间光学元件装在被准直的工件上，而把靶标装在固定不动的位置上。

4.1.2 干涉测量法

干涉测量法是在以激光束作为直线基准的基础上，又以光的干涉原理进行读数来进行直线度测量的。主要有以下几种方法。

1. 楔形板干涉法

图4-4是测量长导轨直线度误差的激光准直干涉仪的原理图。由激光器发出的光束，经准直扩束系统得到平行光束，投射到置于被测导轨上作为接收靶标的楔形光学玻璃板上，依次在分光板的前后表面反射，形成两路光束又重新会合，其中重叠部分相互干涉，在观察屏上可获得一组等间距相互平行的干涉条纹。将靶标沿被测导轨移动，若导轨有直线度误差，将使干涉条纹发生移动，移动量的大小经光电转换处理后，在显示器上显示出被测导轨表面倾斜的微小角度。

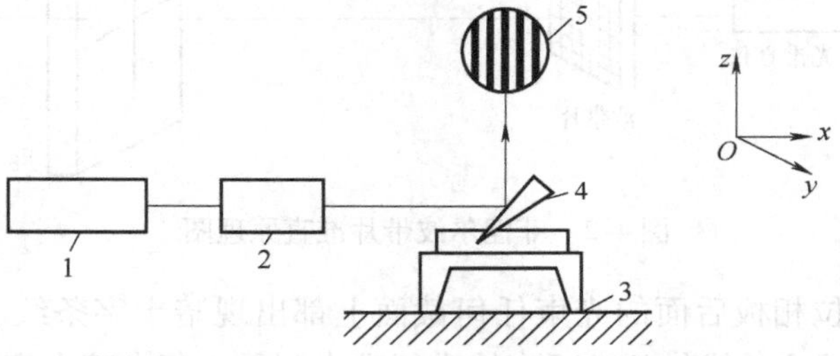

图4-4　楔形板干涉测量直线度原理图

1—激光器　2—准直扩束系统　3—靶标基座　4—楔形分光板　5—观察屏

该测量装置的分辨力为2″，重复性精度为2″，示值误差为±2″/100m，测量范围335m。

2. 双频激光干涉法

图4-5是双频激光干涉仪测量直线度误差的原理图。双频激光器1发出的光束通过1/4波片2后，变为两束正交线偏振光f_1和f_2。经半透半反镜3后射至渥拉斯顿偏振分光器4上，正交线偏光f_1和f_2被分开成夹角为θ的两束线偏振光，分别射向双面反射镜5的两翼并由原路返回，返回光在渥拉斯顿偏振分光器4上重新会合，经半透半反镜3、全反射镜6反射到检偏器7，两束光经过检偏器后形成拍频并被光电接收器8接收。若双面反射镜沿x轴平移到A点，由于f_1和f_2所走的光程相等，所以，$\Delta f_1=\Delta f_2$，拍频互相抵消，计算机上的频移值为零。若在移动中由于导轨的直线度偏差而使反射镜沿y方向下落至B点，如图4-5中虚线所示。于是f_1光的光程较原来减少了$2\Delta L$，而f_2光的光程却增加$2\Delta L$，两者光程的总差值为$4\Delta L$，这时计算机上的频移值$\Delta f=\Delta f_1-\Delta f_2$。据此，可以计算出双面反射镜的下落量

$$AB=\frac{\Delta L}{\sin\dfrac{\theta}{2}}=\frac{\lambda\int_0^t\Delta f\mathrm{d}t}{4\sin\dfrac{\theta}{2}} \tag{4-2}$$

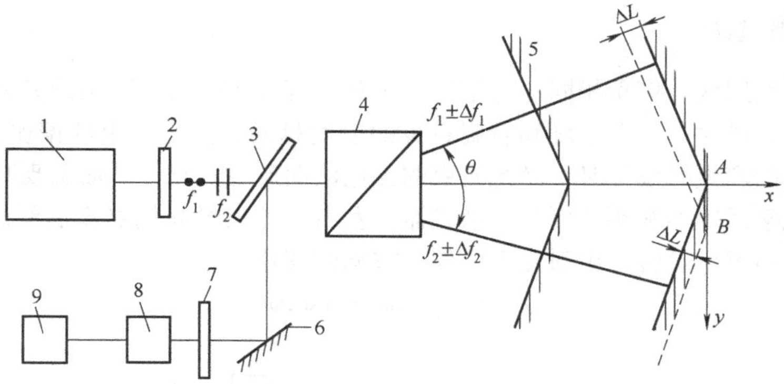

图 4-5　双频激光干涉仪测量直线度误差的原理图

1—双频激光器　2—1/4 波片　3—半透半反镜　4—偏振分光器　5—双面反射镜　6—全反射镜　7—检偏器　8—光电接收器　9—计算机

将双面反射镜移至导轨不同采样点处，求由式（4-2）求出各采样点的坐标值。依据直线度评定准则求出被测导轨的直线度误差。

双频激光干涉法直线度误差测量系统的测量精度可达 ±0.5μm/m，最大检测距离 3m，最大下落量可测到 1.5mm。

3. 光栅衍射干涉法

光栅衍射干涉法准直测量系统如图 4-6 所示，激光器 1 发出的光束经准直扩束系统 2 后得到平行光束，经分光镜 3 后射向光栅 4 表面产生衍射光，双面反射镜 6 的两个反射面之间的夹角与光栅产生的 ±1 级衍射光之间的夹角互补，经双面反射镜反射后 ±1 级衍射光沿原路返回，再次经光栅衍射后，+1 级的 +1 级衍射光与 −1 级的 −1 级衍射光沿激光入射的反向出射产生干涉。由于光路中石英晶片 5 的双折射性能，两路干涉光的偏振方向相互垂直且相位相差 90°。相干光经分光镜 3 后投射到偏振分光棱镜 9 上，将偏振方向相互垂直且相位相差 90°的两路相干光分开，分别投射到光电探测器 10 和 11 上。测量过程中光栅固定在托板 7 上，滑板 8 沿被测导轨移动，由于导轨的直线度偏差是光栅产生上下位移，使两路相干光的光强信号产生变化，通过计算机对光电探测器采集到的光强信号进行处理，可以得到被测导轨的直线度。

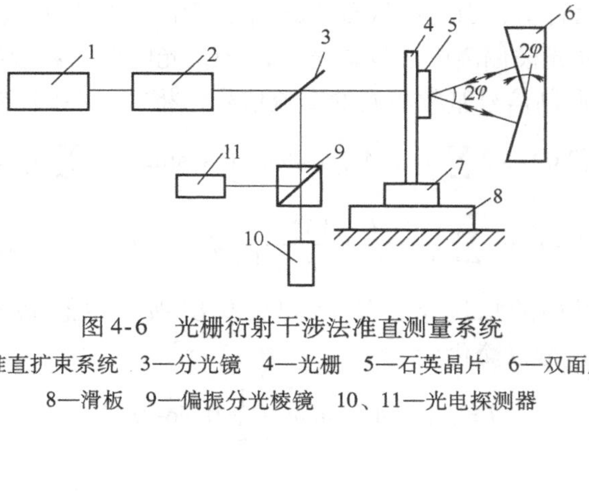

图 4-6　光栅衍射干涉法准直测量系统

1—激光器　2—准直扩束系统　3—分光镜　4—光栅　5—石英晶片　6—双面反射镜　7—托板　8—滑板　9—偏振分光棱镜　10、11—光电探测器

4.1.3 偏振测量法

偏振测量法使用两个楔角相同、分别为左旋和右旋石英组成的石英旋光光楔，当激光光束从光楔正中央穿过时，由于左旋和右旋石英的厚度相同，激光光束的偏振方向不会改变。当石英旋光光楔的产生线位移时，激光光束的偏振法向产生变化，从而实现直线度误差的测量。旋光准直光学系统如图4-7所示。激光器1发出的光束经起偏器2后经法拉第旋光器3是激光的偏振方向发生旋转，出射光束的偏振方向的变化为

$$\theta = VLC_0\sin\omega t = M\sin\omega t \tag{4-3}$$

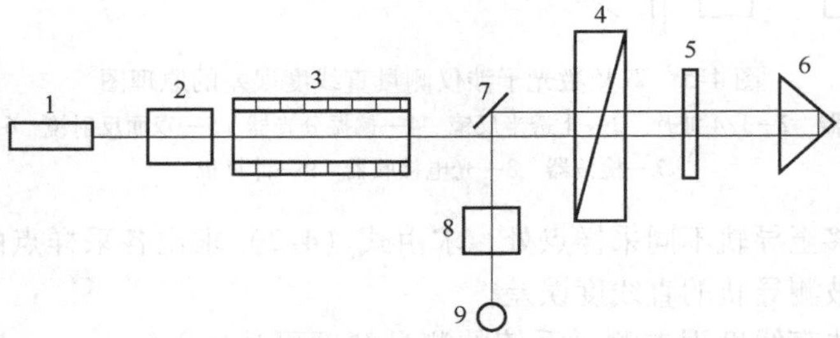

图4-7 旋光准直光学系统

1—激光器 2—起偏器 3—法拉第旋光器 4—石英旋光光楔 5—1/4波片 6—角锥反射镜 7—反射镜 8—检偏器 9—光电探测器

式中，V为法拉第旋光器的磁光材料常量，L为偏转器的长度，C_0为与线圈结构和所加电压相关的常数，ω为调制频率，$M = VLC_0$称为调制度。经法拉第旋光器的激光束经过石英旋光光楔4，如果石英旋光光楔在纸面内产生了垂直于光轴方向的位移，出射光的偏振方向会发生变化，偏振方向的变化角度为

$$\varphi = 4A\Delta Y\tan\delta \tag{4-4}$$

式中，A为石英旋光光楔的旋光系数，δ为石英光楔的楔角，ΔY为直线度误差引起的横向位移。激光光束经1/4波片和角锥反射镜后原路返回，经反射镜7和检偏器8后被光电探测器接收，其中起偏器2和检偏器8正交放置，因此光电探测器接收到的激光光束的光强为

$$I = I_0\sin^2(M\sin\omega t + \varphi) \tag{4-5}$$

从式（4-5）中可以看出，当光束从石英旋光光楔中心通过时，$\varphi = 0$，光电探测器输出的光强为0。当石英旋光光楔偏离中心位置时，$\varphi \neq 0$，光电探测器输出光强将是一个在直流分量上叠加一个频率与调制信号基频相同的交流信号，将式（4-5）展开，得

$$I = \frac{1}{2}I_0\left\{1 - \cos2\varphi\left[J_0(2M) + 2\sum_{n=1}^{\infty}J_{2n}(2M)\cos2n\omega t\right] + \sin2\varphi\left[2\sum_{n=1}^{\infty}J_{2n-1}(2M)\sin(2n-1)\omega t\right]\right\}$$

$$J_n(2M) = \sum_{k=0}^{\infty}\frac{(-1)^k}{k!\Gamma(n+K+1)}M^{n+2k} \quad k = 0,1,2,\cdots \tag{4-6}$$

在偏振方向变化角φ很小的情况下，M^3项和更高次项可以忽略不计，并取$\cos2\varphi = 1$，$\sin2\varphi = 2\varphi$，则式（4-6）可以简化为

$$I = I_0\left(2GM\varphi\sin\omega t - \frac{1}{2}M^2\cos2\omega t\right) \tag{4-7}$$

式中，G 为基频信号和二倍频信号的增益比。令

$$U = I_0 2GM\varphi$$

$$V = \frac{1}{2}M^2 I_0$$

则式（4-7）可以写为

$$I = U\sin\omega t - V\cos 2\omega t \tag{4-8}$$

因此在一个基频周期内式（4-8）有四个极值点，分别在 ωt 取值为 $2n\pi + \frac{\pi}{2}$、$(2n+1)\pi + \arcsin\left(\frac{G\varphi}{M}\right)$、$2n\pi + \frac{3\pi}{2}$、$(2n+1)\pi - \arcsin\left(\frac{G\varphi}{M}\right)$ 时得到。测量得到 ωt 取值为 $2n\pi + \frac{\pi}{2}$ 和 $2n\pi + \frac{3\pi}{2}$ 时，激光光束的光强峰值为 I_1 和 I_3，则

$$\varphi = \frac{M}{4G}\frac{I_1 - I_3}{I_1 + I_3} \tag{4-9}$$

利用输出信号的峰值可以计算得到偏振方向的变化角度 φ，从而得到直线度误差横向位移 ΔY 的测量结果。

4.2　激光准直仪的组成

激光准直仪最基本的组成部分有：产生基准光束的激光器、光束准直扩束系统和光电探测及处理电路三部分。

4.2.1　激光器

激光准直仪大多采用单模（TEM_{00}）输出的He-Ne激光器，其功率约为1~5mW（根据准直距离而定），波长为0.6328μm。对这种激光器的要求，主要是光束方向的漂移要尽可能小。光束方向漂移的大小取决于组成谐振腔的两块反射镜的稳定性。由于谐振腔反射镜支架的变形、激光器的发热（一般可达60~70℃）以及周围环境温度的变化引起激光器毛细管弯曲或谐振腔变形，都可能引起光束方向的漂移。普通的He-Ne激光器，光束方向稳定性大约为10^{-4}~10^{-6}rad。性能良好的外腔式激光器，光束方向稳定性为2.5×10^{-7}rad，这样的激光器对于1m长的测量光程，其光束漂移量大约为0.1μm至数微米。减小激光器输出光束的漂移，可以采取热稳定装置、光束补偿装置、在激光管周围对称地放置自动温控加热器等措施。

因为半导体激光器具有体积小、重量轻、寿命长的特点，可以减小激光准直测量系统的体积，如图4-8所示为基于半导体激光单模光纤组件的激光准直仪测量原理示意图。半导体激光器发出的光进入到单模光纤中，在单模光纤的出射端形成准直测量光线。激光束经过准直透镜后投射到角锥棱镜上返回，由光电探测器接收，由于直线度误差使活动头产生位移时，光电探测器接收到的光线位置会产生相应的移动，实现准直测量。

根据波导原理，单模光纤输出的光斑能量分布只与光纤结构有关，而与入射光强分布无关，而且光纤连接部分将激光器与出射端分离，减小了由于激光器内部热变形引起的光束漂

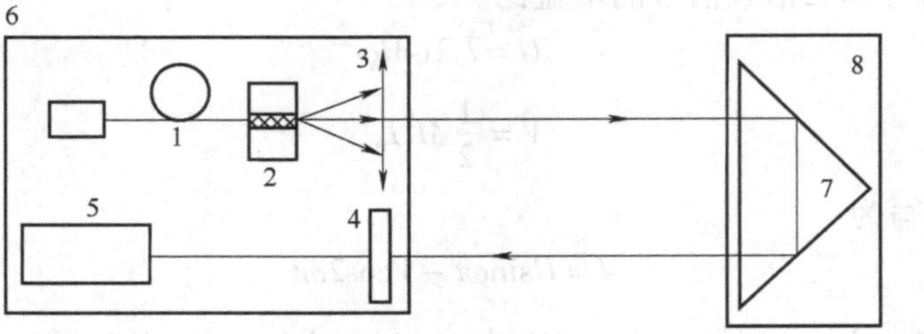

图 4-8　基于半导体激光单模光纤组件的激光准直仪测量原理示意图

1—半导体激光光纤组件　2—光纤固定器　3—准直透镜　4—光电探测器

5—信号处理器　6—测量头　7—角锥棱镜　8—活动头

移。因此利用一体化的半导体激光单模光纤组件可以提高出射光线的空间和时间稳定性，使得准直光束具有光斑质量好、光线漂移小的特点。

4.2.2　光束准直扩束系统

激光束的方向性好，也就是光线的发散角小，是因为从其谐振腔发出的只能是经反射镜多次反射后无法显著偏离谐振腔轴线的光波。由于出射孔径上存在衍射现象，激光束也不能构成发散角为零的理想平行光束。由高斯光束的特性可知，光束的发散角可表示为

$$2\theta = 2\lambda/\pi R \tag{4-10}$$

式中，λ 是波长，R 是激光强度下降到中心值的 $1/e^2$ 时的光斑半径。

为了进一步改善光束的方向性，需要增加一定的光学系统。在激光准直仪中，将望远镜倒置过来使用，即将光束从望远镜的目镜 L_2 中入射，从物镜 L_1 中射出，这样就可以把光束的发散角缩小。由图 4-9 的望远镜光路可知

$$\frac{f_1}{f_2} = \frac{\theta_2}{\theta_1} = \beta \tag{4-11}$$

式中，β 为望远镜的角放大率；f_1、f_2 分别为物镜和目镜的焦距。例如望远镜的角放大率 β 是 10，则原来发散角为 1mrad 的激光束，经过望远镜后发散角将缩小为 0.1mrad，而光束孔径也增大 10 倍。

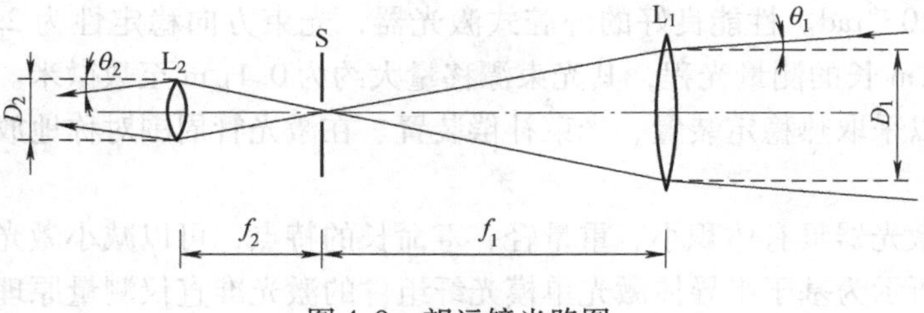

图 4-9　望远镜光路图

在激光准直仪中经常采用的光学系统有以下几种。

1. 开普勒倒置望远镜系统

这种类型的望远镜系统如图 4-10 所示，可以在视场光阑位置上（也就是物镜的像方焦点和目镜的物方焦点的重合点上）加一个空间滤波器（小孔光阑）S 消除杂散光，改善准

直光束的质量。光阑的直径在 8 ~ 10μm。当加上空间滤波器以后，输出光束的能量分布将有很大改善。干涉环和斑点基本消失，使光束截面的近场分布和远场分布一致，使截面的能量中心不随距离而变化，可以提高仪器精度。

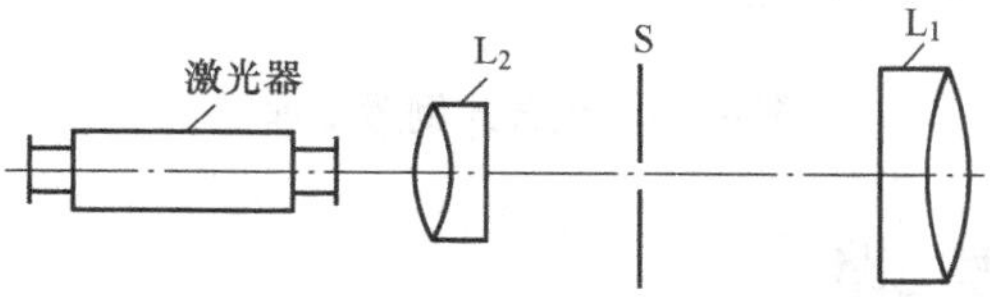

图 4-10 开普勒倒置望远镜

这种形式的望远镜镜筒较长，为了适应某些使用上的要求，需要尽量缩短镜筒时，物镜组可以改用内调焦形式。图 4-11 为内焦形式的倒置望远镜系统。增加调焦镜 L_3 在一定程度上增加反射杂散光和光能吸收，但它有镜筒短、体积小的优点。

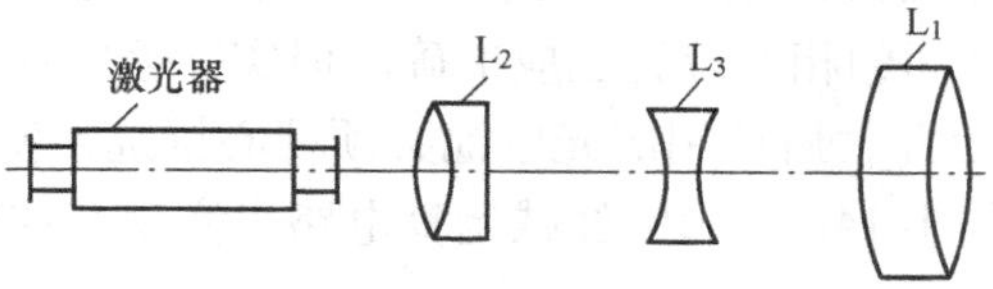

图 4-11 开普勒内焦倒置望远镜

2. 伽利略倒置望远镜

图 4-12 是伽利略倒置望远镜。物镜 L_1 的像方焦点和目镜 L_2 的物方焦点重合在镜组一侧。由于目镜是负目镜发散系统，焦点是虚点，因此不能加小孔光阑。物镜筒可以缩短。为了消除杂散光，可以将负目镜倾斜一小角度，使得杂散光和多次反射光以更大角度离轴而射向镜筒。而通过物镜射向探测器的只是有用的准直光束，这样可以提高稳定性和光束几何中心的直线性。

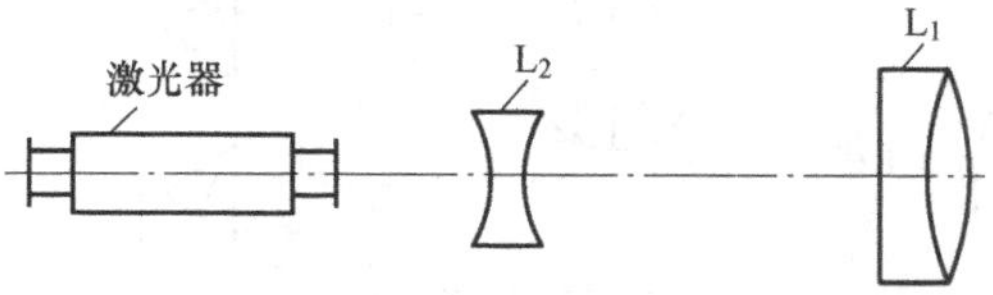

图 4-12 伽利略倒置望远镜

3. 组合式倒置望远镜

望远镜仍为伽利略形式，只不过其负目镜的一个镜面构成激光器谐振腔的反射面。当激光束从输出反射镜射出时，除透过的光束以外还有一部分反射光束，此反射光束在反射镜内部多次反射后输出。因此，在输出光束中将掺杂着二次反射输出或多次反射输出光。这种二次以上的反射输出光和直接输出光线之间的位相差将会导致产生极有害的干涉现象和亮度分布不均的干扰。而且这种往返反射的光束，部分将射回到光学谐振腔，将破坏激光器的稳定性。

为消除谐振腔输出造成的不良影响，可将伽利略望远镜的一个镜面作为谐振腔的反射面。如图 4-13 所示。这样可以减少这些有害的掺杂光，使光束亮度分布均匀和稳定。

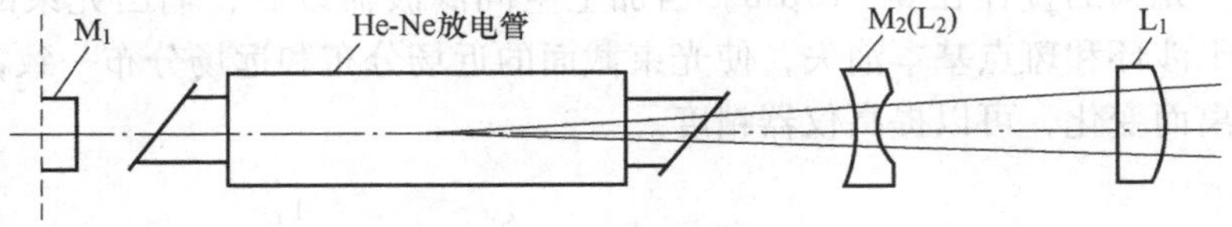

图 4-13　组合式倒置望远镜

4.2.3　光电探测及处理电路

在激光准直技术中广泛应用四象限光电池、位置敏感探测器（Position Sensitive Detector，PSD）和电荷耦合器件（Charge-Coupled Device，CCD）来探测光束的中心位置。

1. 四象限光电池

四象限光电池一般由四个扇形的硅光电池组成，也有的是一片整个的硅光电池，正交切开 N 或 P 层形成具有公共基底的四象限，如图 4-14a 所示。四象限探测器中每片硅光电池的转换效率应该一致，它们之间的相对位置也应准确。但实际上两片光电池的转换效率往往相差很远，有的可差 20%。因此，所使用的光电池必须精心挑选，使每组的转化效率一致。

处理电路一般采用如图 4-14b 所示的加减运算电路来实现，这时，水平和垂直方向的输出电压 U_x，U_y

$$
\begin{aligned}
U_x &= (U_1 + U_4) - (U_2 + U_3) \\
U_y &= (U_1 + U_2) - (U_3 + U_4)
\end{aligned}
\tag{4-12}
$$

式中，U_1，U_2，U_3，U_4分别为光电池四个电极的输出电压。为避免激光束的输出功率变化和大气传输引起的衰减，可附加一个除法电路（用 U_1、U_2、U_3、U_4的总和除 U_x、U_y）。

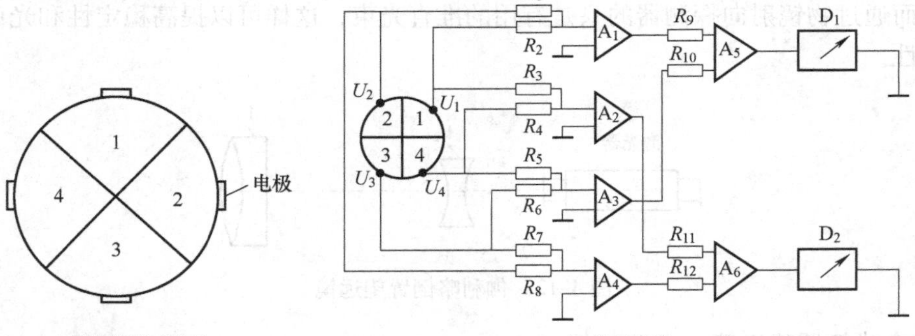

a) 四象限硅光电池　　　　b) 处理电路

图 4-14　四象限硅光电池及处理电路

2. 位置敏感探测器（PSD）

位置敏感探测器（PSD）是一种具有特殊结构的大光敏面的光电二极管，又称为 PN 结光电传感器。PSD 与象限位置探测器和 CCD 不同，它有一个完整的光敏面，通过不同电极之间的电流输出，能连续给出入射光点中心在光敏面上的位置。

（1）一维 PSD

图 4-15 是一维 PSD 原理图。在高阻半导体硅的两面形成均匀的电阻层，即 P 型和 N 型

半导体层，并在电阻层的两端制作电极引出电信号，图4-15中C点决定了AC段和BC段电阻的比例。当有光照无外加偏压时，面电极A，B与衬底电极D相当于短路，可检测出短路电流。设AC段电阻值为R_1，BC段电阻值为R_2，R为R_1和R_2的并联值。光电流I_0分经R_1和R_2并由A和B电极流出，其值分别为

$$I_1 = I_0R/R_1, \qquad I_2 = I_0R/R_2 \tag{4-13}$$

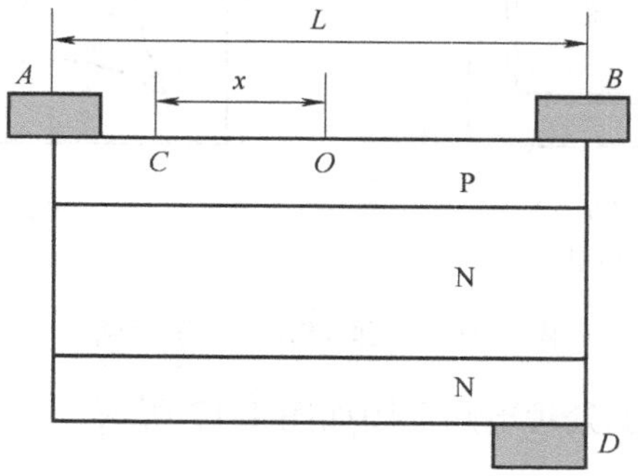

图4-15 一维PSD原理图

假设PSD光敏面的表面电阻层具有理想的均匀特性，则表面电阻层的阻值和长度成正比。设入射光点能量中心C相对于PSD中心O位置的坐标为x，则有

$$I_1/I_0 = R/R_1 = L\Big/\left(\frac{L}{2}+x\right), \qquad I_2/I_0 = R/R_2 = L\Big/\left(\frac{L}{2}-x\right) \tag{4-14}$$

经运算可得

$$x = \frac{L}{2}\frac{I_1 - I_2}{I_1 + I_2} \tag{4-15}$$

式中，$I_1 - I_2$和$I_1 + I_2$的比值线性地表达了其与光点位置的关系。这个比值与入射光强和光斑大小无关，只取决于器件的结构及入射光点能量中心的位置，从而克服了光点强度（波长或调制频率）变化对检测结果的影响。

（2）二维PSD

二维PSD有一般型和改进型两种。它们都共有5个电极，有一个为加反偏电压的公共极，另外4个为x方向和y方向的电流输出电极。一般型PSD暗电流小，但位置输出非线性误差大。改进型采用弧形电极，信号在对角线上引出，这样不仅可以减小位置输出的非线性误差，同时暗电流小，加反偏电压容易。

二维PSD的电流输出与入射光点位置关系如图4-16所示。光敏面的几何中心O为坐标原点，当光点入射到PSD敏感面上任意位置时，在x和y方向的4个电极上，各有一个电流信号I_{x1}、I_{x2}、I_{y1}、I_{y2}输出。

图4-16a为一般型，在x和y方向上的二维坐标为

$$x = \frac{L}{2}\frac{I_{x1} - I_{x2}}{I_{x1} + I_{x2}}, \qquad y = \frac{L}{2}\frac{I_{y1} - I_{y2}}{I_{y1} + I_{y2}} \tag{4-16}$$

图4-16b为改进型，在x和y方向上的二维坐标为

$$x = \frac{L}{2}\frac{(I_{x2}+I_{y1}) - (I_{x1}+I_{y2})}{I_{x1}+I_{x2}+I_{y1}+I_{y2}}, \qquad y = \frac{L}{2}\frac{(I_{x2}+I_{y2}) - (I_{x1}+I_{y1})}{I_{x1}+I_{x2}+I_{y1}+I_{y2}} \tag{4-17}$$

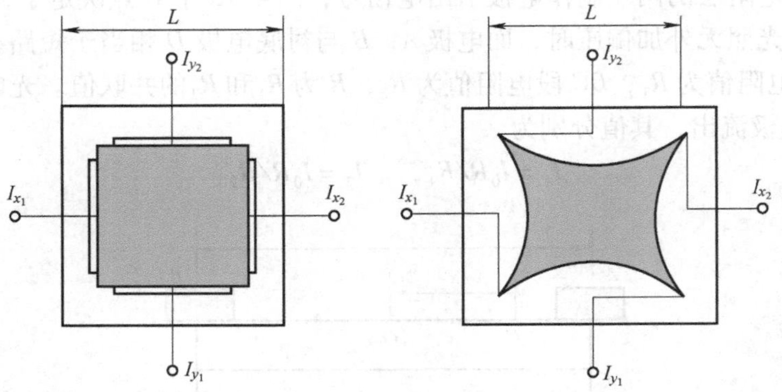

图 4-16　二维 PSD 结构示意图

二维 PSD 输出电流的典型处理电路框图如图 4-17 所示。

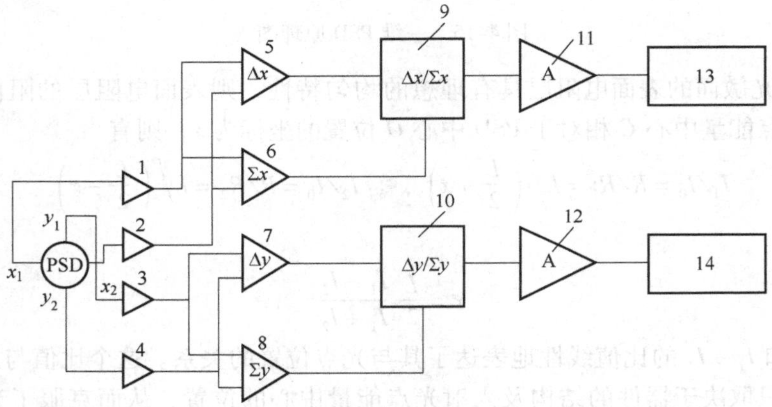

图 4-17　二维 PSD 输出电流的典型处理电路框图

1～4—前置放大器　5、7—减法器　6、8—加法器　9、10—除法器　11、12—放大器　13、14—显示器

3. 电荷耦合器件（CCD）

电荷耦合器件（CCD）能够将光信号转换为电信号，并具有体积小、重量轻、空间分辨率高的特点，现在广泛应用于图像传感领域。激光光斑照射到 CCD 表面，形成光斑图像，由于激光光斑亮度呈高斯分布的特点，通常使用灰度质心法对光斑中心图像坐标进行计算，达到亚像素的图像处理精度。灰度质心法的基本算法定义为

$$x_c = \frac{\sum_{i=1}^{N} x_i I_i}{\sum_{i=1}^{N} I_i}, y_c = \frac{\sum_{i=1}^{N} y_i I_i}{\sum_{i=1}^{N} I_i} \tag{4-18}$$

式中，x_i 和 y_i 为像素坐标，I_i 为像素灰度，N 为有效区域内的像素数。灰度质心法计算简单，对于激光光点中心的计算结果具有很好的处理精度。但是灰度质心法处理过程中对有效区域的划分要求较高，因此需要根据测量环境和激光点亮度选择合适的阈值实现激光点区域的准确划分。

4.2.4 激光束漂移补偿

激光束漂移主要是由激光器本身的不稳定性和大气扰动造成的，高精度的测量必须设法减小或补偿漂移。

1. 棱镜组补偿法

激光准直仪大都采用激光束的能量中心作为测量基准，采用复合棱镜组可实现对光束能量中心漂移的补偿。复合棱镜组补偿法的结构如图4-18a所示，其中胶合面V为分光膜。当一束无漂移的光从图4-18a中的O点入射到补偿器后，出射光是由两束能量相等且空间完全对称的光束合成的，如图4-18b光束1。当入射光束有平漂移或角漂移，即入射光从O点漂移到A点时，经复合棱镜组后被分为对称于O'的两束光，如图4-18a中A'和A''点。它们相对于O'点的偏离方向相反，如图4-18b中在不同位置时的光束2和光束3，两束光合成以后的能量中心仍然保持不变，和漂移前光束1的能量中心一致。这样，对称中心的连线便在空间建立了一条稳定的基准线。

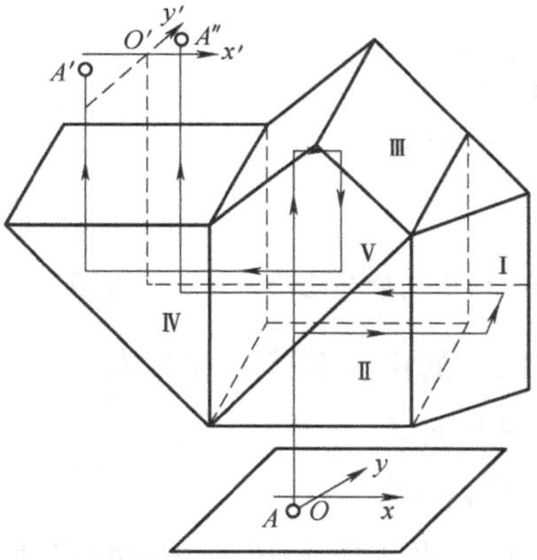

a) 复合棱镜结构

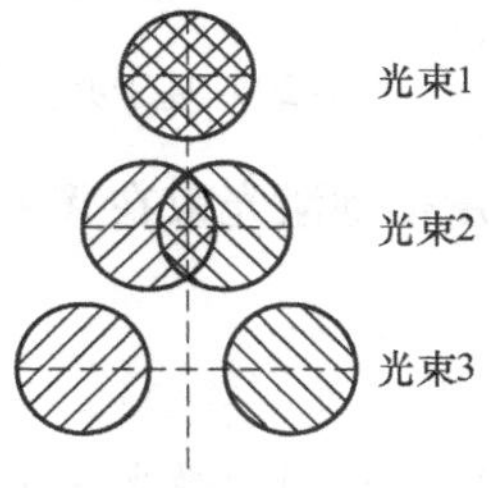

b) 漂移前后的光束

图4-18 用复合棱镜补偿漂移的原理图

利用棱镜组还可以组成分光系统实现激光束漂移的双光束补偿方法，如图4-19所示。经准直扩束之后的激光束通过直角棱镜后，在镀有半透半反膜的五角棱镜表面被分成两束，一束进入五角棱镜内，经五角棱镜内表面反射后出射形成光束1。令一束经平面镜和直角棱镜反射后，进入半五角棱镜内，经其内表面反射后出射形成光束2。通过调整五角棱镜和反射镜的位姿，使光束1和光束2平行输出，并分别由光电探测器接收。当入射光存在漂移时，光束1和光束2因为反射次数不同其漂移方向呈对称分布，它们之间的对称中心线保持不变，从而实现漂移的补偿作用。

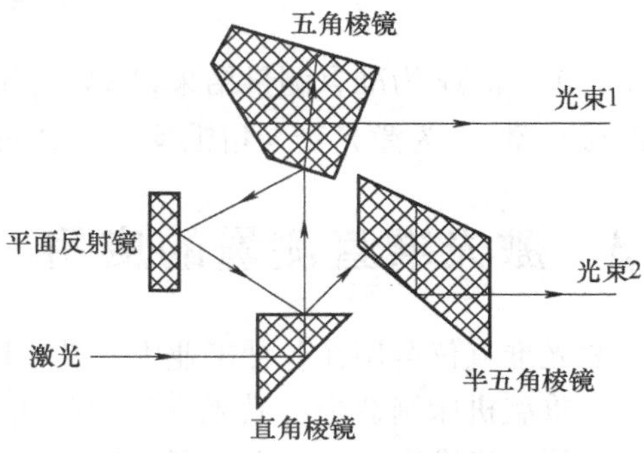

图4-19 双光束补偿原理图

2. 漂移测量补偿

利用光路分光的方法，将激光光束分为准直测量光束和漂移测量光束，利用漂移测量光束将激光束的漂移量测量出来，对准直测量结果进行补偿。基于共路光束的漂移量测量补偿测量装置原理图4-20所示。激光器发出的光束经角锥反射镜反射后，经半透半反镜后分成两束，其中一束投射后被 PSD_1 接收用于准直测量，一束反射后经反射镜和聚焦透镜被 PSD_2 接收，用于漂移量的测量对准直测量结果进行补偿。被其中光线1是无光束漂移且角锥反射镜无移动量时的情况，光线2是存在光束漂移时的情况，光线3是存在光束漂移时角锥反射镜移动时的情况。

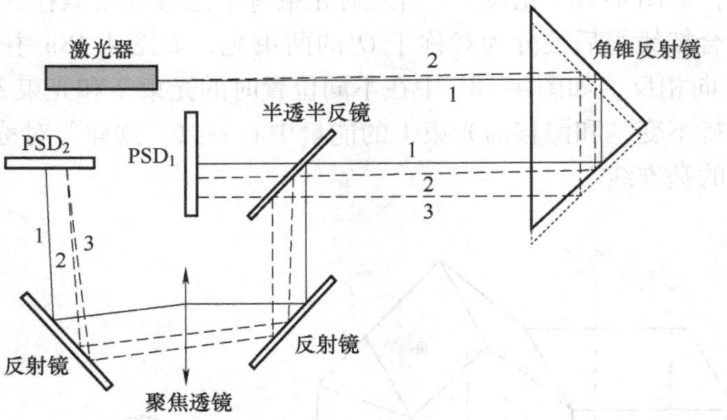

图4-20　基于共路光束的漂移量测量补偿测量装置原理图

利用 PSD_2 测量得到激光束在 X 和 Y 方向上的角度偏移 α 和 β 为

$$\begin{aligned}\alpha &= \Delta X_{PSD_2}/f \\ \beta &= \Delta Y_{PSD_2}/f\end{aligned} \tag{4-19}$$

式中，ΔX_{PSD_2} 和 ΔY_{PSD_2} 分别为激光光斑在 PSD_2 上沿 X 方向和 Y 方向的移动量，f 为聚焦透镜的焦距。将激光束的漂移量代入到准直测量结果中进行补偿，则

$$\begin{aligned}\Delta x &= \frac{1}{2}\Delta X_{PSD_1} \pm \alpha l \\ \Delta y &= \frac{1}{2}\Delta Y_{PSD_1} \pm \beta l\end{aligned} \tag{4-20}$$

式中，Δx 和 Δy 为准直测量结果，ΔX_{PSD_1} 和 ΔY_{PSD_1} 分别为激光光斑在 PSD_1 上沿 X 方向和 Y 方向的移动量，l 为激光器与角锥反射镜之间的距离。

4.3　激光准直测量的应用

激光准直仪可用在各种工业中，其中以大型机床、飞机及轮船等制造工业的应用最为典型。在重型机床制造中，激光准直仪的用途很多，如机床导轨直线度和各种轴系同轴度检测，采用激光准直仪不但提高了工作效率，同时能直接测出各点沿垂直和水平方向的偏差，提高测量精度。另外，对机床工作台的运动误差也可进行测量，将光电探测器的输出信号输入记录仪或计算机，其记录结果便是工作台运动误差的连续曲线。

4.3.1 直线度的测量

图4-21是激光准直仪测量机床导轨直线度的示意图。将激光准直仪固定在机床身上或放在机床体外，在滑动工作台上固定光电探测靶标，光电探测器件可选用四象限光电池或PSD。测量时首先将激光准直仪发出的光束调到与被测机床导轨大致平行，再将光电靶标对准光束。滑动工作台沿机床导轨运动，光电探测器输出信号经放大、运算处理后，输入记录器记录直线度曲线。也可以对机床导轨进行分段测量，读出每个点相对于激光束的偏差值。

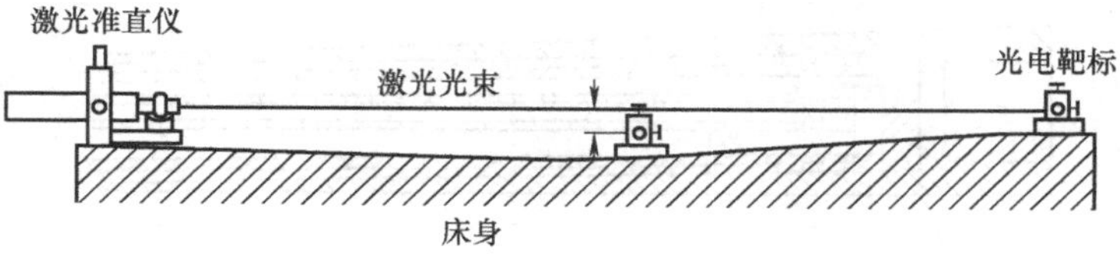

图4-21 激光准直仪测量机床导轨直线度的示意图

4.3.2 同轴度的测量

大型柴油机轴承孔的同轴度，以及轮船轴系同轴度等的测量均可用激光准直仪和定心靶来进行，其测量原理如图4-22所示。在轴承座1两端的轴承孔中各置一定心靶标2，并调整激光准直仪3使其光束通过两定心靶标的中心，即建立了直线度基准。再将测量靶（与定心靶标2同）依次放入各轴承孔，测量靶中心相对于激光束基准的偏移值。

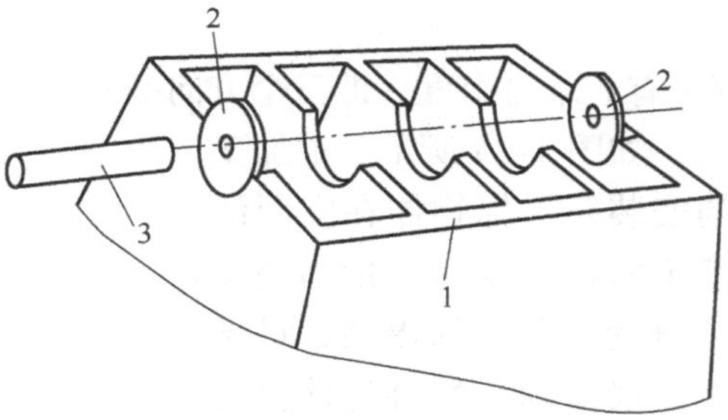

图4-22 激光准直仪测量同轴度原理图
1—轴承座 2—定心靶标 3—激光准直仪

4.3.3 用激光准直仪制导镗内孔

用激光准直仪制导镗125mm的炮筒内孔如图4-23所示。炮筒锻件1装在镗孔车床上，将镗杆2移向旋转的炮筒，镗杆的结构如图4-24所示。激光器3发出的激光束通过通孔与车床的旋转中心形成一直线，光电探测器装在镗头上，当镗头偏离中心时，探测器输出的误差信号驱动一个液压伺服阀，该阀控制两个推力台使镗头回到中心位置，使镗杆在前进过程中保持一直线。

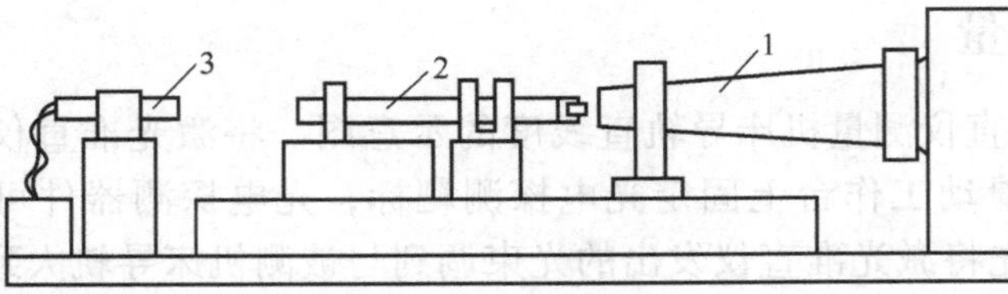

图 4-23　激光准直仪制导镗内孔的原理图

1—炮筒锻件　2—镗杆　3—激光器

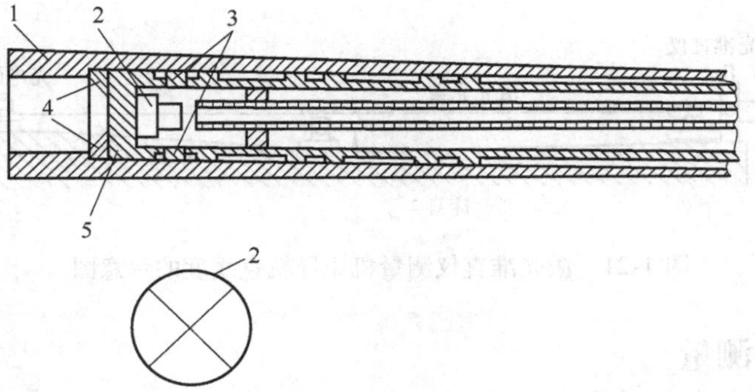

图 4-24　镗杆的结构图

1—炮筒　2—中心探测器　3—推力杆　4—镗口　5—镗杆

4.4　激光多自由度测量

任何一个物体在空间都具有 6 个自由度，即三个方向的平动（ΔX、ΔY、ΔZ）和绕三个方向轴的转动（θ_X、θ_Y、θ_Z），如图 4-25 所示。被加工工件的定位、精密零部件的安装及目标物体在空间的运动位置和姿态，都需要多至六自由度的测量和调整或控制。由于生产加工技术自动化程度的提高、科学模拟实验过程中的环境限制、误差溯源的科学性及实验过程的高效性等要求，对多自由度的探测提出了更高要求，都希望能同时探测工件、零部件或目标物体在空间的多个自由度。

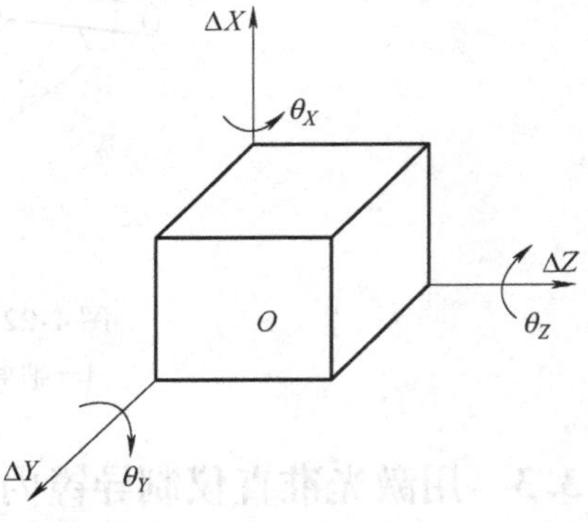

图 4-25　空间物体的六自由度

飞机部件装配过程中，需要对飞机的各个零部件在空间六自由度进行准确定位。机器人的手臂在抓取和放置物体时，其手臂的姿态和位置也涉及六自由度的测量与控制。航天器对接的过程中需要控制两个航天器之间的相对位置和姿态，因此就需要对两个航天器之间进行六自由度测量，测量数据作为控制依据。风洞应变天平是飞行器模型在风洞中进行模拟试验，感受各向力和力矩的装置，根据天平的变形，就可以测知各向力和力矩的大小。但在模拟试验前，需要标定天平载荷和变形的关系，设计天平自动校验台，而多自由度的测量和自动调整便是其中的一部分。

机床是通过导轨和工作台来改变工件相对于切削刀具的相对位置。同一般物体一样，工作台也具有6个自由度，但常常只允许它们沿某一自由度运动，而不允许在其他5个自由度存在运动。由于机床导轨运动副都具有3个回转自由度或称为角运动——俯仰、偏摆及滚转，同时沿3个坐标轴还具有3个平动。当工作台在导轨上运动时，往往也就存在多维误差。图4-26所示为一个典型的仅在Z方向运动的机床滑动架和它的五维几何误差，包括两个线位移误差ΔX、ΔY和3个角位移误差：θ_X、θ_Y、θ_Z，其中线位移误差与机床几何误差呈线性关系，对机床加工性能的影响是很明显的。

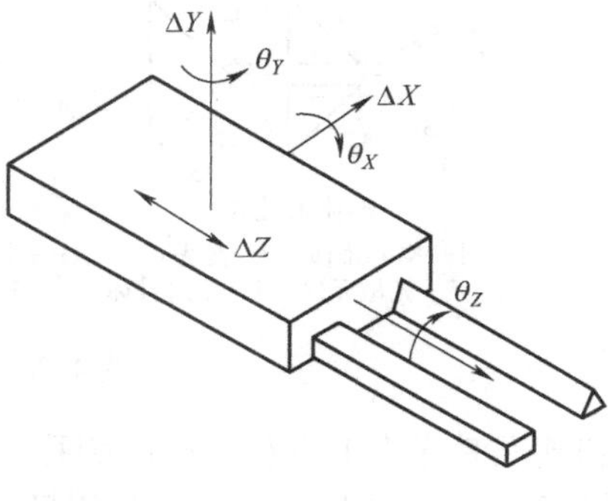

图4-26 机床工作台的多维几何误差

4.4.1 两自由度测量

激光准直仪可以同时测定两个自由度的位置偏差，它可分为平面型和反射型两种结构，其敏感元件常采用光电池和光敏电阻。

平面型光电池传感器结构原理如图4-27a所示，在激光束照射下，四块光电池1、2、3、4分别产生电压U_1、U_2、U_3和U_4，当靶标中心偏离基准激光束中心ΔY时，U_1和U_3的差与ΔY成比例，即$U_1-U_3=K\Delta Y$，K是敏感系统。

反射型光敏电阻传感器的结构原理如图4-27b所示，光敏电阻R_1和R_2分别为电桥的两臂。当反射锥中心与基准激光束中心重合时，R_1和R_2平衡，电桥输出$U_c=0$。当反射锥中心偏离基准激光束中心ΔY时，R_1和R_2接收的反射光强不等，阻值变化，电桥输出$U_c=K\Delta Y$。

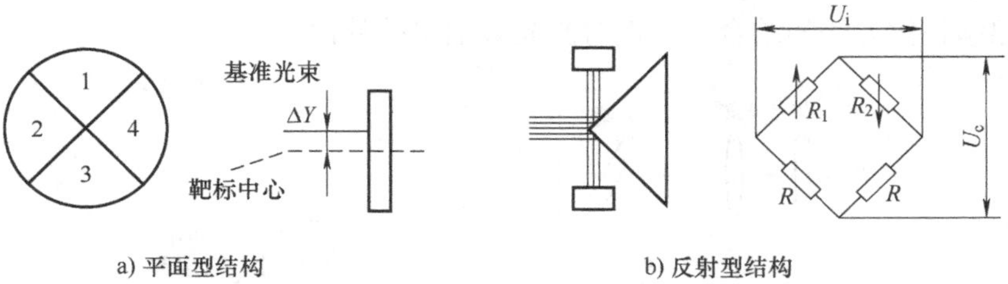

图4-27 两自由度测量的典型结构

4.4.2 四自由度测量

四自由度光电传感器方案很多，一般都是在光路中加分光元件进行分光，利用每一束光所带的位移信息，采用和激光准直仪相同的光电元件接收，来测量各自由度。

图4-28所示为测量四自由度的几种典型结构。中心孔式如图4-28a所示，空心锥体1中央有一直径小于激光束直径的中心孔。中心孔外的激光束2通过空心锥面反射到光敏元件3上，产生X和Y方向电信号。穿过中心孔的激光束，射向反射锥体4经反射后被光敏元件5接收产生θ_x、θ_y电信号。分光式如图4-28b所示，半反半透镜1将基准激光束2分为两束，其中透射光束被光敏元件3接收，产生X、Y方向的电信号，反射光束经反射镜4反射后被光敏元件3接收，产生θ_x、θ_y的电信号。反射式如图4-28c所示，一光敏元件2中央开有直

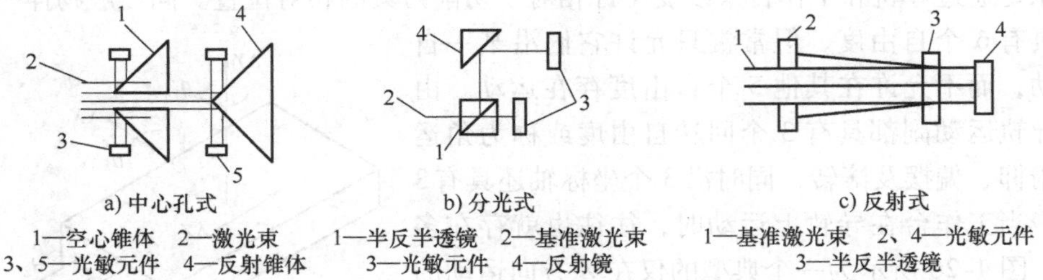

图 4-28 四自由度测量系统的典型结构

径和基准激光束 1 直径相同的圆孔，激光通过圆孔后被半反半透镜 3 分为两束，一束反射到光敏元件 2 上产生 θ_x、θ_y 的电信号。透过的另一束被光敏元件 4 接收产生 X、Y 方向的电信号。

图 4-29 所示使用聚焦透镜进行角度测量的四自由度测量系统，系统分为固定部分和移动部分，固定部分中包括激光器、分光镜、反射镜、聚焦透镜和两个 PSD，移动部分中包括半反半透镜和角锥反射镜。测量过程中，激光器发出一束准直光束经移动部分的半反半透镜后分为两束，一束透射光经角锥反射镜反射后照射到 PSD_1 上，产生 X 和 Y 方向的测量信号。一束反射光经分光镜和反射镜反射后，经聚焦透镜投射到 PSD_2 上，移动部分沿导轨运动时，三个方向的位移及横滚角对半反半透镜的法线方向没有影响，只对 θ_x、θ_y 的变化会产生像点在探测器上的移动，即

$$\theta_x = \Delta x/2f$$
$$\theta_y = \Delta y/2f \tag{4-21}$$

式中，Δx 和 Δy 为像点在 PSD_1 上的偏移量，f 为聚焦透镜的焦距。该方法可以和图 4-20 所示的激光束漂移补偿方法相结合，实现对激光束偏移的补偿。

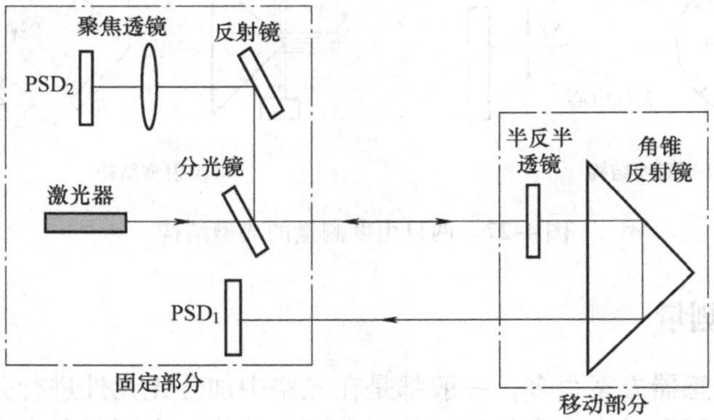

图 4-29 四自由度测量系统示意图

4.4.3 五自由度和六自由度测量

五自由度和六自由度的测量，目前主要有两种方式。一种是光学分光法，将单一激光束分为多束作为测量基准，采用多个光电接收器（如四象限光电池或二维 PSD）来接收以产

生各个自由度的电信号；另一种是视觉图像法，采用CCD作为接收器件，对一特定制作的置于被测物体上的模型进扫描，以获得模型上特征点的视觉信号，经过一定算法而获得被测物体各个自由度的信息。

1. 光学分光法

测量机床五自由度偏差的光学分光测量系统如图4-30所示，该系统分为可动部分和固定部分。其中可动部分包括三个平面反射镜1、2和3，一个角锥反射棱镜4，可动部分放置于机床的工作台上随其在导轨上移动。固定部分由激光器8、两个分光镜6、平面反射镜5和PSD 7、PSD 9组成，放置在机床的床身上，提供自由度测量的基准。角锥棱镜具有对光束方向（小角度内）不敏感的特性，因此从角锥反射棱镜4反射回的光束被PSD接收，所得到的激光点位置信息可以反映水平和垂直两个方向上的直线度误差。平面反射镜仅对光束的偏摆和俯仰敏感，因此从平面反射镜1反射回来的光束被PSD接收，所得的激光点位置信息反映俯仰角和方位角的误差。激光束经平面反射镜5、2、3反射后被PSD 9接收，所得到的激光点位置信息可以计算出横滚角的误差。

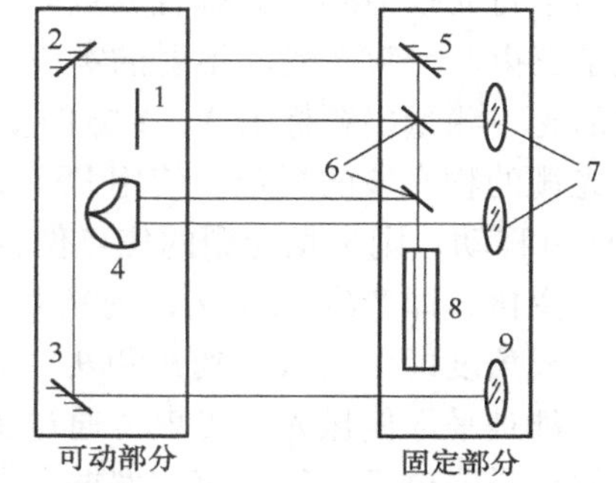

图4-30 机床五自由度偏差光学分光测量系统

1、2、3、5—平面反射镜 4—角锥反射棱镜 6—分光镜 7、9—PSD 8—激光器

使用单光束作为测量基准并使用激光干涉法还可以实现六自由度的测量，如图4-31所示。激光器发出的准直光束经分光镜后分为两束，其中反射光束经角锥棱镜后返回构成激光干涉系统实现Z方向移动量的测量，透射光束照射到PSD_1上实现X和Y方向移动量的测量。角锥棱镜的反射光经分光镜透射后将反射镜反射，最后经过聚焦透镜聚焦投射到PSD_2上，实现方位角θ_x和俯仰角θ_y的测量。利用格兰汤普森偏振片和格兰汤普森偏振分光棱镜实现横滚角的测量，当横滚角发生变化时，入射的偏振面随之变化，经格兰汤普森偏振分光棱镜得到的o光和e光的光强也随之变化，使用两个光电探测器分别探测这两个方向上的光强，实现横滚角的测量，相对于其他五个自由度，横滚角的测量精度略低。

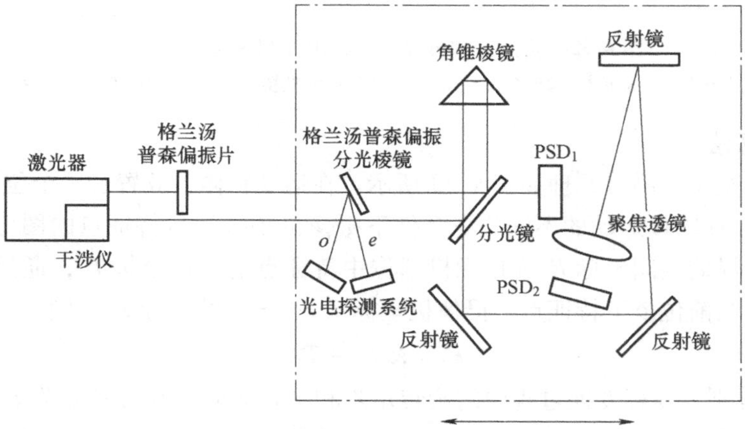

图4-31 激光六自由度测量系统

利用全息光栅的分光特性，在激光准直光束中加入一个全息光栅，可进行五自由度（ΔX, ΔY, θ_x，θ_y，θ_z）的测量。全息光栅实际上是一张全息照片，激光器发出的光束经过分光后形成具有平面波前的参考光束和具有球面波前的物光光束，两束光束在全息干板上产生干涉，形成干涉条纹，这个干涉条纹在全息底片上定影后形成全息光栅。

全息光栅分光五自由度测量系统如图4-32所示，He-Ne激光器1发出的光经准直扩束后成为平行光投射到与其垂直放置的全息光栅2上。平行光束通过全息光栅上的干涉条纹后分成了三束。光束2是非衍射的零级光束，它是入射光束的延续部分。用二维PSD 4接收光束2的光，测量出靶标沿X、Y方向上的位移ΔX和ΔY。光束1是会聚的一级光束，是形成全息光栅的物光波的再现。使用PSD 5放置在会聚光束1的焦点上，如果靶标只沿X方向和Y方向有移动，则全息光栅的焦点位置不会变化。如果靶标在水平和垂直方向上有偏摆和俯仰角度变化，即产生θ_x和θ_y，则光束1的焦点沿着PSD表面移动，将PSD输出的位置移动量转换成角度即可测量得到θ_x和θ_y。光束3是发散的一级光束，它和激光器具有相同的偏振特性，都是平面偏振光。光束3通过沃拉斯顿棱镜3后分为寻常光束o和非常光束e，这两束光的光强取决于入射光束的偏振方向。当靶标沿入射光转动时，入射偏振面也随之有相对转动，因而一束光强增加而另一束光强减少。用两个光电探测器分别对准o光和e光，通过输出信号的强弱来测量横滚角θ_z，但滚转角的测量精度较低，可磁光调制等手段提高测量精度。

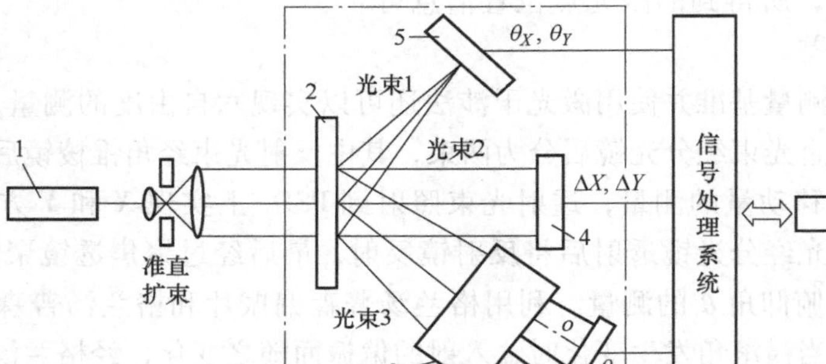

图4-32　全息光栅分光式5自由度测量系统示意图

1—He-Ne激光器　2—全息光栅　3—沃拉斯顿棱镜　4、5—PSD　6—显示器

2. 视觉图像法

六自由度视觉位姿测量原理如图4-33所示。在运动物体上放置若干个位姿测量特征点，通常为4~6个，在物体运动的不同位姿条件下摄像机拍摄测量特征点的图像。根据特征点在运动物体上布局的空间坐标P^w和摄像机图像中特征点的图像坐标P^I，通过迭代优化求解的方法可以获取当前位姿下特征点在摄像机坐标系$x_c y_c z_c$下的坐标P_1^c，则

$$P_1^c = \boldsymbol{R}_1 P^w + \boldsymbol{T}_1 \tag{4-22}$$

式中，$\boldsymbol{R}_1$和$\boldsymbol{T}_1$分别为坐标变换过程中的旋转矩阵和平移矩阵，在旋转矩阵$\boldsymbol{R}_1$中包含了分别绕三个坐标轴旋转的角度信息，平移矩阵$\boldsymbol{T}_1$中包含了沿三个坐标移动的距离。同样在另一

个位姿下可以得到

$$P_2^{c} = \boldsymbol{R}_2 P^{w} + \boldsymbol{T}_2 \tag{4-23}$$

那么这两个位姿之间的坐标变换为

$$P_2^{c} = \boldsymbol{R}_{w} P_1^{c} + \boldsymbol{T}_{w} \tag{4-24}$$

从而实现了对运动物体位姿的六自由度测量。

视觉图像测量方法具有定位快速、抗电磁干扰、精度高、成本低等优点，广泛应用于无人机自动加油和自动着舰、飞船对接、飞行员头盔瞄准定位、车轮定位等领域。

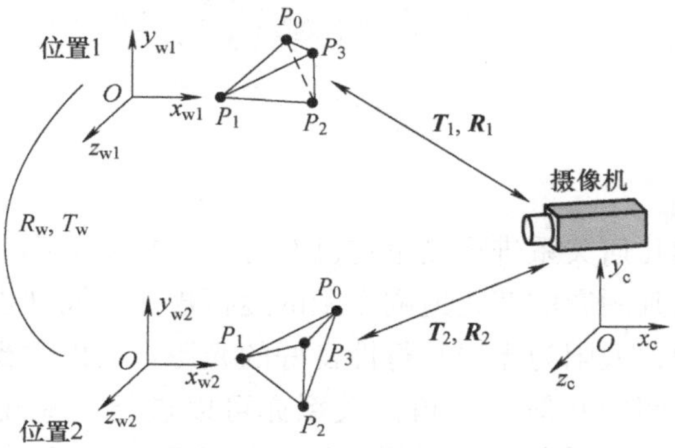

图 4-33　六自由度视觉位姿测量系统

第5章

激光三角法测量技术

利用光学及三角形的几何关系进行测量古已有之，如立竿测影，就是通过测量某一固定长度或高度的物体，根据其阴影的变化追溯太阳的运行规律，同样也可以对比计算获得另一物体的长度或高度，其中，太阳为光线平行性良好的光源。而以激光器作为光源，利用其入射及反射光线、物与像之间的几何（三角）关系亦可以进行某些几何参量的测量，此即为激光三角法测量的基本原理。目前，激光器、PSD 和 CCD/CMOS 等光电位置探测器件以及计算机技术水平的不断提升，有效促进了激光三角法测量技术的快速发展。激光三角法测量具有准确度高、速度快、非接触、易于自动化等优点，在几何量测量中广泛应用。

本章主要讲述最基本的单点式激光三角法位移测量原理及在其基础之上发展起来的激光回转射线簇测量技术。

5.1 激光三角法位移测量原理

激光三角法是使用激光器和光电探测器进行非接触位移测量的方法。激光三角法早期使用 He-Ne 激光器作光源，体积庞大。近年来，随着半导体激光器、PSD 和 CCD 性能的不断完善，三角法在位移和物体表面的测量中得以广泛应用。下面以单点式激光三角法位移测量为例讲述激光三角法测量原理。

单点式激光三角法测量常采用直射式和斜射式两种结构。

直射式三角法测量原理如图 5-1a 所示。规定激光器入射光线与成像透镜光轴的交点 A 为基准位置，激光器发出的光线经会聚透镜聚焦后垂直入射到被测物体表面上，物体竖直移动时，入射光点沿入射光轴移动。根据沙姆定律，光斑的漫反射光经成像透镜汇聚成像在光电位置探测器（如 PSD、线阵 CCD 等）的敏感面上。若光点在成像面上的位移为 x，按下式可求出被测面的位移 y

$$y=\frac{Lx\sin\beta}{L'\sin\alpha-x\sin(\alpha+\beta)} \tag{5-1}$$

式中，α 为激光束光轴与成像透镜光轴之间的夹角；β 为接收角，光电探测器感光面和成像透镜光轴之间的夹角；L 和 L' 分别为激光器的光轴和成像透镜的光轴交点的物距和像距。

同理，被测物体水平移动时，随着其表面的变化，也会产生入射点在入射光轴方向的变化量，按式（5-1）可求出被测物体表面的起伏变化量。

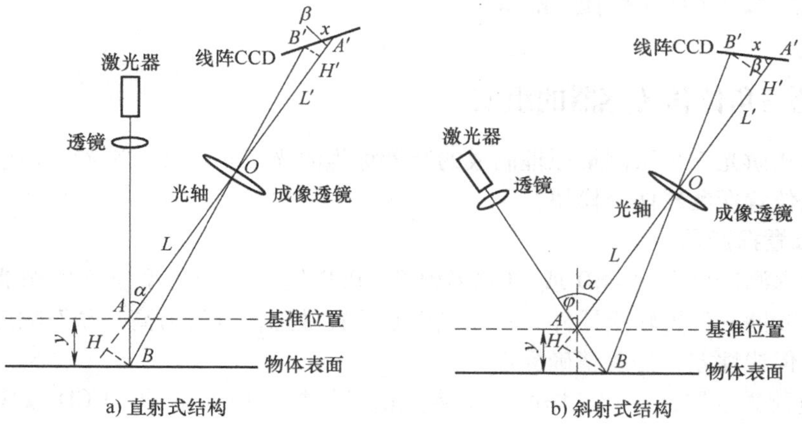

图5-1 三角法测量原理图

图5-1b为斜射式三角法测量原理图。激光器发出的光和被测面的法线成一定角度入射到被测面上，同样用一成像透镜接收光点在被测面的散射光或反射光，若光点的像在探测器敏感面上移动 x，则物体表面沿法线方向的移动距离 y 为

$$y=\frac{Lx\sin\beta\cos\varphi}{L'\sin\alpha-x\sin(\alpha+\beta)} \tag{5-2}$$

式中，φ 为激光器入射角，即激光束光轴和被测面法线之间的夹角，由激光器安装位置决定。

比较式（5-1）和式（5-2），直射式与斜射式三角法的物像位移公式只相差一个乘积项 $\cos\varphi$，当 $\varphi=0$ 时，斜射式即变为直射式，故直射式三角法可看成斜射式三角法的一种特殊形式。

直射式和斜射式相比有如下特点：

1）斜射式入射到被测表面上的激光光斑随入射角逐渐增大，并呈椭圆状。基于直射式接收散射光的特点，漫反射为主的表面测量时，直射式较斜射式更具优势。而斜射式可以接收来自被测物体的正反射光，当被测物表面为镜面时，漫反射分量小，椭圆光斑对成像质量的影响可以忽略，不会因散射光过弱而导致光电探测器的输出信号太小，使测量无法进行，故此时其分辨力高于直射式。

2）在被测物体竖直移动时，即发生如图5-1所示位移 x 的过程中，斜射式入射光照射在物体上的点是变化的，前后两点不是被测物表面上的同一个点。因此，无法知道被测物体上某点的位移情况。而直射式的入射光照射在物体上的点是固定的同一个点。

3）斜射式的位移放大率小于直射式，故基于斜射式的传感器的量程一般较小，但体积相对较大。

4）斜射式对激光束的直径和准直性要求较高，但在激光器的功率要求上较低。

直射式激光三角测距传感器的光斑较小，发光强度集中，被测表面沿测量方向移动时光斑投射在被测表面的位置不发生改变，在一定的测量范围内可以避免激光散斑引入的测量误差，因此，工程上多采用直射式激光三角传感器。

5.2 激光三角位移传感器

5.2.1 激光三角位移传感器的组成

根据单点式激光三角法测量原理制成的装置称为激光三角位移传感器，传感器主要包括激光器和光电位置探测器两个模块。

1. 光电位置探测器

光电位置探测器可采用 PSD 或 CCD/CMOS。PSD 属于非分割型位置探测器，是基于横向光电效应的光能—位置转换器件。对光斑中心位置敏感，分辨力高，动态响应快，后续处理电路简单，但线性差，需要精确标定。

CCD 即电荷耦合器件，其工作原理是将光信号转换成电荷信号。CCD 以像素为基本感光单元，将其存储的电荷信号以模拟量的形式输出，可以获得光斑的光强分布，相比输出位置信号的方式具有更高的准确度和稳定性。线阵 CCD 的采样频率高，可达 100MHz，驱动信号简单，易于实时控制。但由于制作工艺的原因，CCD 的价格较贵。

CMOS 的工作原理与 CCD 相同，都属于光能—电荷转换器件，其与 CCD 不同之处在于信号的输出过程。CCD 的每个像素信号由单一节点统一输出，输出一致性好，而 CMOS 每个像素的电荷信号都由单独的放大器转换成电压输出，由于放大器之间存在不可避免的差异，从而降低了 CMOS 输出的一致性。但 CMOS 生产工艺成熟，价格低廉，因采用并行转换，采样速度高于 CCD。

对于 CCD、CMOS 而言，后续处理的准确度可以控制在一个像素内。因此，像元间距越小，处理准确度越高。此外，CMOS 对激光的入射角要求较高，超过一定入射角就没有输出，而 CCD 受光线的入射角度影响小。因为像素单元的分布均匀，CCD 和 CMOS 的线性度要优于 PSD。

2. 激光器

激光器选择主要考虑三个参数：出瞳、发散角、外形尺寸。激光三角法早期以 He-Ne 激光器作光源，因体积庞大，使用受到一定的限制。现今的传感器光源一般采用半导体激光器（LD），功率在 5mW 左右。对于特定的激光器，其出瞳和发散角参数是确定的，但一般不是理想数值，通过加装一些光学元件（如光阑、透镜组等），可以修正得到理想的参数值。在测量范围内激光的光点越小，其测量准确度越高。根据拉赫不变量可知，实际光学系统在近轴区内成像时，在一对共轭平面内，物高、孔径角和介质折射率的乘积为一常数。因此，为了在传感器测量区间内得到更小的光束直径，激光器的出瞳与发散角两者的乘积应尽可能的小。同时，激光器的中心频率应与所选光电位置探测器件的敏感频率相对应。

5.2.2 激光三角位移传感器的光路结构

激光三角位移传感器需要确定的参数有激光器入射角 φ、散射角 α、接收角 β、工作距离（基准位置到激光器的距离）d、物距 L 和像距 L'。激光三角位移传感器的成像透镜的景深一般很小，为了获得清晰的图像，在设计传感器时无论直射式或斜射式都应严格遵守沙姆定律，即当被摄体平面、影像平面、镜头平面这三个面的延长面相交于一直线时，即可得到清晰的影像。在该原则基础上进行激光三角位移传感器的光路折叠等优化设计。

光路中，透镜组的放大倍数影响传感器的分辨力，放大倍数越大，传感器的分辨力越高。但倍数过大，一方面会使像点增大，影响成像质量；其次，还会使光电位置探测器件的入射角增大，导致光电位置探测器件接收到的光功率下降。此外，为了减少环境光对光电位置探测器件的干扰，还需在光路中加入窄带滤光片。

图 5-2 是直射式激光三角位移传感器的光路结构示意图。其中，光电位置探测器件为线阵 CCD。在组装激光器、透镜组和光电位置探测器件时，必须保证激光器出射光束、成像镜组光轴、线阵 CCD 的感光条在同一平面上。

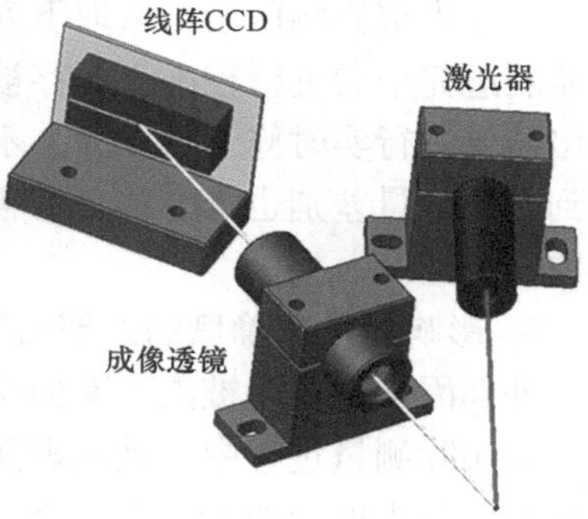

图 5-2　直射式激光三角法测量光路结构示意图

5.2.3　激光三角位移传感器的信号处理系统

如图 5-3 所示为激光三角位移传感器信号处理系统示意图。信号处理系统主要由脉冲驱动模块、图像采集及模/数转换模块、数据处理模块组成。其中，脉冲驱动模块控制 CCD 传感器的曝光时间和数据采集速率，如可采用 FPGA 提供精确的驱动时序以提高 CCD 采样数据的可靠性。图像采集及模/数转换模块获得 CCD 输出的模拟信号，经滤波电路和 A/D 转换电路分别进行滤波处理和数字化，得到数字信号。数据处理模块（如 ARM、DSP 等）处理计算得到测量结果，可直接送显示屏显示或上传到上位机进行显示。

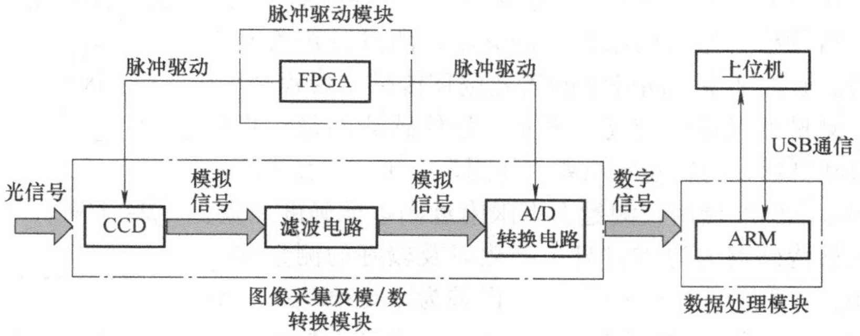

图 5-3　激光三角位移传感器信号处理系统示意图

5.2.4　激光三角位移传感器的误差源

1. 影响测量准确度的内部因素

内部因素主要包括光学系统的像差、光点的大小和形状、光电接收器件自身的位置检测误差和分辨力、光电器件的暗电流、外界杂散光的影响、检测电路的测量精度和噪声、电路和光学系统的温度漂移等。

光学系统的畸变会使实际像点偏离理想像点；光点的形状和大小将通过被测物体的表面因素对测量准确度产生影响；温度变化引起的误差，可以通过规定使用温度范围加以限制。一般来说，光学元件的特性随温度变化是非常小的，而传感器其他器件及结构尺寸的变化与所用材料的线膨胀系数有关。

消除内部影响因素可采取下列措施：采用高精度的图像处理及模/数转换模块，并在传感器制造完毕后进行校准，预存被测位移值和误差值之间的对应关系，实际测量时根据电路输出结果进行实时修正。此外，不同的被测物体，其表面光学特性变化很大，光电探测器接收到光的能量差别也大。因此，需要自适应改变激光器的发光强度或改变检测电路的放大倍数。

2. 影响测量准确度的外部因素

外部因素主要是被测表面的倾斜、被测表面的粗糙度和颜色以及测量速度的影响。

在实际测量过程中，被测表面倾斜的影响最为严重。被测表面倾斜是指在光点处表面的法线方向与入射光的方向不重合，存在倾斜角。随着倾斜角的不同，入射光点所产生的散射光空间分布将发生变化，导致成像光斑的光能质心与几何中心的偏差，影响光电接收器件的检测结果。

被测表面的粗糙度不同，其产生的漫反射或正反射分布也不一样，会影响光电接收器件的接收效果。被测表面的颜色不同，会影响到被测表面对入射激光的吸收程度，因此测量结果的一致性也将受到一定的影响。

传感器扫描速度的快慢反映了其动态特性的好坏。实际测量时被测物表面状况千变万化，需考虑扫描速度与被测曲面曲率的关系。

此外，传感器结构安装误差、环境光、振动等因素也是测量误差的重要来源。

5.2.5 激光三角位移传感器的性能参数

近年来，随着半导体激光器、光电位置探测器件、单片机和处理电路等硬件性能的不断完善，激光三角位移传感器的结构日趋紧凑，测量分辨力及准确度不断提高。通常来说，同等级的激光位移传感器量程越小、工作距越短，测量准确度就越高。激光位移传感器的量程指的是其测量上限和测量下限之间的距离，如图5-4所示，在中心距附近传感器测量准确度最高，测量上下限附近测量准确度最差。商品化激光位移传感器为追求自身小型化以及较好的测量准确度，量程较小，一般为2～10mm，测量误差为0.6～10μm，分辨力可达0.03μm。用户可根据不同使用需求，合理选择相适应的传感器。

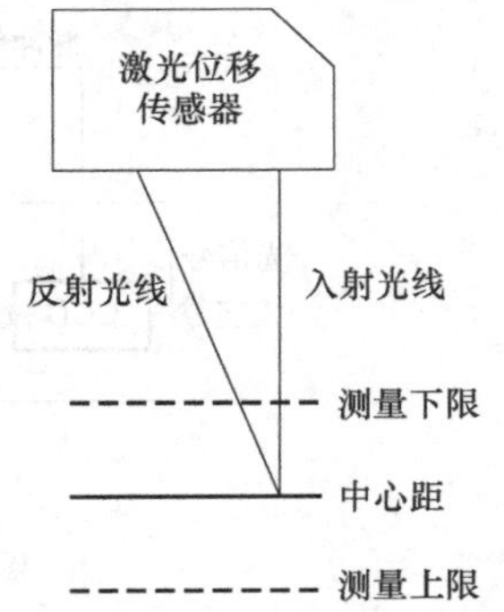

图5-4 激光三角法位移传感器测量范围示意图

如图5-5所示为激光位移传感器在工程中的典型应用——物体的长度和宽度测量示意图。

激光三角法测量属于非接触测量方式。测量时，传感器与被测物之间保持一段安全距离，无直接接触，因而无测量力，也不会发生测头磨损，非常适用于易变形材料的测量。激光三角位移传感器响应速度快，在工业在线、实时、连续及自动化测量方面具有先天优势，在物体相关几何参数的测量中应用广泛。但是，作为一种基于光学原理的测量装置，激光三角位移传感器的准确度、稳定性与被测物的材质、表面物理特性——如粗糙度、颜色等密切相关，应用时需多加注意。

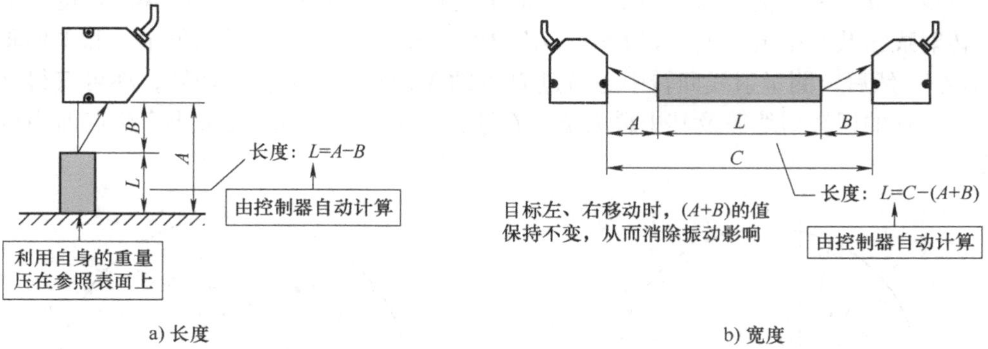

图 5-5　长度和宽度的典型测量原理图

5.3　回转射线簇测量技术

单点式激光三角法测量是利用一条激光线获得被测物体上一个点的相关信息，如果给激光三角位移传感器附加上相对于被测物的一维或二维直线运动，则可以获得被测物体上一条线或一个面的相关信息；如果附加一个回转运动，可以获得一系列包含测量信息的激光线，覆盖整个投射平面。

基于上述原理，在激光三角法测量技术的基础上，进一步拓展出一种新型测量方法——回转射线簇测量方式：假定空间中存在一条测量射线，这条射线具有给出由出射点到被测点距离的能力。该射线绕出射点且垂直于该射线的轴旋转，便可获得一簇射线（即回转射线簇），如图 5-6 所示。其中，O 为所有射线的出射点，Z 为回转轴。利用这簇测量射线提供的信息，合理构建测量模型，即可获得被测物体若干几何量值，尤其适合工件内尺寸的相关测量。下面以孔径测量、孔心定位为例，进一步说明回转射线簇测量的原理。

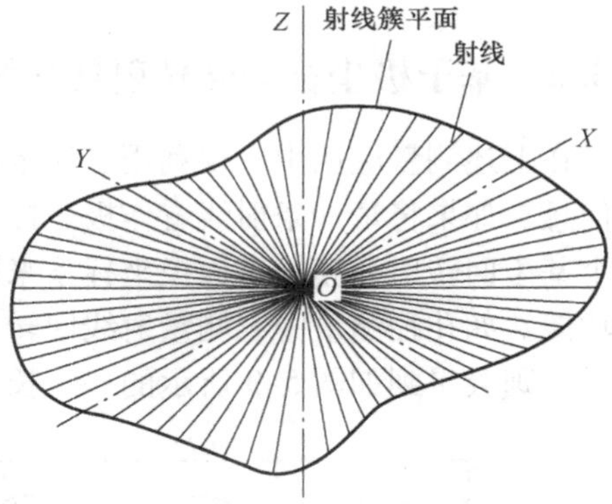

图 5-6　回转射线簇测量平面示意图

5.3.1　孔径测量

如图 5-7 所示，D 为被测孔直径，O 为被测孔圆心，O'为射线回转轴。1 为射线簇集合 a，2 为其中最大值 l_{amax}，3 为被测孔，4 为射线簇 a 中最小值 l_{amin}。当采样密度足够时，显然有

$$D = l_{amax} + l_{amin} \tag{5-3}$$

即，被测孔直径等于射线簇中最大值、最小值之和。

5.3.2　孔心定位

逼近式孔心定位原理如图 5-8 所示，设测量射线回转中心初始位置 A，回转一周获得一

簇回转射线，其中最大值为 AA'。回转中心沿 Y 向移动，并保持回转，可获得轨迹线上任一点处回转射线簇及其中最大值，如 BB'、CC'、DD'、EE'等。在所有最大值中，和 Y 向垂直的 DD'为最小。然后，测量射线回转中心沿过 D 点的 X 向移动，并保持回转，亦可获得该轨迹线上任一点处的回转射线簇及其中最大值。在这批最大值中，OO'为最小，O 点即为被测圆孔中心。

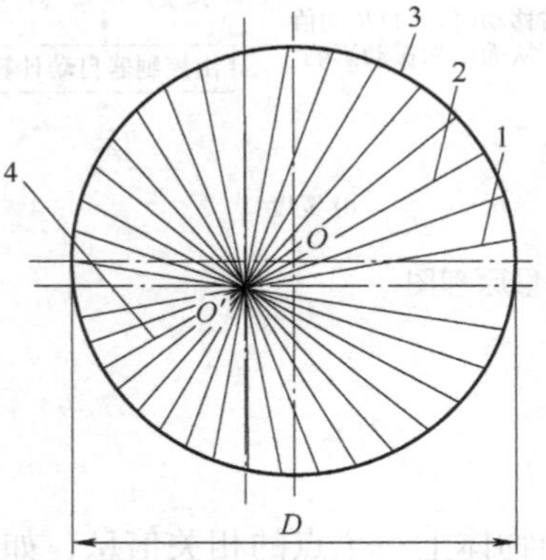

图 5-7　孔径测量原理图

1—射线簇集合 a　2—最大值 l_{amax}

3—被测孔　4—最小值 l_{amin}

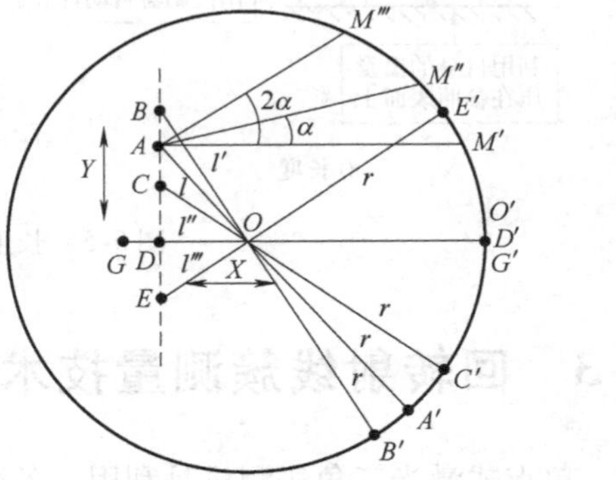

图 5-8　逼近式孔心定位原理图

5.3.3　基于极坐标的回转射线簇测量

在上述测量应用中，仅利用了测量数据中的极值信息，未能充分利用整簇射线携带的测量信息。如果将每一条射线看作极坐标系中的一个极径，当射线具有角坐标时，就可以构建一个基于回转射线簇的平面极坐标系来确切表征平面内任意几何量，进一步拓展射线簇的测量功能。如孔径测量中，测量射线回转一周其射线长度变化如图 5-7 所示。而当射线连续回转时，则会得到如图 5-9 所示的一个长列的射线簇。

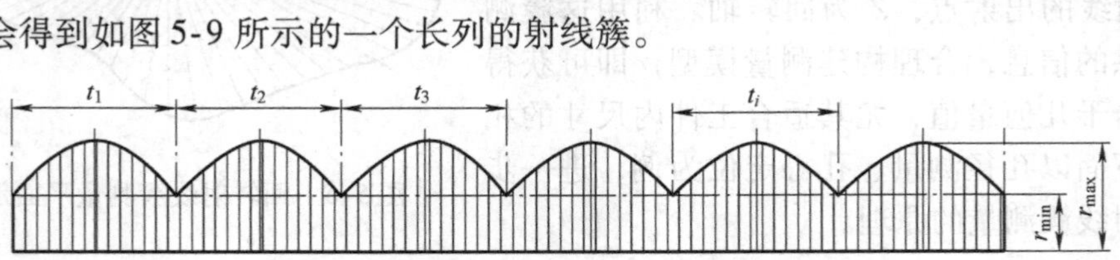

图 5-9　回转射线簇孔径测量值示意图

射线每转过 360°，最大、最小测量值 r_{max}，r_{min} 各出现一次，图 5-9 中单一周期首尾是同一测值。如果在长列射线簇中存在若干个等周期的子射线簇，即 $t_1 = t_2 = \cdots = t_i$，则可认为，在该 i 个周期构成的时间段里，角速度是常数。进而可推断，各测量值对应的激光射线间是等角间隔的。

取某单一周期射线簇，设一周期内采样频率为 f，第 j 个测量值 r_j 的角坐标为 α_j，则有

$$\alpha_j = (360/f) \times (j - 1) \quad (单位:°) \tag{5-4}$$

由此，该周期内每一条射线均可获得极径 + 角度的极坐标值，实现基于极坐标体系的测量。此外，如果回转轴同轴安装角编码器等角度测量装置，亦可提供角度坐标。

5.3.4　回转射线簇的物理实现

回转射线簇生成的核心两要素为测距射线和回转运动。在工程实践中，可以利用机床或仪器的回转轴和激光三角位移传感器来生成回转射线簇，其中激光位移传感器提供测距射线。在选择回转轴时，需要注意两个参数：回转轴的径向跳动和回转轴的转动速度。若回转轴的径跳过大，会影响测量模型的准确性及激光三角位移传感器的测量数值，故需要选择径跳小的精密轴系。此外，还需合理选择回转轴的转速，以保证足够的采样密度和测量效率，降低外加负荷对径跳的影响。将回转轴的径跳和转速这两个参数控制在一定范围内，即可保证在较高的精度范围内测量模型的准确性和最后计算结果的可靠性。

利用回转精密轴系和激光三角位移传感器，回转射线簇进一步演化如图5-10所示。传感器发出的激光束所在直线仍穿过回转中心，但测量值的起始点不再是回转中心。在实际应用中，激光三角位移传感器通常和其他辅助元件组装成一个单束激光测头，测头装夹在回转主轴上，如图5-11所示。因装配误差，难以保证激光束与回转轴垂直并相交，不过可以证明，对测量模型进行一定的调整和补偿，仍能满足一定准确度下的测量要求。

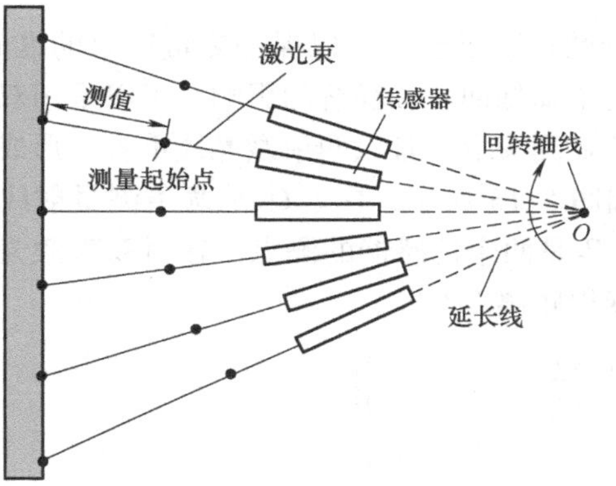

图5-10　激光三角位移传感器激光束回转平面示意图

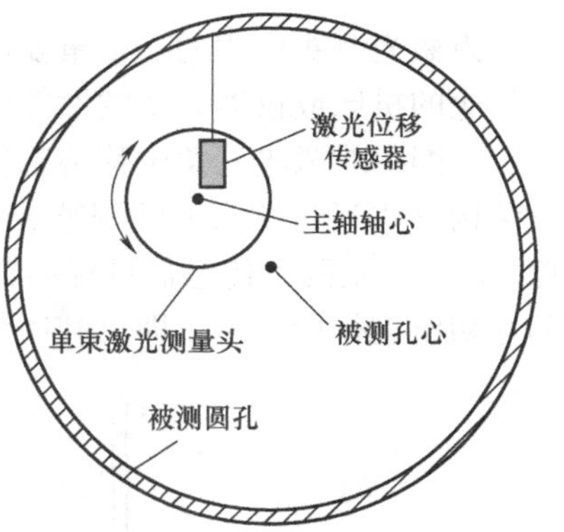

图5-11　单束激光测头测量平面示意图

5.4　基于回转射线簇的内尺寸测量

5.4.1　两平行平面距离测量

利用回转射线簇进行两平行平面距离的测量原理如图5-12所示，忽略装配误差，1、7为被测平行平板，4为回转轴，单束激光测头随回转轴旋转。2、6分别为射线簇的左子簇a、右子簇b，其射程被平板截止；3为子簇a中最短射线（l_{amin}），5为子簇b中最短射线（l_{bmin}）。显然有

$$L = l_{amin} + l_{bmin} \tag{5-5}$$

即两平行平板间距离等于两射线子簇中最短射线之和。当激光三角位移传感器对左平面的测量值为D_{amin}时，可以搜索到子簇a中最短射线（l_{amin}），当传感器对右平面的测量值为D_{bmin}时，可以搜索到子簇b中最短射线（l_{bmin}）。预先对测量起始点绕回转轴线的旋转直径D_0进

行标定，则有

$$L = D_0 + D_{\mathrm{amin}} + D_{\mathrm{bmin}} \tag{5-6}$$

式中，D_0由激光三角位移传感器在测头中的装配位置决定。

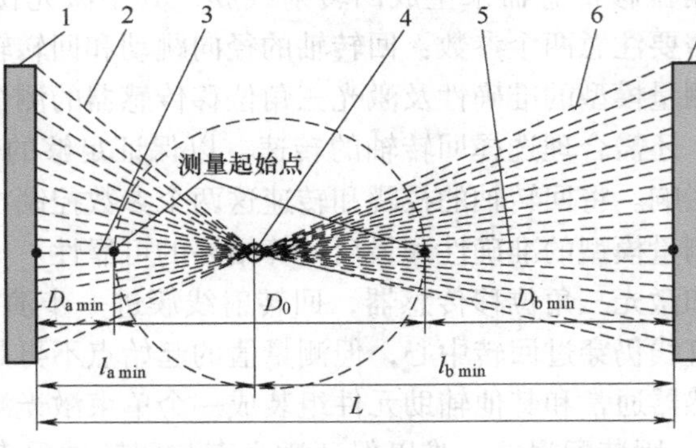

图 5-12 理想内平行平面距离测量原理图

1、7—被测平行平板 2—射线簇左子簇 3—子簇 a 中最短射线 4—回转轴 5—子簇 b 中最短射线 6—射线簇右子簇

单束激光测头应用的一个重要前提是回转轴的径跳足够小，以保证测量结果的准确度，这对相应的机床或仪器装备的性能要求较高。为了降低回转轴径跳的影响，可以采用双束激光测头，即一对激光三角位移传感器背对背安装在测头上，且该两束激光线重合，形成差分测量结构（可通过测头上的调整装置保证）。如图 5-13 所示，O_1、O_2是两条测量射线的出射点，S_1、S_2是两个传感器量程的初始点，P_1、P_2是两个传感器的测点。在对双束激光测头的测量初值进行标定后，即可利用该测头测量获得距离$|P_1P_2|$。

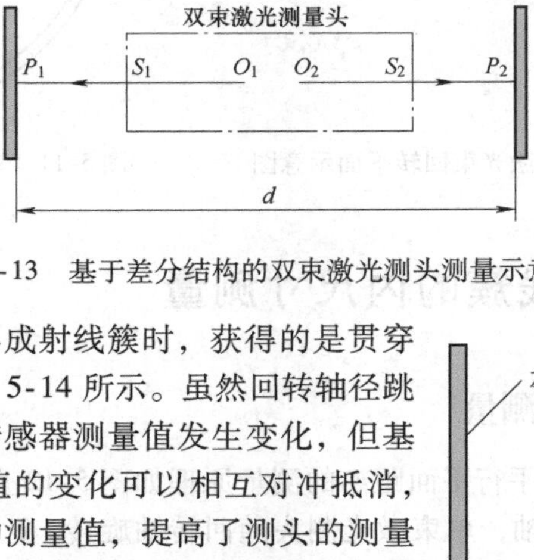

图 5-13 基于差分结构的双束激光测头测量示意图

在双束激光测头回转形成射线簇时，获得的是贯穿两平面之间的射线段，如图 5-14 所示。虽然回转轴径跳会使得左右两个激光位移传感器测量值发生变化，但基于其差分特性，两个测量值的变化可以相互对冲抵消，并不影响整个射线段长度的测量值，提高了测头的测量准确度。图 5-15 所示为一款比较典型的基于回转射线簇的双束激光测头的结构示意图。

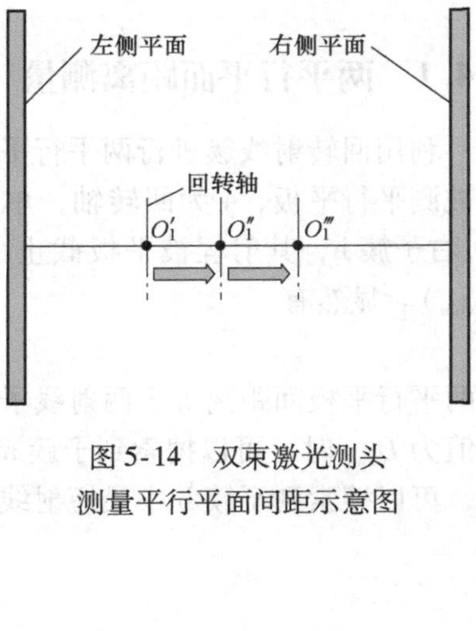

图 5-14 双束激光测头测量平行平面间距示意图

在机测量工件内尺寸是双束激光测头非常典型的一个工程应用。在某道工序完成后，将刀具从主轴上撤换成双束激光测头，因为传感器、测头支架和主轴之间的装配误差，实际的测量模型和理想的测量模型有差异。

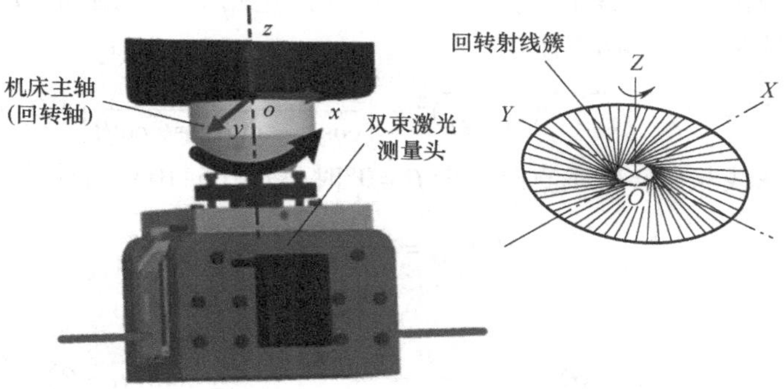

图 5-15　双束激光测头结构示意图

为保证数学模型的一般性，设激光束 L 与回转轴 Z 为两条异面直线，OT 为两异面直线的公垂线段，如图 5-16a 所示。图中激光测量线段 L 可表示为

$$\frac{x-d\cos\theta}{-\sin\alpha\sin\theta}=\frac{y-d\sin\theta}{\sin\alpha\cos\theta}=\frac{z}{\cos\alpha} \tag{5-7}$$

式中，d 是 $|OT|$ 的长度，α 是激光测量线与 Z 轴夹角，θ 是 OT 与 X 轴正半轴回转角。

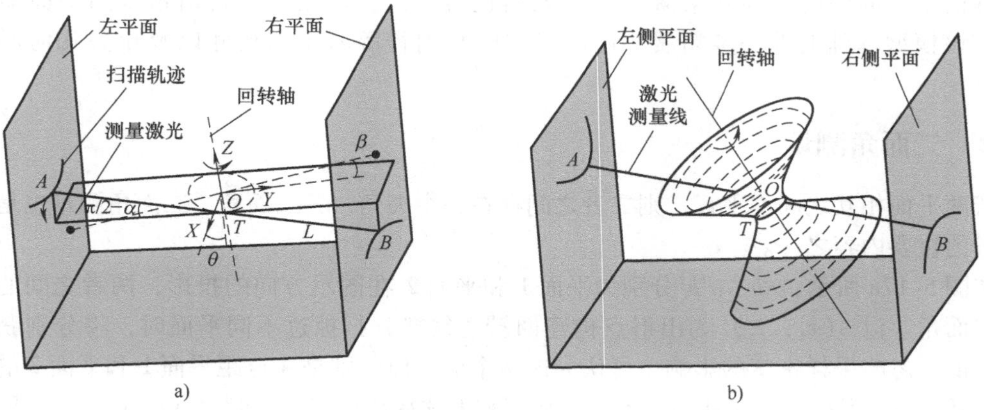

图 5-16　基于双束激光测头的平面间距测量模型

测量时，测头随主轴回转，激光测量线段 L 形成如图 5-16b 所示的双曲面，在被测平面上的轨迹则为单叶双曲线。设点 $A(x_1, y_1, z_1)$ 为测量激光线与左侧平面的交点，点 $B(x_2, y_2, z_2)$ 为测量激光线与右侧平面的交点，则 A 点和 B 点的扫描轨迹分别用式（5-8）和式（5-9）式表示。

$$\begin{pmatrix}\cos\alpha & 0 & \sin\alpha\sin\theta\\ 0 & \cos\alpha & -\sin\alpha\cos\theta\\ 0 & \cot\beta & -1\end{pmatrix}\begin{pmatrix}x_1\\ y_1\\ z_1\end{pmatrix}=\begin{pmatrix}d\cos\alpha\cos\theta\\ d\sin\theta\cos\alpha\\ D_1\csc\beta\end{pmatrix} \tag{5-8}$$

$$\begin{pmatrix}\cos\alpha & 0 & \sin\alpha\sin\theta\\ 0 & \cos\alpha & -\sin\alpha\cos\theta\\ 0 & \cot\beta & -1\end{pmatrix}\begin{pmatrix}x_2\\ y_2\\ z_2\end{pmatrix}=\begin{pmatrix}d\cos\alpha\cos\theta\\ d\sin\theta\cos\alpha\\ -D_2\csc\beta\end{pmatrix} \tag{5-9}$$

式中，β 为 Y 轴与被测平面法线的夹角；D_1为 O 点到左侧平面的距离，D_2为 O 点到右侧平面的距离。则激光测量线段 $|AB|$ 有

$$|AB|_i=\sqrt{(x_1-x_2)^2+(y_1-y_2)^2+(z_1-z_2)^2}=\left|\frac{\csc\beta}{\cos\alpha-\sin\alpha\cos\theta_i\cot\beta}\right||D_1+D_2| \tag{5-10}$$

且当被测平面法线与回转轴垂直时，即 $\beta=0°$时，式（5-10）可简化为

$$|AB|_{\min}=\frac{|D_1+D_2|}{\sin(\alpha-\beta)} \tag{5-11}$$

进一步有

$$|AB|_i=|AB|_{\min}\left|\frac{\csc\beta}{\cos\alpha-\sin\alpha\cos\theta_i\cot\beta}\right|\sin(\alpha-\beta) \tag{5-12}$$

式中，$|AB|_i$可由测头获取；而 θ_i 可基于 5.3.3 节中的极坐标法获取。在回转测量的过程中，可以得到多组（$|AB|_i$，θ_i）数值，建立基于式（5-8）的超定方程组，解算获得参数 α、β、$|AB|_{\min}$估值，带入式（5-11），即可解算出 $|D_1+D_2|$ 的值，即被测平面间距。

在实际测量中，将双束激光测头装夹于机床主轴之上，α 为被测工件与机床工作台之间的倾斜角度；β 和 d 为测头在机床主轴上的安装参数。通过上述分析可知：无论被测工件与机床工作台之间角度如何，也不论测头每次使用时的位置如何，总是能够计算出被测工件的平面间距的。即双束激光测头无须在机标定，可以实现自由角度的平面间距测量。在该模型基础上进一步拓展，还可实现圆孔内径等若干内尺寸以及相关几何形貌的测量。

5.4.2 二面角测量

若两平面相互之间不平行，则二者之间存在一个夹角——二面角，二面角测量也是几何量测量的重要内容之一。

如图 5-17a 所示，ab、$a'b'$分别为平面 1 和平面 2 在图示方向的投影，两者之间的夹角即为二面角。以 $A(x_1,\ y_1)$ 为出射点构建回转射线簇，扫掠过不同平面时，将分别获得一个极小值，忽略采样密度的影响，可认为这两个极小值分别是 A 点距平面 1 和平面 2 的垂直距离为 d_1、d_2。保持扫描所在平面不变，将回转射线簇出射点平移到 $B(x_2,\ y_2)$ 点，同理亦可获得 B 点距平面 1 和 2 的垂直距离 d_3、d_4。分别做 ab、$a'b'$的平行线 AC、AD，有

$$\begin{cases}BC=d_3-d_1\\BD=d_4-d_2\\AB=\sqrt{(x_2-x_1)^2+(y_2-y_1)^2}\end{cases} \tag{5-13}$$

则二面角 $\angle CAD$ 可表示为

$$\angle CAD=\angle CAB+\angle BAD=\arcsin\frac{d_3-d_1}{AB}+\arcsin\frac{d_4-d_2}{AB} \tag{5-14}$$

基于该模型的二面角最大可测量角度$\theta_{\max}$为

$$\theta_{\max}=2\arcsin\frac{d_{\max}-d_{\min}}{AB_{\min}} \tag{5-15}$$

式中，$d_{\max}$是传感器的最大测量值，$d_{\min}$是传感器的最小测量值，$AB_{\min}$是可分辨的最小平移距离。

图 5-17b 所示为测量过程示意图。由机床主轴上装夹单束激光测头，设主轴轴线方向是 Z 轴，与主轴轴线正交的两个相互垂直的方向分别是 X 轴和 Y 轴。调节主轴位置，将测头置于两被测平面间某位置点 A，并使其处于激光三角位移传感器的量程范围内。起动机床，测头绕 Z 轴旋转，射线在 XOY 平面内扫掠测量，然后主轴平移至下一位置点 B，再次绕 Z 轴旋转并扫掠测量。两测量位置点 A、B 坐标可以由数控机床坐标给出，d_1、d_2、d_3、d_4是传感器的测量结果，从而二面角可求。

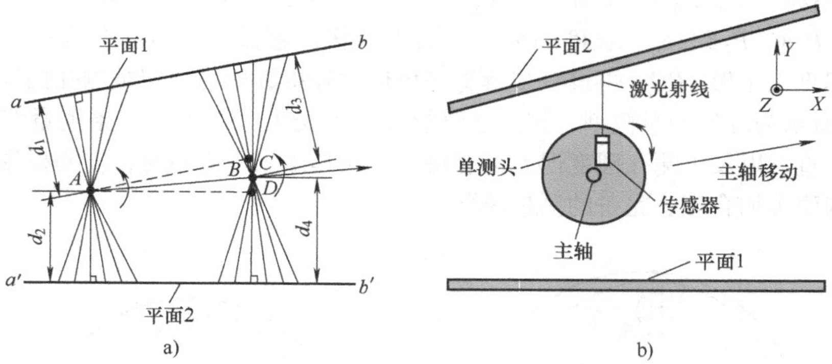

图 5-17　二面角测量原理及处理过程模型

5.5　回转射线簇静态实现

生成回转射线簇的核心二要素（回转轴 + 测距激光束）缺一不可，如果无法提供回转轴，则上述几节内容介绍的测量方法均无法应用。为此，在上述分析的基础上，在某些特定的情况下进行相应简化，可以实现一种静态的类回转射线簇的测量方法。

如图 5-18 所示，单束激光动态扫描模型中是采用一个激光位移传感器，回转形成回转射线簇。若绕回转轴径向安置若干个激光位移传感器，其发出的多束测量激光亦形成射线簇，此时即转化为多束激光的静态测量模型，也可实现被测截面的信息采集。与单束激光动态扫描相比，多束激光静态测量模型具有以下几个特点：

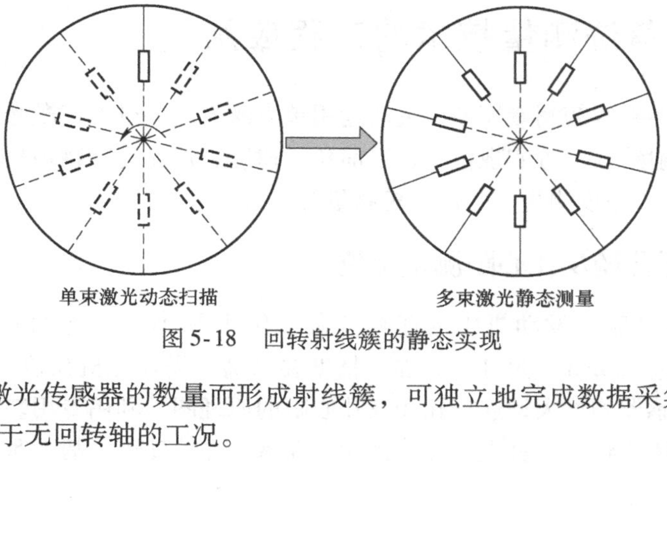

图 5-18　回转射线簇的静态实现

1）通过增加激光传感器的数量而形成射线簇，可独立地完成数据采集，降低了对回转轴的要求，可应用于无回转轴的工况。

2）激光传感器的数量和位置分布可以根据实际需求而定，具有较强的测量针对性。

3）为降低测头成本需尽量减少传感器的数量。虽然获得的测量数量大幅降低，但也使得冗余信息减少，在一定准确度要求下可以提高数据处理效率。

以下介绍回转射线簇静态测量的一个典型应用——内孔直径测量，图 5-19a 为测量原理图。调整激光三角位移传感器与测头支架之间的相互位置，使得三激光束反向汇交于一点 O_1，两两之间夹角 120°，并位于同一截面内。测量模型如图 5-19b 所示，P_1、P_2、P_3分别为三个激光位移传感器的测量起始点。A、B、C 三点分别为某截面上测量线照射在被测孔内表面的点，P_1A、P_2B、P_3C 长度即为三个激光位移传感器测量值。在这三个测量值的基础上可构建解算三角形 ABC，再进一步解算三角形的外接圆即可确定被测孔内径。

图 5-19 所示为理想测量模型，如三条测量线共面交汇于一点，三条测量线所在平面与被测孔轴线垂直，以及被测孔圆度误差可忽略等。在具体工程应用时，需要根据具体情况和准确度要求构建更加合理、完备的测量模型。

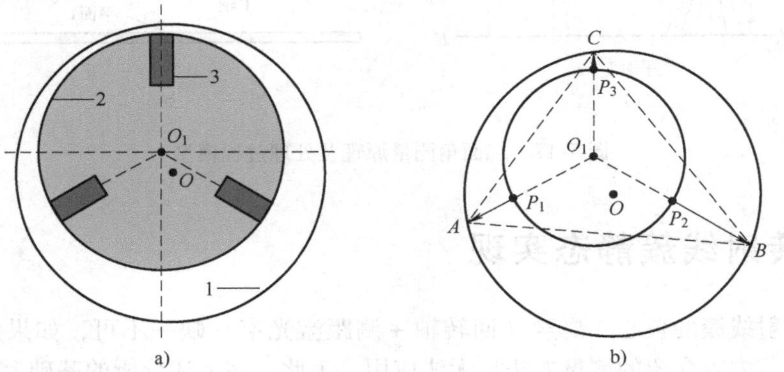

图 5-19　静态回转射线簇内孔直径测量模型

1—待测工件内孔表面　2—测头支架　3—激光三角位移传感器

回转射线簇静态测量模式，不需要旋转机构，简便易行，测量效率高。根据具体测量要求可以组合配置成各式测头，易于集成化、模块化。

5.6　激光三角法测量技术的工程应用

基于上述介绍的射线簇测量模型，灵活运用单束激光测头或多束激光组合测头，动态回转或静态生成回转射线簇，可实现位移、二面角、速度、加速度等物理量的测量，以及曲率测量、轴心定位、长/厚度测量、几何形貌测量等。

5.6.1　大型连杆孔径及孔心距测量定位

图 5-20 所示为某船用发动机中的连杆，大头孔 A 和小头孔 B 直径分别为 220mm 和 125mm，孔心距接近 600mm，尺寸大、加工精度要求高，需要在机在位测量。图 5-20 是应用激光三角位移传感器测量大型连杆孔径及孔心距的原理图。利用专用装夹头将激光三角位移传感器装置在机床主轴上，首先将传感器探入孔 A，主轴旋转，基于 5.3.1 节中介绍的方

法即可以获得孔A的直径，基于5.3.2节中介绍的逼近式孔心定位的方法并结合数控机床参数即可获得孔A的孔心坐标；同理，孔A测量结束后，主轴移动，将传感器探入孔B，可以获得孔B的直径和孔心坐标。若孔A和孔B的坐标分别为（X_1，Y_1）、（X_2，Y_2），则孔A和B的孔心距为

$$L=\sqrt{(X_2-X_1)^2+(Y_2-Y_1)^2} \tag{5-16}$$

将单束激光测头安装在径向跳动优于2μm的数控加工中心上进行孔心距的测量，最终可以获得测量误差小于10μm的测量结果。

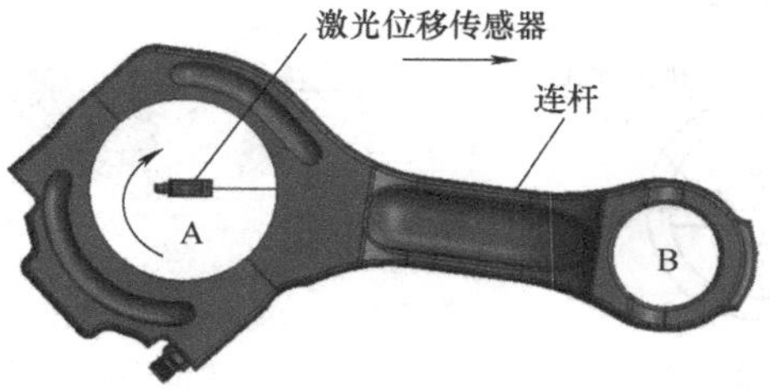

图5-20 大型连杆孔径及孔心距测量原理图

5.6.2 发动机箱体主轴孔径测量

发动机是汽车的核心部件，发动机箱体上高准确度的轴孔是保证发动机性能的关键因素，高准确度的内径测量有着重要的应用价值。图5-21所示是基于激光回转射线簇测量原理设计的内径量仪测量装置示意图。如图5-21a所示，该装置主体为一测棒，其上采用多测头、多截面的分布形式，测量过程中将测棒探入到发动机的轴孔中，根据需要可静止亦可旋转测棒，得到被测轴孔的测量截面上的数据，利用内径测量数学模型计算得到轴孔内径。此应用示例中，每个测量截面均布四个激光三角法测头，提高测量效率，减小随机误差和偏心误差对测量结果的影响。当被测轴孔较深时，可适当增加测量截面数量，也可在少量测量截面情况下通过移动测棒分别在不同测量截面处进行测量，增加测量次数实现更多截面测量。

基于发动机轴孔内径的限制，测棒的体积不宜过大。商用激光三角位移传感器普遍体积偏大，不能模块化安装应用。在本工程案例中，基于激光三角法测量原理设计了专用小型激光三角法测头。测头结构如图5-21b所示，测量方式为直射式，测头的主要部件包括光源传导尾纤、准直器、成像物镜、PSD和电路板。本测头光源采用的是带尾纤的二极管激光发射器，并未采用传统的半导体激光器，一是多个激光器同时工作，发热量大，影响PSD及后续电路及单片机等器件的正常工作；二是半导体激光器尺寸偏大，采用光纤传导光源，可以在很大程度上减小传感器的体积。

测量过程中激光光源发出的光由尾纤传入，经准直器垂直照射到被测轴孔表面，散射光经成像物镜在光电接收器件PSD上成像，PSD将光信号转换为电信号输出。通过对电信号的测量，配合相应的信号处理算法，即可得出光斑在PSD上的成像位置，然后由结构参数计算出相应被测轴孔表面的位置，根据事先的标定结果即可得到此径向方向上的实际测量半径。在同一测量截面上综合四个径向方向的测量结果，实现截面上相互垂直的两条直径的测量。而多测量截面同时进行测量，得到不同截面的内径测量结果，可实现被测轴孔几何误差的评定。

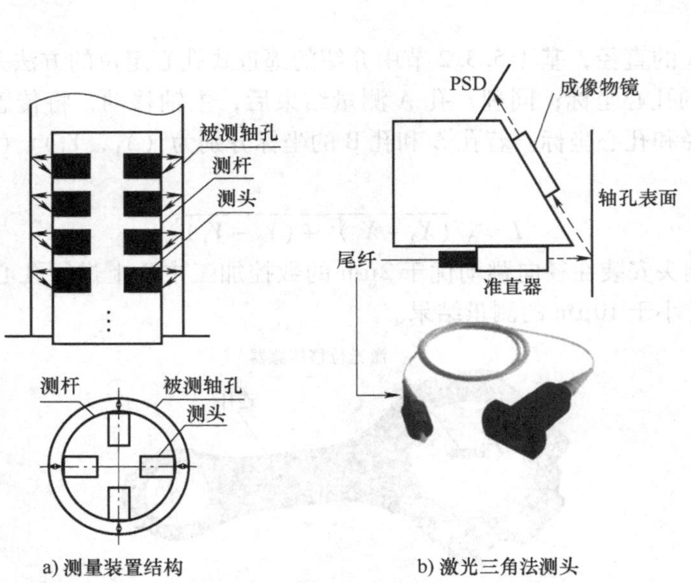

图 5-21　内径量仪测量装置

某发动机箱体被测主轴孔如图 5-22 所示，为纵向平行排列的五层曲轴孔，标称直径为 Φ92mm，层间距为 110cm。内径测棒应用前首先需要校准，利用内径已知的标准发动机箱体标定内径测棒的内部参数。然后，即可使用标定好的内径测棒测量待测发动机箱体的各层孔内径值。与坐标测量机测量结果相比，测量误差小于 4μm，重复测量实验标准差小于 2μm。

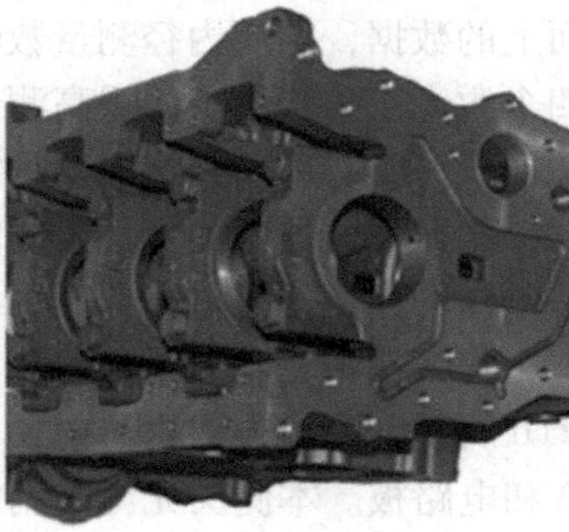

图 5-22　发动机箱体实物图

5.6.3　大型管道内壁尺寸形貌测量

图 5-23 是应用激光三角位移传感器测量管内壁形貌的原理图。激光三角位移传感器固定在管内行走的小车上，使传感器发出的光束垂直入射于管内壁某一点上，传感器有一输出值。若被测管内壁尺寸沿径向有一个变化量，即入射光点从 B 点变化到 B'点，此时激光三角位移传感器的输出值反映了该变化量。步进电动机 3 带动激光三角位移传感器绕管中心做整周回转，使光点沿管内壁表面转动扫描，生成回转射线簇，即可获得管内壁该截面的整周径向尺寸信息。小车在管内沿轴向移动，传感器的转角和轴向位移可由步进电动机发出的脉

冲数求出，即可完成整个管内壁三维形貌测量。

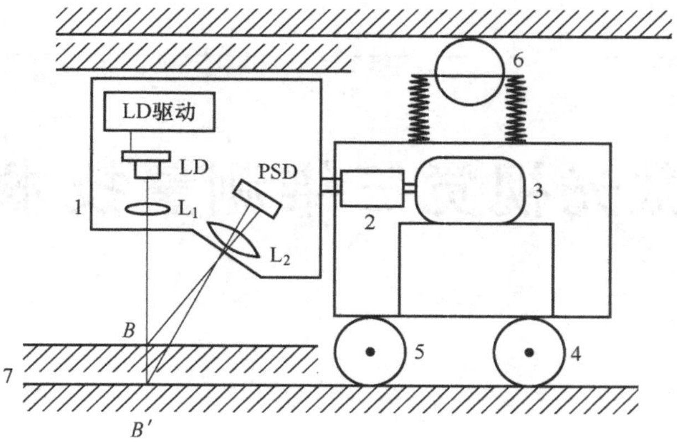

图5-23 激光三角位移传感器测量管内壁形貌的原理图

1—激光三角位移传感器 2—联轴器 3—步进电动机 4—驱动轮
5—随动轮 6—支撑轮 7—被测管内壁

第 6 章

激光视觉三维测量技术

人类的大部分信息是通过视觉系统来获取的。随着科学技术的不断进步，利用计算机等现代化工具来实现视觉功能成为可能，以增加对三维世界的理解，由此形成了一门崭新的学科——计算机视觉（Computer Vision），又称机器视觉（Machine Vision）。近年来，计算机技术及电子技术的不断进步及 CCD 等光电器件的完善和发展，推动了计算机视觉技术的快速发展。目前，计算机视觉技术已被广泛地应用于航空航天、生物医疗、物体识别、工业自动检测等领域。在计算机视觉理论基础上发展起来的视觉检测（Vision Inspection）技术具有非接触、速度快、精度适中、可实现在线等优点，已广泛地应用于各种工业产品的在线检测。

视觉检测技术根据照明方式和几何结构关系的不同分为主动视觉（Active Vision）检测和被动视觉（Passive Vision）检测两大类。被动视觉采用非结构光照明，它是根据被测空间点在不同像面上的相关匹配关系，来获得空间点的三维坐标；主动视觉是采用结构光照明，通过结构光在被测物体上的精确定位来获取视觉测量信息。

激光具有方向性好、亮度高等优点，利用激光做光源来获取结构光的主动视觉检测，称之为激光视觉检测技术。本章主要讲述激光视觉检测的原理及应用。

6.1 激光视觉测量原理

随着 CCD、CMOS 等光电器件的日臻成熟，以三角法测量技术为基础的激光视觉三维测量技术得到快速发展和广泛应用。激光视觉三维测量方法一般使用三种激光光源：点结构光、线结构光和多线结构光（也称面结构光），如图 6-1 所示。

1）点结构光。如图 6-1a 所示，以半导体激光器作光源，其产生的光束经汇聚透镜照射被测表面，经表面散射（或反射）后，用线阵或面阵 CCD 摄像机接收，光点在 CCD 敏感面上的位置将反映出表面在法线方向上的变化。

2）线结构光。如图 6-1b 所示，半导体激光器产生的激光经柱面镜变成线结构光，透射到被测区域形成一激光条，用面阵 CCD 摄像机接收散射光，从而获得表面被照区域的截面形状或轮廓。

3）多线结构光。如图 6-1c 所示，半导体激光器发出的激光扩束后，经过光学系统产生多条线结构光，投射到被测表面上形成多条亮带，用面CCD摄像机接收，可获得表面的三维信息。

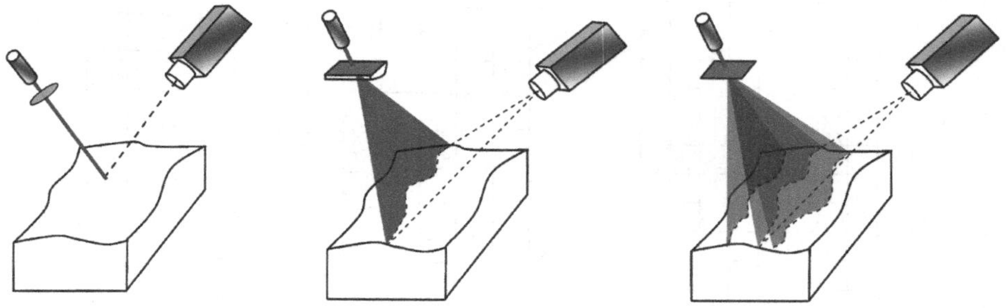

a) 点结构光　　b) 线结构光　　c) 多线结构光

图6-1　激光视觉传感器的结构形式

在进行物体三维轮廓测量时，使用点激光需有 X、Y 两个方向的逐点扫描机构，这使测量速度受到限制。为了提高测量效率，故将点结构光改成线结构光，这也是现今最流行且应用最广的激光测量方法。通常使用多线结构光获得更快的三维轮廓测量速度，多线结构光的获取方式可以采用多线结构光投射、单线结构光分光、频闪线结构光棱镜扫描等方式实现。但是多线结构光测量过程中需要对多条线结构光进行相位解析以确定光条的拓扑关系，这就对光条图像处理提出了更高的要求。

激光视觉传感器的数学模型是激光视觉测量技术的核心内容，所建模型接近测量实际且模型参数能较准确地标定出来，则可获得较高的测量精度。激光视觉传感器的数学模型包括视觉测量数学模型和结构光传感器数学模型。

6.1.1　视觉测量数学模型

视觉传感器中，CCD摄像机是重要的组成部分，是视觉系统获取三维信息最直接的来源，传感器的数学模型就是建立被测点在摄像机图像坐标系中坐标与其在测量参考世界坐标系坐标之间的对应关系。根据激光视觉传感器的结构参数和具体应用情况，建模方法主要有两种：对应函数法、小孔成像透视变换法和成像光线追踪法。

1. 对应函数法

对应函数法是利用投影变换理论，通过无任何物理意义的中间参数，将图像坐标系与测量参考坐标系联系起来，找出测量平面的空间坐标与CCD像平面的图像坐标之间的关系。对该类数学模型的局部标定就是计算中间参数的过程，且对这些参数无任何约束，只要它们结合在一起能完成正确的三维测量就行。这种方法所建的模型较为简单，能满足各种不同结构的激光视觉传感器的测量要求。

基于成像原理，在CCD的测量范围内空间中的任意一点，都会对应成像到CCD像平面上的一个像素点上，如图6-2a所示，选取空间中已知距离的特征点构成一特殊平面 $ABCD$，经由CCD摄像机摄取其图像，因为透视成像，这些整齐排列的特征点在CCD像平面呈现出如图6-2b所示的 $abcd$ 排列，若能找出两者之间的确定关系，并能正确补齐空白点部分所对应的数值，则可使用视觉技巧进行测量，即CCD摄像机内所有的像素点，均可正确对应到其相关的空间坐标值，如此再配合激光束扫描技术，即可进行物体外型轮廓的扫描测量。

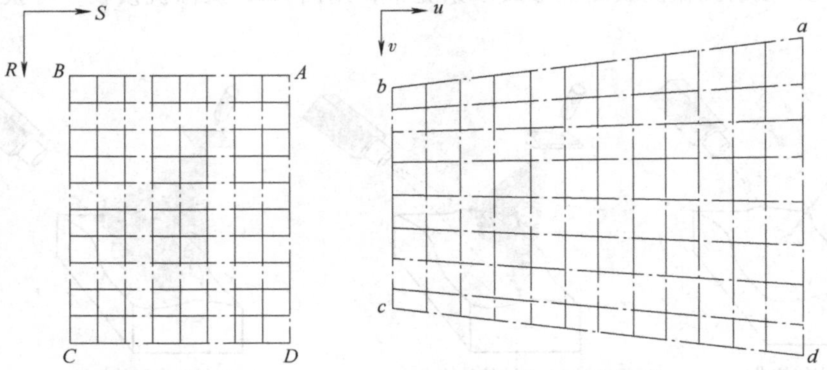

a) 空间中的特征平面　　b) 图像中的特征平面

图 6-2　对应函数法测量原理图

测量最基本的问题在于如何将 CCD 摄像机的图像坐标值转换成物体的空间坐标值。因 $ABCD$ 空间平面被特征点区分出来而对应到图 6-2b 中的 $abcd$ 图像平面，设每一个特征点 K 在图像平面 $abcd$ 的坐标（u_k，v_k）皆能对应空间平面 $ABCD$ 的坐标（S_k，R_k），利用这些离散的对应点，图像平面 $abcd$ 与空间平面 $ABCD$ 的对应关系能够用二次方回归多项式表示，即

$$R(u,v) = \sum_{j=0}^{n}\sum_{i=0}^{n-j} c_{ij}u^i v^j, \quad S(u,v) = \sum_{j=0}^{n}\sum_{i=0}^{n-j} d_{ij}u^i v^j \tag{6-1}$$

$R(u, v)$ 与 $S(u, v)$ 的误差函数 E_R 与 E_S 分别为

$$E_R = \sum_{k=0}^{m}(R_k - R)^2, \quad E_S = \sum_{k=0}^{m}(S_k - S)^2 \tag{6-2}$$

因此，回归系数 c_{ij} 与 d_{ij} 可由最小回归误差求得，即

$$\frac{\partial E_R}{\partial c_{ij}} = 0, \quad \frac{\partial E_S}{\partial d_{ij}} = 0 \tag{6-3}$$

当求出回归系数后，整个对应关系即能够完整地建立起来，任何一个测量点都可由其图像坐标（u，v），经此回归多项式计算得到其对应的空间坐标点（S，R）。

在实际进行三维轮廓测量前，必须先建立测量平面的空间坐标与 CCD 像平面间像素坐标的对应函数关系，由于特征点是呈格子点状分布的，其宽度较大而不可能只成像在单独一个像素点上，所以必须在一个特征区域中找出特征格子点合理且正确的中心位置，以提高系统模型标定的精度。故先将同一条线上的各点用最小二乘回归的原理拟合出此直线的方程式，再求出各线之间的交点，如此，可以较精确的求出特征格子点在 CCD 像平面上的位置，甚至可以准确到十分之一像素的精度。

设 mm' 及 nn' 是分别由一群点所组成相交的两条直线，其对应的直线方程式分别为

$$\begin{aligned} v_m &= au_m + b \\ v_n &= eu_n + f \end{aligned} \tag{6-4}$$

依据最小二乘回归原理，其误差函数 E_m 及 E_n 分别为

$$E_m = \sum_{i=1}^{t} (v_{mi} - au_{mi} - b)^2$$
$$E_n = \sum_{i=1}^{q} (v_{ni} - eu_{ni} - f)^2 \tag{6-5}$$

式中，t 和 q 分别为直线 mm' 及 nn' 上的节点数目，求解方程式

$$\frac{\partial E_m}{\partial a} = 0, \quad \frac{\partial E_m}{\partial b} = 0 \tag{6-6}$$

可求得系数 a 与 b，再解方程式

$$\frac{\partial E_n}{\partial e} = 0 \quad \frac{\partial E_n}{\partial f} = 0 \tag{6-7}$$

可求得系数 e 与 f，则亚像点 p 的坐标值（u_p，v_p）为

$$u_P = (f - b)/(a - e)$$
$$v_P = (af - be)/(a - e) \tag{6-8}$$

因此，CCD 像面上任一点影像坐标（u_p，v_p）对应到空间坐标（S_p，R_p）的关系被建立起来。

2. 小孔成像透视变换法

小孔成像透视变换法是利用摄像机小孔成像原理，通过具有明确物理意义的几何结构参数，如光学中心、焦距、位置以及方向等，建立图像坐标系与测量参考坐标系的关系。这类方法的模型参数一般分为摄像机内部参数和传感器结构参数（也称外部参数）两部分。摄像机内部参数指摄像机内部的几何和光学特性，传感器结构参数指摄像机图像坐标系相对于测量参考世界坐标系的位置参数。这种模型更直观，可根据使用场合及要求达到的精度不同，建立不同复杂程度的数学模型，在视觉检测技术中被广泛使用。

摄像机小孔成像透视变换模型如图 6-3 所示，图中 O_c点为成像透视中心，O_cZ_c为摄像机成像透镜的光轴，它与摄像机的像平面（CCD 的感光面）垂直，O 为光轴与像平面的交点，它是像平面的光学中心，但不一定是摄像机 CCD 的几何中心，因为 CCD 阵列可能未对中。O 和 O_c间的距离为f，是摄像机的有效焦距。过 O 点做像平面坐标系 $O-XY$，其 X 轴平行于像素横向阵列，Y 轴垂直于 X 轴，使 $O-XY$ 成右手直角坐标系。过 O_c点做摄像机坐标系 $O_c-X_cY_cZ_c$，使 X_c轴和 Y_c轴分别平行于 X 轴和 Y 轴。如果摄像机无镜头畸变，则空间一点 $P(x_w, y_w, z_w)$ 在像面上的成像点应为 $P_u(X_u, Y_u)$。由于镜头存在畸变，实际像点应为 $P_d(X_d, Y_d)$。像平面光学中心 O 点在计算机图像坐标系下的二维位置为 $O(u_0, v_0)$。实际像点 $P_d(X_d, Y_d)$ 在计算机图像坐标系下的坐标为 $P_d(u, v)$，即在帧存体中对应的像素位置。如果不考虑摄像机镜头畸变，在理想情况下有 $P_u(X_u, Y_u)$ 和 $P_d(X_d, Y_d)$ 重合。由空间三维坐标（x_w，y_w，z_w）到计算机图像的二维坐标（u，v）的摄像机变换模型可通过世界坐标系、摄像机坐标系、像平面坐标系和计算机图像坐标系之间的变换得到。

（1）世界坐标系到摄像机坐标系的坐标变换

点 P 在世界坐标系 $O_w-X_wY_wZ_w$ 中的坐标 $P(x_w, y_w, z_w)$ 转换为摄像机坐标系 $O_c-X_cY_cZ_c$中的坐标 $P(x_c, y_c, z_c)$ 包含平移和旋转两种变换，用矩阵形式表示为

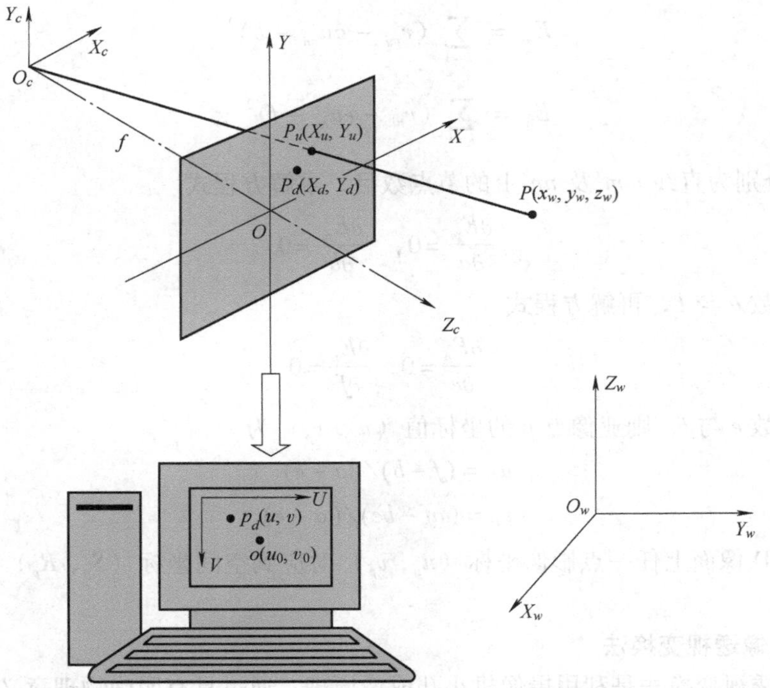

图 6-3　摄像机小孔成像透视变换模型

$$\begin{pmatrix} X_c \\ Y_c \\ Z_c \end{pmatrix} = \boldsymbol{R} \begin{pmatrix} x_w \\ y_w \\ z_w \end{pmatrix} + \boldsymbol{T} \tag{6-9}$$

式中，$\boldsymbol{R} = \begin{pmatrix} r_1 & r_2 & r_3 \\ r_4 & r_5 & r_6 \\ r_7 & r_8 & r_9 \end{pmatrix}$为旋转矩阵；$\boldsymbol{T} = \begin{pmatrix} t_x \\ t_y \\ t_z \end{pmatrix}$为平移矢量，$\boldsymbol{R}$ 和 $\boldsymbol{T}$ 决定了摄像机相对于世界坐标系的方向和位置。

（2）摄像机坐标与像平面坐标之间的小孔透视变换

空间点 P 在摄像机坐标系下的三维坐标（x_c，y_c，z_c）和其在像平面坐标系 $O-XY$ 下的二维坐标（X_u，Y_u）之间的关系为

$$X_u = f\frac{X_c}{Z_c}, \quad Y_u = f\frac{Y_c}{Z_c} \tag{6-10}$$

把像平面坐标系扩展为齐次坐标系，即将（X_u，Y_u）变换为（ρX_u，ρY_u，ρ），考虑到实际像平面都是有限的，把像平面的齐次坐标表示为 λ（X_u，Y_u，1），且比例系数 $\lambda \neq 0$。式（6-10）的变换关系可表示为

$$\lambda \begin{pmatrix} X_u \\ Y_u \\ 1 \end{pmatrix} = \begin{pmatrix} f & 0 & 0 & 0 \\ 0 & f & 0 & 0 \\ 0 & 0 & 1 & 0 \end{pmatrix} \begin{pmatrix} X_c \\ Y_c \\ Z_c \\ 1 \end{pmatrix} \tag{6-11}$$

(3) 像平面坐标与计算机图像坐标之间的变换

摄像机获取被测物体的图像变换成数字图像输入计算机。设空间物体上的点 P 在计算机图像坐标系中的坐标为 $P_d(u, v)$，单位为像素（Pixels）。CCD 摄像机像平面中的光敏单元在 X 方向（水平方向）的个数为 N_x，相邻光敏单元中心距离为 d_x，Y 方向（垂直方向）的个数为 N_y，相邻光敏单元中心距离为 d_y。通常情况下，在计算机图像坐标系中，沿 v 轴（垂直方向）相邻像素的间距 d'_y 与 CCD 像平面中 Y 轴方向像素间距一致，即 $d'_y = d_y$。而在水平方向实际像素间距 d'_x 与 CCD 的加工尺寸不一致，这是由于图像采集卡将 CCD 输出的模拟信号按行重新量化造成的，与 CCD 的驱动频率和图像卡的采集频率有关。引入一个比例因子 s_x，使计算机图像坐标系下的水平像素间距为

$$d'_x = s_x d_x \tag{6-12}$$

则像平面坐标与计算机图像坐标之间的变换关系为

$$\begin{aligned} X_d &= d'_x(u - u_0) = s_x d_x(u - u_0) \\ Y_d &= d'_y(v - v_0) = d_y(v - v_0) \end{aligned} \tag{6-13}$$

用齐次坐标可表示为

$$\begin{pmatrix} u \\ v \\ 1 \end{pmatrix} = \begin{pmatrix} (s_x d_x)^{-1} & 0 & u_0 \\ 0 & d_y^{-1} & v_0 \\ 0 & 0 & 1 \end{pmatrix} \begin{pmatrix} X_d \\ Y_d \\ 1 \end{pmatrix} \tag{6-14}$$

将式（6-12）和式（6-13）代入式（6-14）并简化，得到物空间的三维坐标（x_w，y_w，z_w）和计算机图像二维坐标（u，v）的理想变换模型为

$$\lambda \begin{pmatrix} u \\ v \\ 1 \end{pmatrix} = \begin{pmatrix} (s_x d_x)^{-1} & 0 & u_0 \\ 0 & d_y^{-1} & v_0 \\ 0 & 0 & 1 \end{pmatrix} \begin{pmatrix} f & 0 & 0 \\ 0 & f & 0 \\ 0 & 0 & 1 \end{pmatrix} \begin{pmatrix} r_1 & r_2 & r_3 & t_x \\ r_4 & r_5 & r_6 & t_y \\ r_7 & r_8 & r_9 & t_z \end{pmatrix} \begin{pmatrix} x_w \\ y_w \\ z_w \\ 1 \end{pmatrix} \tag{6-15}$$

式（6-15）也可写成表达式的形式

$$\begin{cases} X_d = s_x d_x \ (u - u_0) \\ Y_d = d_y \ (v - v_0) \\ f\dfrac{r_1 x_w + r_2 y_w + r_3 z_w + t_x}{r_7 x_w + r_8 y_w + r_9 z_w + t_z} = X_u \\ f\dfrac{r_4 x_w + r_5 y_w + r_6 z_w + t_y}{r_7 x_w + r_8 y_w + r_9 z_w + t_z} = Y_u \end{cases} \tag{6-16}$$

式（6-16）是在理想像点 $P_u(X_u, Y_u)$ 和实际像点 $P_d(X_d, Y_d)$ 重合情况下的摄像机理想透视变换模型，但实际上由于摄像机镜头存在光学畸变，理想像点与实际像点之间存在偏差。为了提高测量精度，需要引入摄像机镜头畸变模型，以减小镜头畸变的影响。

(4) 摄像机镜头畸变模型

摄像机镜头是非理想光学系统，存在加工误差和装配误差，物点在摄像机像面上实际所成的像与理想成像之间存在光学畸变误差。主要的畸变类型有三种：径向畸变、切向畸变和薄棱镜畸变。径向畸变仅使像点产生径向位置偏差，而切向畸变和薄棱镜畸变使像点既产生径向位置偏差，又产生切向位置偏差。现在镜片加工精度的提高，切向畸变和薄棱镜畸变对

成像光路的影响较小，在一般测量中可以忽略。只考虑径向畸变时，实际成像点与理想成像点之间的相互关系为

$$\begin{cases} X_u = X_d(1 + k_1 r^2) \\ Y_u = Y_d(1 + k_1 r^2) \end{cases} \tag{6-17}$$

式中，$r = \sqrt{X_d^2 + Y_d^2}$，为像点到像面中心的距离，k_1 为径向畸变系数。将式（6-17）代入摄像机理想透视模型式（6-16）中，得到实际摄像机小孔成像透视变换模型

$$\begin{cases} X_d = s_x d_x(u - u_0) \\ Y_d = d_y(v - v_0) \\ X_u = X_d(1 + k_1 r^2) \\ Y_u = Y_d(1 + k_1 r^2) \\ f\dfrac{r_1 x_w + r_2 y_w + r_3 z_w + t_x}{r_7 x_w + r_8 y_w + r_9 z_w + t_z} = X_u \\ f\dfrac{r_4 x_w + r_5 y_w + r_6 z_w + t_y}{r_7 x_w + r_8 y_w + r_9 z_w + t_z} = Y_u \end{cases} \tag{6-18}$$

在摄像机小孔成像透视变换模型中需要确定的参数是 $\boldsymbol{R}$、$\boldsymbol{T}$、f、k_1、s_x，这些参数分为两类：一类是外部参数 $\boldsymbol{R}$ 和 $\boldsymbol{T}$，它确定物空间三维坐标系与三维摄像机坐标系之间的关系。二是内部参数 f、k_1 和 s_x，它确定物点在摄像机坐标系中的三维坐标与计算机图像二维坐标系之间的关系。这些参数需经过摄像机标定来确定。

3. 成像光线追踪法

根据摄像机小孔成像透视变换模型可以看出对于一个图像成像点 $P(X_f, Y_f)$，其对应的空间三维点是一个坐标集合，该集合在空间中表现为一条空间直线，因此对该成像光线进行追踪，建立图像成像点与成像光线之间的对应映射关系，也可以完成对摄像机测量模型的描述，如图 6-4 所示。

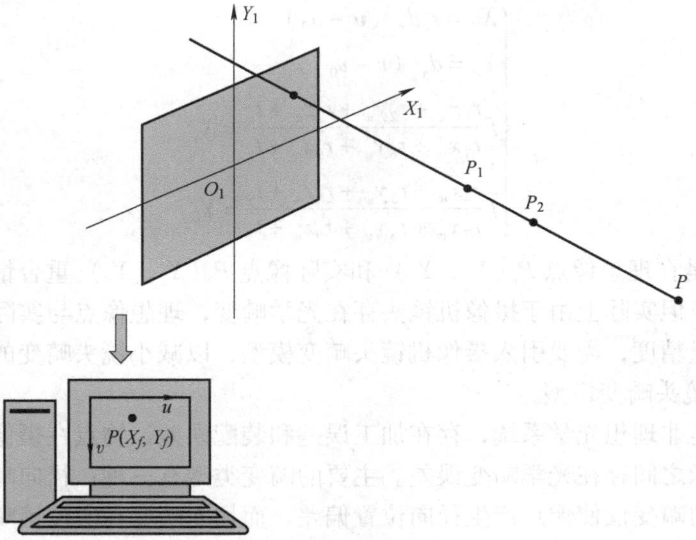

图 6-4　摄像机成像光线追踪测量模型

图像成像点 $P(X_f, Y_f)$ 所对应的空间直线一定会经过空间的测量点 $P(x_w, y_w, z_w)$。针对成像点 $P(X_f, Y_f)$ 所对应的空间直线采用控制点表示方法，即确定成像点对应的两个空间点 $P_1(x_{w1}, y_{w1}, z_{w1})$ 和 $P_2(x_{w2}, y_{w2}, z_{w2})$，作为空间直线的约束点，使用这两个点描述空间直线为

$$\frac{x-x_{w1}}{x_{w2}-x_{w1}}=\frac{y-y_{w1}}{y_{w2}-y_{w1}}=\frac{z-z_{w1}}{z_{w2}-z_{w1}} \tag{6-19}$$

根据摄像机成像函数对应法模型，可以利用两个空间平面分别建立其与摄像机图像之间的函数对应关系，获得空间直线的约束点，如图6-5所示。摄像机像平面 Π_c 上的一个成像点 P^c，利用两个空间平面 Π_a 和 Π_b 得到其对应的空间测量点 P^w 所在的空间直线的约束点对 $\{P^a, P^b\}$。在测量坐标系 $O_w-X_wY_wZ_w$ 中有两个空间平面 Π_a 和 Π_b，它们的平面方程分别为

$$\begin{cases}\Pi_a:\ z=a\\ \Pi_b:\ z=b\end{cases} \tag{6-20}$$

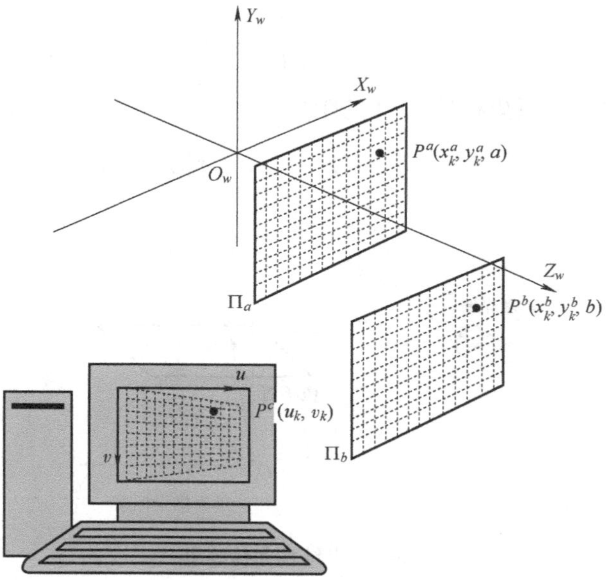

图6-5 函数对应法空间直线约束点确定方法

摄像机图像中的点 $P_k^c(u_k, v_k)$，其对应空间直线 l_p 与平面 Π_a 和 Π_b 的两个交点 $P_k^a(x_k^a, y_k^a, a)$ 和 $P_k^b(x_k^b, y_k^b, b)$，利用函数对应法建立像平面 Π_c 和空间平面 Π_a 和 Π_b 之间的对应函数关系

$$R_k^m(u_k,v_k)=\sum_{j=0}^{n}\sum_{i=0}^{n-j}c_{ij}^m u_k^i v_k^j,\quad S_k^m(u_k,v_k)=\sum_{j=0}^{n}\sum_{i=0}^{n-j}d_{ij}^m u_k^i v_k^j \tag{6-21}$$

式中，m 可以为 a 或 b，c_{ij}^m 和 d_{ij}^m 为映射模型参数。

测量过程中通过图像处理方法得到被测点的图像坐标 $P_k^c(u_k, v_k)$，将其代入到式（6-21）中得到在平面 Π_a 和 Π_b 的两个成像光线空间追踪控制点 $P_k^a(x_k^a, y_k^a, a)$ 和 $P_k^b(x_k^b, y_k^b, b)$，则被测点的空间坐标可以表示为

$$\begin{pmatrix} x_k^w \\ y_k^w \\ z_k^w \end{pmatrix} = t_k \begin{pmatrix} x_k^b - x_k^a \\ y_k^b - y_k^a \\ b - a \end{pmatrix} + \begin{pmatrix} x_k^a \\ y_k^a \\ a \end{pmatrix} \tag{6-22}$$

式中，t_k为空间点 P_k^w 的测量因子，需要通过双目、线结构光等视觉测量方式得到。

6.1.2 结构光视觉测量

1. 点结构光传感器数学模型

点结构光传感器的光投射器发射出一束激光，激光束与被测物体表面相交产生亮点，亮点经透视成像到摄像机像平面上，其几何模型如图 6-6 所示。在光线上以一点 O_s为原点，以光线为 X_s轴，建立点结构光传感器测量参考坐标系 $O_s—X_sY_sZ_s$。光线上的某一点 P 在测量参考坐标系下的方程为

$$\begin{cases} x_s = t \\ y_s = 0 \\ z_s = 0 \end{cases} \tag{6-23}$$

式中，t 为 P 点到测量参考系坐标原点 O_s的距离。

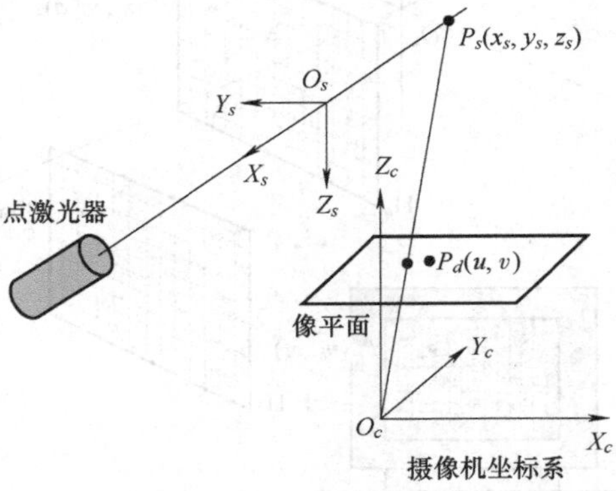

图 6-6　点结构光传感器

将式（6-23）代入摄像机变换模型式（6-18），可得点结构光传感器的数学模型表达式

$$\begin{cases} X_d = s_x d_x (u - u_0) \\ Y_d = d_y (v - v_0) \\ f \dfrac{r_1 t + t_x}{r_7 t + t_z} = X_d (1 + k_1 r^2) \\ f \dfrac{r_4 t + t_y}{r_7 t + t_z} = Y_d (1 + k_1 r^2) \end{cases} \tag{6-24}$$

式中，$(r_1 r_4 r_7)^{\mathrm{T}}$ 和$(t_x t_y t_z)^{\mathrm{T}}$ 是点结构光传感器的结构参数。由式（6-24）可知，只要已知 X_s轴在 $O_s—X_sY_sZ_s$坐标系中的方向矢量$(r_1 r_4 r_7)^{\mathrm{T}}$ 和平移矢量$(t_x t_y t_z)^{\mathrm{T}}$（$f$ 作为内部参数已确定，在各传感器模型中均作为已知参数），就可由计算机图像坐标（u, v）求出 t，从而得点结构光传感器的测量坐标（t, 0, 0），达到测量的目的。

从上面的分析可知，点结构光传感器只是完成在光线上的一维坐标测量。由于测量坐标系原点 O_s 在光束线上是人为设定的，$(t_xt_yt_z)^T$ 的选取具有较大的随机性，这样可方便地标定出传感器的结构参数。

在使用点结构光进行物体三维轮廓测量时，需有 X、Y 两个方向的逐点扫描机构。

2. 线结构光传感器数学模型

线结构光传感器的光投射器在空间投射出一个光平面，此光平面通过摄像机建立与像平面的透视对应关系，其几何结构关系如图 6-7 所示。

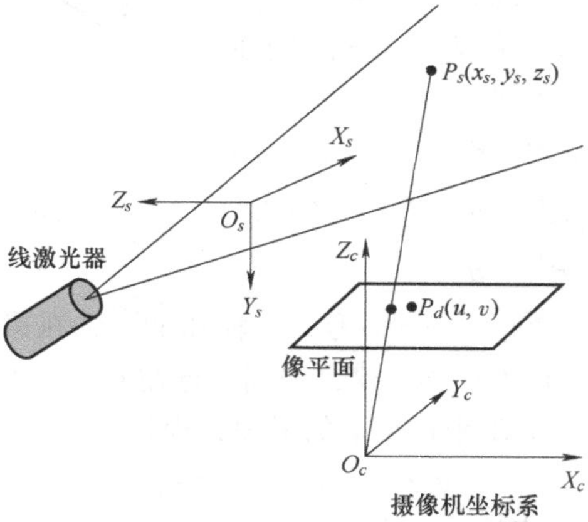

图 6-7　线结构光传感器

光平面和被测物体相截为一条平面曲线，曲线上的点即为被测对象。在光平面上以一点 O_s 为原点，建立传感器的测量参考坐标系 $O_s—X_sY_sZ_s$，其中光平面为 $O_s—X_sY_s$ 平面。光平面在测量参考系下的方程为

$$z_s=0 \tag{6-25}$$

将此式代入摄像机变换模型式（6-18）中，可得线结构光传感器的数学模型表达式

$$\begin{cases} X_d=s_xd_x(u-u_0) \\ Y_d=d_y(v-v_0) \\ f\dfrac{r_1x_s+r_2y_s+t_x}{r_7x_s+r_8y_s+t_z}=X_d(1+k_1r^2) \\ f\dfrac{r_4x_s+r_5y_s+t_y}{r_7x_s+r_8y_s+t_z}=Y_d(1+k_1r^2) \end{cases} \tag{6-26}$$

传感器的结构参数为 $(r_1r_4r_7)^T$，$(r_2r_5r_8)^T$ 和 $(t_xt_yt_z)^T$。

式（6-26）表明光平面 $O_s—X_sY_s$ 与计算机图像平面 $u—v$ 成点对点的一一透视对应关系。只要已知 X_s 轴和 Y_s 轴在摄像机坐标系 $O_c—X_cY_cZ_c$ 中的方向矢量 $(r_1r_4r_7)^T$ 和 $(r_2r_5r_8)^T$ 以及平移矢量 $(t_xt_yt_z)^T$，就可由坐标值（u，v）求出（x_s，y_s）值，从而得到传感器的测量坐标（x_s，y_s，0）。由此看出，线结构光传感器只能完成光平面内点的二维测量。测量坐标系原点 O_s 在光平面上也是人为设定的，因而可方便地标定出传感器结构参数。

在使用线结构光进行物体三维轮廓测量时，需有 Z 方向的扫描机构。

3. 多线结构光传感器数学模型

多线结构光也称面结构光，投射器在空间投射出多个光平面，这些光平面和被测物体表面相截得到多条曲线，曲线上的点即为被测对象。各个光平面分别与像平面形成透视对应关系。多线结构光传感器可看作是线结构传感器的扩展，其几何成像关系如图6-8所示。

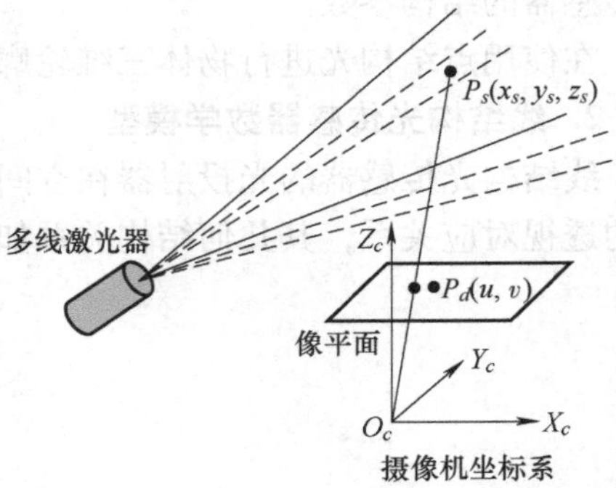

图6-8　多线结构光传感器

取第 k 个光平面为讨论对象，在第 k 个光平面上以一点 $o_L^{(k)}$ 为原点建立平面坐标系 $o_L^{(k)}—x_L^{(k)}y_L^{(k)}$，符号（$k$）代表第 k 个光平面。该光平面与像平面的透视对应关系为

$$\rho\begin{pmatrix}X\\Y\\1\end{pmatrix}=\begin{pmatrix}fr_1^{(k)} & fr_2^{(k)} & ft_x^{(k)}\\fr_4^{(k)} & fr_5^{(k)} & ft_y^{(k)}\\fr_7^{(k)} & fr_8^{(k)} & ft_z^{(k)}\end{pmatrix}\tag{6-27}$$

式中，（$r_1^{(k)}r_4^{(k)}r_7^{(k)}$）和（$r_2^{(k)}r_5^{(k)}r_8^{(k)}$）分别为 $x_L^{(k)}$ 轴和 $y_L^{(k)}$ 轴在摄像机坐标系 $O_c—X_cY_cZ_c$ 下的单位方向矢量，（$t_x^{(k)}t_y^{(k)}t_z^{(k)}$）为平移矢量，即 $o_L^{(k)}$ 点在 $O_c—X_cY_c$ 坐标系下的坐标值。由此可定义第 k 个光平面在 $O_c—X_cY_cZ_c$ 坐标系下的平面方程为

$$a_kx_c+b_ky_c+c_kz_c=d_k\tag{6-28}$$

式中，a_k，b_k，c_k 和 d_k 由下面表达式确定

$$\begin{gathered}(a_kb_kc_k)=(r_1^{(k)}r_4^{(k)}r_7^{(k)})(r_2^{(k)}r_5^{(k)}r_8^{(k)})\\d_k=(a_kb_kc_k)(t_x^{(k)}t_y^{(k)}t_z^{(k)})^{\mathrm{T}}\end{gathered}\tag{6-29}$$

即

$$\begin{gathered}a_k=r_4^{(k)}r_8^{(k)}-r_5^{(k)}r_7^{(k)},b_k=r_2^{(k)}r_7^{(k)}-r_1^{(k)}r_8^{(k)},\\c_k=r_1^{(k)}r_5^{(k)}-r_2^{(k)}r_4^{(k)},d_k=a_kt_x^{(k)}+b_kt_y^{(k)}+c_kt_z^{(k)}\end{gathered}\tag{6-30}$$

设传感器测量坐标系 $O_s—x_sy_sz_s$ 与摄像机坐标系 $O_c—x_cy_cz_c$ 一致，将式（6-28）和摄像机透视变换公式（6-18）相结合，可得出多线结构光传感器的数学模型表达式

$$\begin{cases}x_s=\dfrac{d_kX_u}{a_kX_u+b_kY_u+fc_k}\\y_s=\dfrac{d_kY_u}{a_kX_u+b_kY_u+fc_k}\\z_s=\dfrac{fdk}{a_k\cdot X_u+b_kY_u+fc_k}\\X_u=X_d(1+k_1r^2)\\Y_u=Y_d(1+k_1r^2)\\X_d=s_xd_x(u-u_0)\\Y_d=d_y(v-v_0)\end{cases}\tag{6-31}$$

传感器的结构参数为 a_k，b_k，c_k，d_k，$k=1$，2，…，n。

由上述讨论可知，只要已知各光平面与像平面的透视对应关系，即可确定各光平面的参数（a_k，b_k，c_k，d_k），从而用式（6-31）就可求得各光平面上各点的三维坐标（x_s，y_s，z_s）。多线结构光传感器的投射器投射的多个光平面照射到被测物体表面上时，形成多个光条，被测区域的表面被这些光带覆盖。因此，除了可以根据其模型测出所有在光带上的物点以外，还可以用各种插值方法或拟合方法测量出不在光带上的物点，从而实现对被测物体表面的三维连续坐标测量。

4. 结构光数学传感器的标定方法

结构光传感器标定的目的是确定测量模型中的未知参数，以及建立系统的测量基准。标定结果会直接影响整个系统的测量精度，因此标定方法的选择在测量系统中起到非常重要的作用。函数对应测量模型和成像光线追踪测量模型的标定方法较为简单，通过建立图像坐标与空间坐标之间的拓扑关系，采用最优化求解的方法即可完成标定。小孔成像透视数学模型的标定需要分别完成摄像机模型标定和传感器结构模型标定两步。其中摄像机模型标定是得到摄像机内部的几何光学特性参数，这些参数跟摄像机及光学镜头的选择有关，也称为内部参数标定；传感器结构模型标定得到摄像机坐标系与测量参考世界坐标系之间的位置模型参数，也就是两个坐标系之间的旋转矩阵和平移向量，也称为外部参数标定。

（1）摄像机模型标定

摄像机模型标定的目的是获取具有明确物理意义的摄像机和镜头的几何结构参数，包括镜头焦距、像平面光学中心以及镜头畸变。在摄像机标定过程中的基本思路是建立空间特征点与摄像机图像坐标点之间的对应关系，然后根据标定模型通过优化计算得到所需要的参数。目前摄像机模型标定中应用最广泛的是 Tsai 标定模型和 Zhang 标定模型。

Tsai 摄像机标定模型如图 6-9 所示，空间一点 P_w 在像面的理论成像点为 P_u，而由于径向畸变的影响 P_d 为实际像点。$\overline{P_0P_w}$ 为点 P_w 到光轴的投影矢量，由模型中的径向准直约束可知径向畸变并不影响矢量 $\overline{OP_u}$ 的方向，有效焦距也不影响矢量 $\overline{OP_u}$ 的方向，因此，$\overline{OP_u}$ 平行于方向矢量 $\overline{OP_d}$，而方向矢量 $\overline{P_0P_w}$ 平行于 $\overline{OP_u}$，则

$$\overline{OP_d}\times\overline{P_0P_w}=0\Rightarrow X_dy_w-Y_dx_w=0 \tag{6-32}$$

假设空间中存在一组非共面特征点的世界坐标为（x_{wi}，y_{wi}，z_{wi}），对应的图像坐标系坐标为（u_i，v_i），将控制点对代入摄像机数学模型中，则

$$(x_{wi}Y'_{di}\quad y_{wi}Y'_{di}\quad z_{wi}Y'_{di}\quad Y'_{di}\quad -x_{wi}X'_{di}\quad -y_{wi}X'_{di}\quad -z_{wi}X'_{di})\cdot L=X'_{di} \tag{6-33}$$

式中，

$$L=(T_y^{-1}r_1s_x\quad T_y^{-1}r_2s_x\quad T_y^{-1}r_3s_x\quad T_y^{-1}T_xs_x\quad T_y^{-1}r_4\quad T_y^{-1}r_5\quad T_y^{-1}r_6)^{\mathrm{T}}$$

$$X'_{di}=s_x\cdot X_{di}=s_x\cdot d_x\cdot(u_i-u_0)$$

$$Y'_{di}=Y_{di}=d_y\cdot(v_i-v_0)$$

结合正交矩阵的约束条件，通过最小二乘法求解方程式（6-33），得到 $\boldsymbol{R}$ 和 $\boldsymbol{T}$ 的分量 $r_1\sim r_9$、T_x、T_y 以及 s_x 的解；然后把所得参数代入摄像机小孔成像透视投影变换公式（6-18），采用迭代法可求出其他参数的最终精确解。

这种标定模型计算量小，精度较高。在实际应用过程中需要一组非共面点作为特征点参与计算，这就需要设计立体标定靶标或使用平面靶标与平移台相配合产生虚拟立体靶标来完成标定。

Zhang 摄像机标定模型标定过程比较灵活，摄像机在两个以上的不同方位拍摄平面靶标图像即可完成标定过程。由于标定过程中平面靶标的位置不需要事先确定，平移台对靶标位置的控制可以省略，使得这种标定模型的应用范围更加广泛。

Zhang 摄像机标定模型如图 6-10 所示，平面靶标在第 i 个标定位置上的一个空间特征点 $P_{wi}(x_{wi}, y_{wi}, 0)$ 对应的理论成像点为 $P_{ui}(u_i, v_i)$，相对应的齐次坐标记为 $\overline{\boldsymbol{P}}=(x_{wi}, y_{wi}, 0, 1)^{\mathrm{T}}$ 和 $\overline{\boldsymbol{p}}=(u_i, v_i, 1)^{\mathrm{T}}$。基于小孔成像原理，空间特征点与图像点之间的转换关系为

$$s\,\overline{\boldsymbol{p}}=\boldsymbol{A}(\boldsymbol{R}_i\quad \boldsymbol{T}_i)\overline{\boldsymbol{P}}=\boldsymbol{A}(r_1, r_2, r_3, t)\begin{pmatrix}x_{wi}\\ y_{wi}\\ 0\\ 1\end{pmatrix}=\boldsymbol{A}(r_1, r_2, t)\begin{pmatrix}x_{wi}\\ y_{wi}\\ 1\end{pmatrix} \tag{6-34}$$

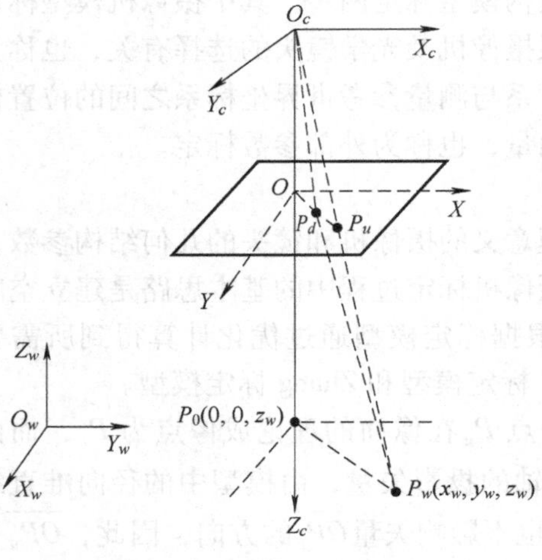

图 6-9　Tsai 摄像机标定模型

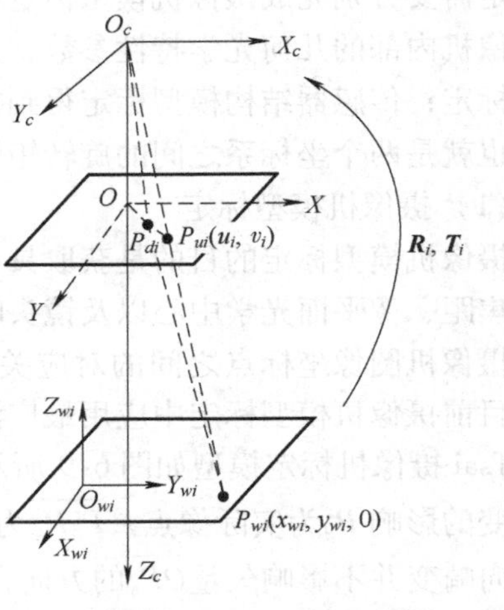

图 6-10　Zhang 摄像机标定模型

式中，s 为比例因子；$\boldsymbol{R}_i$ 和 $\boldsymbol{T}_i$ 为靶标在第 i 个位置上靶标坐标系到摄像机坐标系之间的转换矩阵；$\boldsymbol{A}$ 为摄像机内部参数矩阵，定义为

$$\boldsymbol{A}=\begin{pmatrix}f_u & \gamma & u_0\\ 0 & f_v & v_0\\ 0 & 0 & 1\end{pmatrix}$$

式中，f_u 和 f_v 分别为图像坐标系中 u 轴和 v 轴方向上以像素为单位的有效焦距；γ 为 u 轴和 v 轴的不垂直因子。

令 $(H_1, H_2, H_3)=\boldsymbol{A}(r_1, r_2, t)$，根据 r_1 和 r_2 的垂直正交性，则

$$\begin{aligned}&H_1^{\mathrm{T}}\boldsymbol{A}^{-\mathrm{T}}\boldsymbol{A}^{-1}\boldsymbol{H}_2=0\\ &\boldsymbol{H}_1^{\mathrm{T}}\boldsymbol{A}^{-\mathrm{T}}\boldsymbol{A}^{-1}\boldsymbol{H}_1=\boldsymbol{H}_2^{\mathrm{T}}\boldsymbol{A}^{-\mathrm{T}}\boldsymbol{A}^{-1}\boldsymbol{H}_2\end{aligned} \tag{6-35}$$

令

$$\boldsymbol{B}=\boldsymbol{A}^{-\mathrm{T}}\boldsymbol{A}^{-1}=\begin{pmatrix}B_{11} & B_{12} & B_{13}\\ B_{21} & B_{22} & B_{23}\\ B_{31} & B_{32} & B_{33}\end{pmatrix}$$

则 $\boldsymbol{B}$ 为一个 4×4 的对称矩阵，设 $\boldsymbol{b}=(B_{11}\quad B_{12}\quad B_{22}\quad B_{13}\quad B_{23}\quad B_{33})^{\mathrm{T}}$，则存在关系式

$$\boldsymbol{H}_i^{\mathrm{T}}\boldsymbol{B}\boldsymbol{H}_j=\boldsymbol{v}_{ij}^{\mathrm{T}}\boldsymbol{b} \tag{6-36}$$

式中，

$$\boldsymbol{v}_{ij}=(h_{i1}h_{j1}\quad h_{i1}h_{j2}+h_{i2}h_{j1}\quad h_{i2}h_{j2}\quad h_{i3}h_{j1}+h_{i1}h_{j3}\quad h_{i3}h_{j2}+h_{i2}h_{j3}\quad h_{i3}h_{j3})^{\mathrm{T}}$$

$$\boldsymbol{H}_i=(h_{i1}\quad h_{i2}\quad h_{i3})^{\mathrm{T}}$$

将式（6-35）和式（6-36）合并，得到方程

$$\begin{pmatrix}\boldsymbol{v}_{12}^{\mathrm{T}}\\(\boldsymbol{v}_{11}-\boldsymbol{v}_{12})^{\mathrm{T}}\end{pmatrix}\cdot\boldsymbol{b}=\boldsymbol{V}\cdot\boldsymbol{b}=0 \tag{6-37}$$

因此，$\boldsymbol{b}$ 为 $\boldsymbol{V}^{\mathrm{T}}\boldsymbol{V}$ 最小特征值对应的特征向量，通过对矩阵 $\boldsymbol{V}$ 进行奇异值分解求出 $\boldsymbol{b}$，得到摄像机的部分内部参数。

考虑镜头的径向和切向四个畸变量 k_1，k_2，p_1，p_2，理想图像坐标 $p(u,v)$ 与畸变图像坐标 $p_d(u_d,v_d)$ 之间的转换关系为

$$\begin{aligned}u_d&=u+(u-u_0)(k_1r+k_2r^2+2p_2x+2p_1y)+p_2rf_x\\v_d&=v+(v-v_0)(k_1r+k_2r^2+2p_2x+2p_1y)+p_1rf_y\end{aligned} \tag{6-38}$$

式中，

$$x=\frac{(u-u_0)}{f_x}$$

$$y=\frac{(v-v_0)}{f_y}$$

$$r=x^2+y^2$$

使用非线性优化算法，结合已经得到的部分参数值，对方程式（6-34）和式（6-38）进行进一步优化求解，使得像面计算坐标与实际像面坐标之间的距离误差最小，从而得到摄像机全部内部参数的精确解。

摄像机标定靶标的形式多种多样，在设计靶标过程中特征点的高精度提取和自动化处理是重点考虑的技术问题，现在常用的摄像机标定靶标主要为平面靶标。平面靶标的设计关键是要保证特征点的图像坐标提取精度，现在常用的靶标形式如图 6-11 所示。6-11a 为棋盘形平面靶标，这种靶标在特征点提取过程中先获得每个特征角点的图像坐标，然后根据角点的分布拟合出水平和垂直的直线，各个直线的交点即为棋盘形靶标的特征点，这样的获取方法可以保证图像特征点的亚像素精度。另外一种圆形平面标定靶标如图 6-11b 所示，这种靶标以每个圆的圆心作为标定的特征点，处理过程中首先获取圆边缘的图像坐标，然后通过椭圆拟合得到圆心的坐标，这样的获取方法也能使得特征点提取达到亚像素精度。

标定过程中为了能够根据摄像机拍摄得到的靶标图像确定靶标坐标系和靶标上标定特征点的拓扑关系，还需要在靶标上增加方向性标记。如图 6-12a 所示是在标定靶标的边缘一个角上放置一个三角形标记，确定靶标坐标系；在靶标上放置编码点确定靶标的方向，如图 6-12b所示；利用圆形靶标上圆形标志的大小区别，设计特殊图案确定靶标的方向，如图 6-12c所示。

（2）线结构光传感器结构模型标定

线结构光视觉传感器标定的目的是获取其数学模型式（6-26）中的结构参数$(r_1r_4r_7)^{\mathrm{T}}$，

a) 棋盘形靶标　　b) 圆形靶标

图 6-11　摄像机标定平面靶标

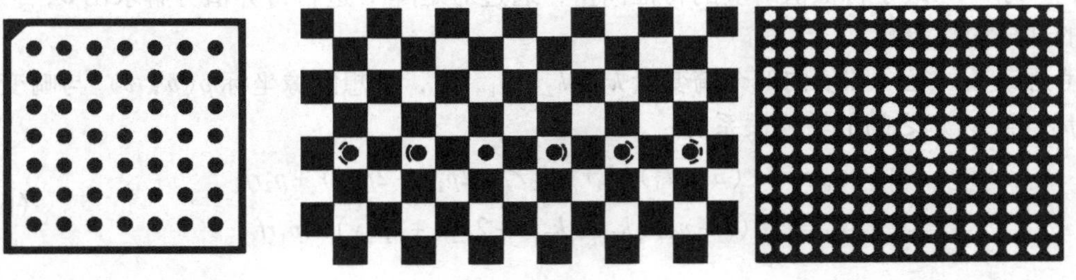

a) 靶标边缘方向性标记　　b) 编码点方向性标记　　c) 特殊图案方向性标记

图 6-12　靶标方向性标记

$(r_2 r_5 r_8)^{\mathrm{T}}$ 和 $(t_x t_y t_z)^{\mathrm{T}}$。它们表示摄像机坐标系到世界坐标系的转换关系，实际上它们定义了线结构激光平面在摄像机坐标系下的空间位置。线结构光传感器标定就是为了确定激光平面的位置参数，同时确定线结构光传感器测量系统的世界参考坐标系，即选定视觉测量系统进行空间测量的基准。线结构光传感器标定的思路是设计一个靶标，在它上面确定一个空间坐标系 $o_w - x_w y_w z_w$，然后利用光平面投射到靶标上产生的标记点或者靶标本身的标记点作为控制点。依据靶标几何形状的线面关系，确定控制点在世界坐标系下坐标值（x_w，y_w，z_w），再提取这些控制点在摄像机像面的像素坐标（u_i，v_i），将控制点的已知坐标值代入模型构造出非线性方程组

$$\begin{cases} F_{xi} = X_{ui} x_i r_7 + X_{ui} y_i r_8 + X_{ui} t_z f - f x_i r_1 - f y_i r_2 - f t_x = 0 \\ F_{yi} = Y_{ui} x_i r_7 + Y_{ui} y_i r_8 + Y_{ui} t_z f - f x_i r_4 - f y_i r_5 - f t_y = 0 \end{cases} \tag{6-39}$$

式中，$(r_1 r_4 r_7)^{\mathrm{T}}$ 和 $(r_2 r_5 r_8)^{\mathrm{T}}$ 分别表示世界坐标系 $o_w x_w$ 轴与 $o_w y_w$ 轴在摄像机坐标系下的方向矢量，满足以下正交约束关系

$$\begin{cases} F_{p1} = r_1^2 + r_4^2 + r_7^2 - 1 = 0 \\ F_{p2} = r_2^2 + r_5^2 + r_8^2 - 1 = 0 \\ F_{p3} = r_1 r_2 + r_4 r_5 + r_7 r_8 = 0 \end{cases} \tag{6-40}$$

由式（6-39）和式（6-40）分别构造最优目标函数如下：

$$I_1(\boldsymbol{R}) = \sum_{i=1}^{n} (F_{xi}^2 + F_{yi}^2) \tag{6-41}$$

$$I_2(\boldsymbol{R}) = F_{p1}^2 + F_{p2}^2 + F_{p3}^2 \tag{6-42}$$

由于目标函数 $I_2(\boldsymbol{R})$ 比目标函数 $I_1(\boldsymbol{R})$ 的收敛速度明显要快，将约束目标函数 $I_2(\boldsymbol{R})$ 乘上罚因子 M，构成无约束最优目标函数

$$I(\boldsymbol{R}) = I_1(\boldsymbol{R}) + MI_2(\boldsymbol{R}) = F_{xi}^2 + F_{yi}^2 + M(F_{p1}^2 + F_{p2}^2 + F_{p3}^2) \tag{6-43}$$

罚因子 M 越大，求解出 $\boldsymbol{R}$ 的正交性越好，利用最小二乘的广义逆法计算，求解出光平面参数 r_1，r_4，r_7，r_2，r_5，r_8，t_x，t_y，t_z。

为了获取线结构光传感器标定所需的控制点对，需要设计控制点获取简单，能够精确反映激光平面位置的标定靶标，靶标设计的好坏直接关系到传感器的标定精度。

一种常见的是棱块靶标，如图 6-13 所示，利用棱块的边沿建立世界坐标系。光平面投射到靶标上与平行棱边相交产生交点，交点的世界坐标由棱边的位置确定，通过图像处理获取这些成像点的像素坐标，从而获得一组控制点对进行标定计算。利用这种靶标获取控制点对，标定过程简单，只需要将棱块靶标摆放一个标定位置即可。由于摄像机视场和棱线块加工工艺的限制，棱块靶标无法获取足够的控制点，参与计算的数据量较小，难以保证标定精度。将棱块靶标放置在平移台上通过移动的方式增加标定控制点的数量，提高标定精度。

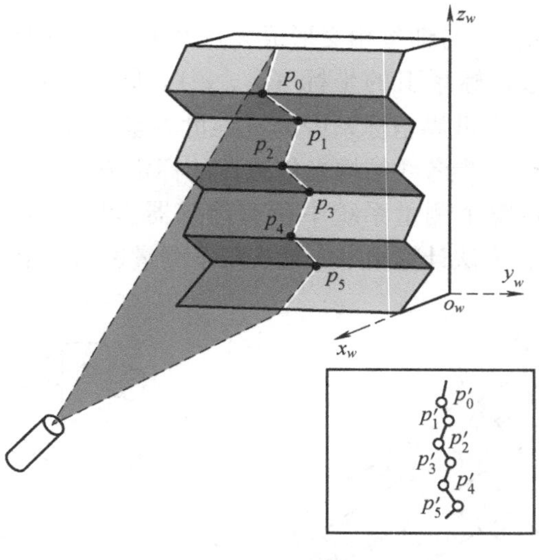

图 6-13　棱块线结构光传感器标定靶标

另一种是一种平行线靶标，如图 6-14 所示。该靶标为一矩形平板，表面刻画有一组水平阵列直线，直线与直线之间的间距固定。标定过程中将标定靶标与移动导轨相配合，根据靶标的放置位置建立世界坐标系，在每一个移动位置上将激光平面与靶标上平行线的交点作为标定控制点，根据导轨的移动距离和标定特征点在图像坐标系上的坐标就能完成对传感器的标定。这种标定方法可以获取足够多的控制点参与标定计算，而且控制点能准确反映出激光平面的实际位置。

（3）线结构光传感器全局标定

当一个视觉测量系统中存在多个线结构光传感器时，需要将所有的线结构光传感器的测量坐标系统移到一个参考世界坐标系之中，也就是求出各个传感器坐标系与世界坐标系之间的转换关系，这个标定过程称为线结构光传感器全局标定。标定原理如图 6-15 所示，线结构光投

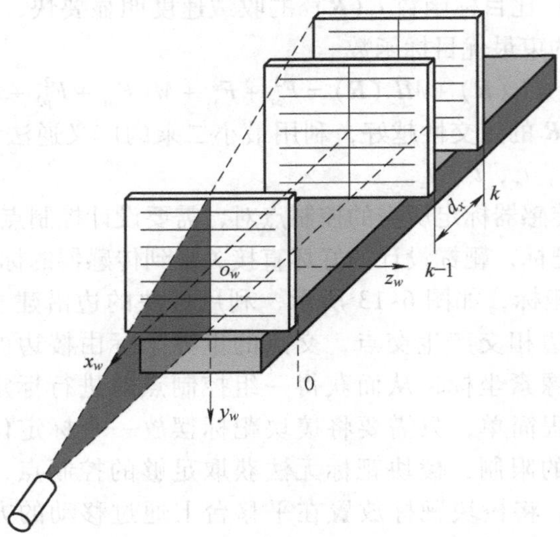

图 6-14　平行线标定靶标

射到有 3 根以上细丝的靶标上，与细丝相交形成光点并成像在 CCD 像平面上。经过图像处理可以得到光点在计算机图像坐标系下的坐标（u_i，v_i）。同时利用双经纬仪建立世界坐标系 $o_w-x_wy_wz_w$，并得到所有光点在世界坐标系中的三维世界坐标（x_{wi}，y_{wi}，z_{wi}），利用线结构光传感器的数学模型式（6-26），参考线结构光传感器的标定方法，计算出世界坐标系与传感器坐标系之间的转换关系。将整个测量系统中所有传感器坐标系与经纬仪建立的世界坐标系 $o_w-x_wy_wz_w$ 的相互关系用这种方法计算出来，就实现了测量过程中全局坐标的统一。

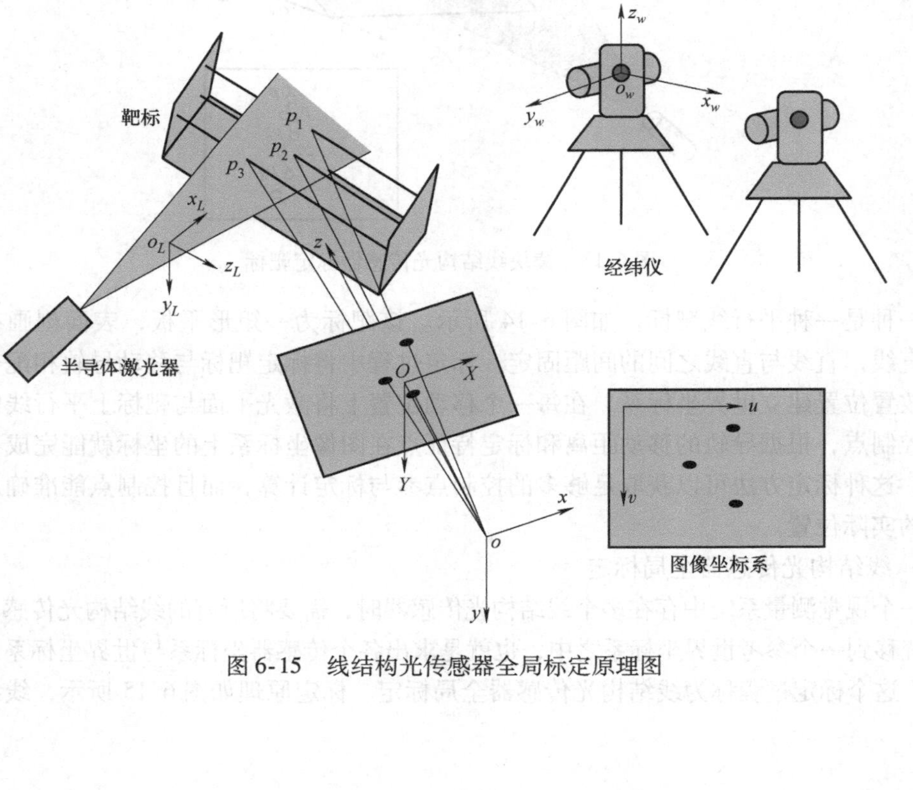

图 6-15　线结构光传感器全局标定原理图

使用立体标定靶标建立世界坐标系，也可以实现多个线结构光传感器的全局统一标定，如图 6-16 所示。该线结构光测量系统用到四个传感器，为了能同时对四个传感器进行标定并完成测量坐标系的统一，设计了一种锯齿立体靶标如图 6-16a 所示。每个靶标面中间都有一个缺齿，以方便四个坐标系统一时特征点拓扑关系的确定。四个传感器与靶标的相对位置，以及各自对应的测量坐标系分布如图 6-16b 所示，在各靶标面上建立的测量坐标系 $O_{wi}-X_{wi}Y_{wi}Z_{wi}$（$i$=0、1、2、3）均以激光光条与靶标平面中间缺齿的“虚拟交点”为原点，Y 轴方向沿激光光条方向。X 轴正向垂直于靶标平面，各坐标系均为右手坐标系。标定时，二维精密平移台的两个自由度分别沿 0 号、2 号坐标系的 X 轴和 1 号、3 号坐标系的 X 轴移动，四个相机同时采集一副光条图像。通过平移台的移动使得标定特征点布满整个测量空间，完成四个传感器的全局统一标定。

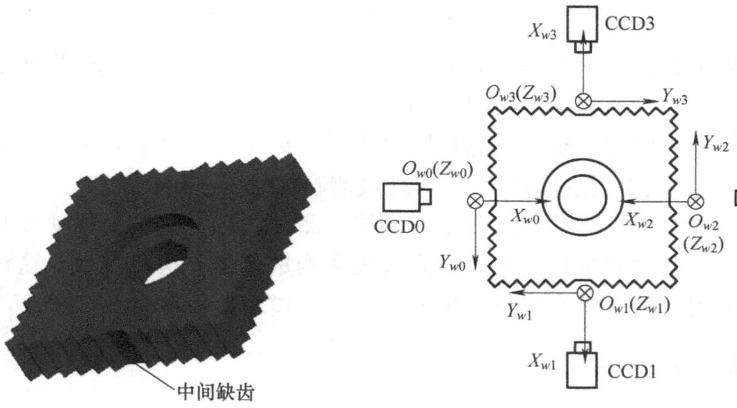

a) 立体靶标　　b) 世界坐标系建立

图 6-16　多个线结构光传感器全局统一标定立体靶标

6.2　激光扫描表面三维测量

利用线结构光传感器对被测物体表面三维形貌进行测量的过程中，需要结构光传感器与被测物体形成相对运动，才能使结构光扫描过整个被测物体表面，从而获取完成的被测物体表面三维数据。按结构光传感器和被测物体的相对运动方式，激光扫描测量分为主动扫描和被动扫描两种。随着激光投射技术和三维测量方法的发展，还出现了多线频闪扫描等结构光扫描表面三维测量方法。

6.2.1　主动扫描测量

主动扫描方式是指线结构激光在扫描过程中被测物体不动，光源在控制器的控制下旋转，不断改变激光平面的位置，使其沿被测物表面移动，完成对被测物体表面的扫描，扫描系统结构如图 6-17 所示。一般便携式的激光扫描仪采用这种方式，特别适用于移动不方便的被测物体。使用这种扫描方式的关键是正确建立光平面方程三维测量模型，它决定了从图像坐标系到空间被测点三维坐标系之间的转换关系。

在测量过程中，控制器控制电动机带动线结构激光光源转动，光平面在空间做扫描运

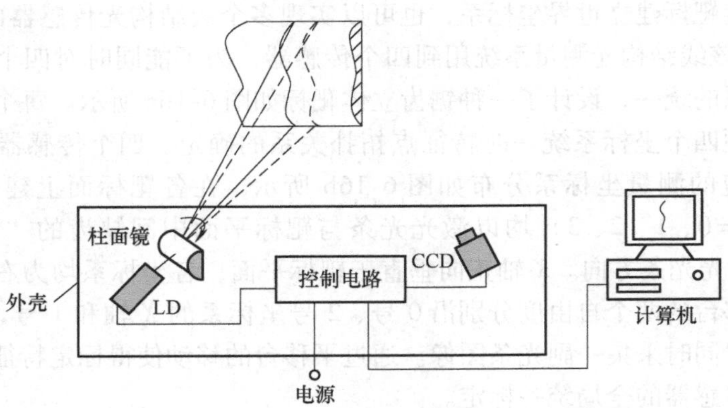

图 6-17 主动扫描方式系统结构示意图

动，在空间有多个光平面，每个光平面间隔角度为 φ。设第 k 个光平面的平面方程为

$$a_k x_w + b_k y_w + c_k z_w + d_k = 0 \tag{6-44}$$

将其代入摄像机测量模型中即可建立计算机屏幕坐标（u，v）和每个光平面上被测点在测量坐标系下坐标（x_w，y_w，z_w）之间的关系，实现被测物体表面的三维测量。

这种主动扫描的线结构光测量方式测量速度快，测量过程中不需要移动被测物体；但只适合于被测物体较小，表面测量精度要求不高或表面测量点少的情况，而且这种扫描方式的测量系统标定过程中需要计算每个测量光平面的位置，过程比较复杂。

6.2.2 被动扫描测量

被动扫描方式是指在测量过程中线结构激光传感器固定，被测物体在移动台或旋转台的带动下和传感器做相对运动，让激光平面扫过被测表面，完成对被测物表面的测量，系统结构如图 6-18 所示。这种扫描方式量程大、精度高、适用性强、被测物体姿态控制灵活，可以将平移和旋转运动相结合，克服被测物体表面的测量死角。

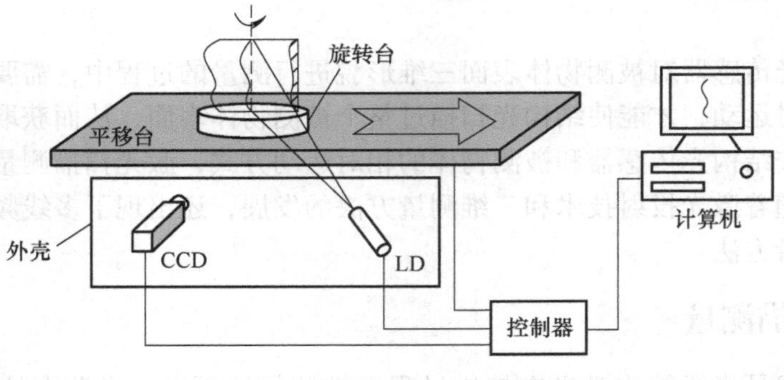

图 6-18 被动扫描方式系统结构示意图

被动扫描分为物体平移和旋转两种方式。对于表面形状简单的物体只需采用一种扫描方式；对于表面形状复杂的物体，为克服测量死角，在扫描过程中两种方式需同时使用。

1. 平移扫描测量模型

线结构光传感器测量得到的世界坐标系下被测物体表面的坐标 $P_i(x_i, y_i, 0)$，其对应

的齐次坐标为 $\widetilde{P}_i(x_i, y_i, 0, 1)^{\mathrm{T}}$，平移扫描过程中沿世界坐标系 o_wx_w、o_wy_w、o_wz_w 轴向方向的移动量分别为 d_x、d_y、d_z，则对应的平移矩阵依次为

$$\boldsymbol{T}_x=\begin{pmatrix}1&0&0&-d_x\\0&1&0&0\\0&0&1&0\\0&0&0&1\end{pmatrix},\ \boldsymbol{T}_y=\begin{pmatrix}1&0&0&0\\0&1&0&-d_y\\0&0&1&0\\0&0&0&1\end{pmatrix},\ \boldsymbol{T}_z=\begin{pmatrix}1&0&0&0\\0&1&0&0\\0&0&1&-d_z\\0&0&0&1\end{pmatrix}$$

对应的齐次坐标变换为

$$\boldsymbol{T}_x\boldsymbol{T}_y\boldsymbol{T}_z\widetilde{\boldsymbol{P}}_i=\begin{pmatrix}1&0&0&-d_x\\0&1&0&0\\0&0&1&0\\0&0&0&1\end{pmatrix}\begin{pmatrix}1&0&0&0\\0&1&0&-d_y\\0&0&1&0\\0&0&0&1\end{pmatrix}\begin{pmatrix}1&0&0&0\\0&1&0&0\\0&0&1&-d_z\\0&0&0&1\end{pmatrix}\begin{pmatrix}x_i\\y_i\\0\\1\end{pmatrix}$$

$$=\begin{pmatrix}x_i-d_x\\y_i-d_y\\-d_z\\1\end{pmatrix}\tag{6-45}$$

2. 旋转扫描测量模型

测量点的旋转变换模型如图6-19所示。使用旋转轴上的一个点 $O_A(x_A, y_A, z_A)$ 和旋转轴的方向矢量 $\boldsymbol{u}(r_{A1}, r_{A2}, r_{A3})$ 来表示旋转轴 A 在世界坐标系中的位置。那么旋转轴 A 的直线方程为

$$A:\ \frac{x-x_A}{r_{A1}}=\frac{y-y_A}{r_{A2}}=\frac{z-z_A}{r_{A3}}\tag{6-46}$$

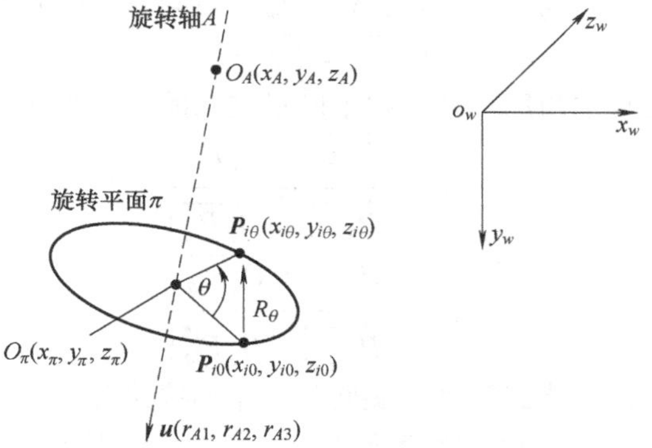

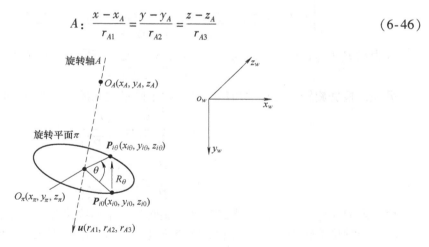

图6-19　测量点旋转变换模型

选取从上向下看逆时针转过角度 θ 的一个旋转测量位置作为研究对象，对旋转变换矩阵 R_θ 进行计算分析。对于测量点 $P_{i0}(x_{i0}, y_{i0}, z_{i0})$，其围绕旋转轴 A 进行旋转变换的旋转平面 $\boldsymbol{\pi}$ 的方向矢量为旋转轴方向矢量 $\boldsymbol{u}$，根据平面上的一个点以及平面的方向矢量建立旋转平面 $\boldsymbol{\pi}$ 的平面方程为

$$\boldsymbol{\pi}:r_{A1}(x-x_{i0})+r_{A2}(y-y_{i0})+r_{A3}(z-z_{i0})=0\tag{6-47}$$

求式（6-46）和式（6-47），得到 $P_{i0}(x_{i0}, y_{i0}, z_{i0})$ 围绕旋转轴 A 的旋转中心 $O_\pi(x_\pi, y_\pi, z_\pi)$ 的坐标为

$$\begin{cases} x_\pi = \dfrac{r_{A1}^2 x_{i0} + r_{A1}r_{A2}y_{i0} + r_{A1}r_{A3}z_{i0} + (r_{A2}^2 + r_{A3}^2)x_A - r_{A1}r_{A2}y_A - r_{A1}r_{A3}z_A}{r_{A1}^2 + r_{A2}^2 + r_{A3}^2} \\ y_\pi = \dfrac{r_{A1}r_{A2}x_{i0} + r_{A2}^2 y_{i0} + r_{A2}r_{A3}z_{i0} - r_{A1}r_{A2}x_A + (r_{A1}^2 + r_{A3}^2)y_A - r_{A2}r_{A3}z_A}{r_{A1}^2 + r_{A2}^2 + r_{A3}^2} \\ z_\pi = \dfrac{r_{A1}r_{A3}x_{i0} + r_{A2}r_{A3}y_{i0} + r_{A3}^2 z_{i0} - r_{A1}r_{A3}x_A - r_{A2}r_{A3}y_A + (r_{A1}^2 + r_{A2}^2)z_A}{r_{A1}^2 + r_{A2}^2 + r_{A3}^2} \end{cases} \tag{6-48}$$

因此的到两个方向矢量

$$\overrightarrow{P_{i0}O_\pi} = \begin{pmatrix} \dfrac{(r_{A2}^2 + r_{A3}^2)x_{i0} - r_{A1}r_{A2}y_{i0} - r_{A1}r_{A3}z_{i0} - (r_{A2}^2 + r_{A3}^2)x_A + r_{A1}r_{A2}y_A + r_{A1}r_{A3}z_A}{r_{A1}^2 + r_{A2}^2 + r_{A3}^2} \\ \dfrac{(r_{A1}^2 + r_{A3}^2)y_{i0} - r_{A1}r_{A2}x_{i0} - r_{A2}r_{A3}z_{i0} + r_{A1}r_{A2}x_A - (r_{A1}^2 + r_{A3}^2)y_A + r_{A2}r_{A3}z_A}{r_{A1}^2 + r_{A2}^2 + r_{A3}^2} \\ \dfrac{(r_{A1}^2 + r_{A2}^2)z_{i0} - r_{A1}r_{A3}x_{i0} - r_{A2}r_{A3}y_{i0} + r_{A1}r_{A3}x_A + r_{A2}r_{A3}y_A - (r_{A1}^2 + r_{A2}^2)z_A}{r_{A1}^2 + r_{A2}^2 + r_{A3}^2} \end{pmatrix}^\Gamma$$

$$\overrightarrow{O_\pi P_{i\theta}} = \begin{pmatrix} \dfrac{r_{A1}^2 x_{i0} + r_{A1}r_{A2}y_{i0} + r_{A1}r_{A3}z_{i0} + (r_{A2}^2 + r_{A3}^2)x_A - r_{A1}r_{A2}y_A - r_{A1}r_{A3}z_A}{r_{A1}^2 + r_{A2}^2 + r_{A3}^2} - x_{i\theta} \\ \dfrac{r_{A1}r_{A2}x_{i0} + r_{A2}^2 y_{i0} + r_{A2}r_{A3}z_{i0} - r_{A1}r_{A2}x_A + (r_{A1}^2 + r_{A3}^2)y_A - r_{A2}r_{A3}z_A}{r_{A1}^2 + r_{A2}^2 + r_{A3}^2} - y_{i\theta} \\ \dfrac{r_{A1}r_{A3}x_{i0} + r_{A2}r_{A3}y_{i0} + r_{A3}^2 z_{i0} - r_{A1}r_{A3}x_A - r_{A2}r_{A3}y_A + (r_{A1}^2 + r_{A2}^2)z_A}{r_{A1}^2 + r_{A2}^2 + r_{A3}^2} - z_{i\theta} \end{pmatrix}^\Gamma$$

因为点 $P_{i0}(x_{i0}, y_{i0}, z_{i0})$ 与点 $P_{i\theta}(x_{i\theta}, y_{i\theta}, z_{i\theta})$ 在同一个圆周上，则

$$|\overrightarrow{P_{i0}O_\pi}| = |\overrightarrow{O_\pi P_{i\theta}}| \tag{6-49}$$

另外，根据旋转台转动的角度可知，两个向量之间的夹角为 θ，即

$$\cos\theta = \frac{\overrightarrow{P_{i0}O_\pi} \times \overrightarrow{O_\pi P_{i\theta}}}{|\overrightarrow{P_{i0}O_\pi}||\overrightarrow{O_\pi P_{i\theta}}|} \tag{6-50}$$

$$\sin\theta = \frac{\overrightarrow{P_{i0}O_\pi} \times \overrightarrow{O_\pi P_{i\theta}}}{|\overrightarrow{P_{i0}O_\pi}||\overrightarrow{O_\pi P_{i\theta}}|} \tag{6-51}$$

由于点 $P_{i0}(x_{i0}, y_{i0}, z_{i0})$ 绕旋转轴 A 旋转过程中始终是在旋转平面 π 中，则点 $P_{i\theta}(x_{i\theta}, y_{i\theta}, z_{i\theta})$ 应满足旋转平面 π 的方程，将点 $P_{i\theta}(x_{i\theta}, y_{i\theta}, z_{i\theta})$ 带入式（6-47）中得

$$r_{A1}(x_{i\theta} - x_{i0}) + r_{A2}(y_{i\theta} - y_{i0}) + r_{A3}(z_{i\theta} - z_{i0}) = 0 \tag{6-52}$$

对式（6-49）、式（6-50）、式（6-51）和式（6-52）求解，即可得到 $P_{i0}(x_{i0}, y_{i0}, z_{i0})$ 与 $P_{i\theta}(x_{i\theta}, y_{i\theta}, z_{i\theta})$ 之间的转换矩阵 $\boldsymbol{R}_\theta$ 为

$$\boldsymbol{R}_\theta = \begin{pmatrix} r_{11} & r_{12} & r_{13} & x_A - r_{11}x_A - r_{12}y_A - r_{13}z_A \\ r_{21} & r_{22} & r_{23} & y_A - r_{21}x_A - r_{22}y_A - r_{23}z_A \\ r_{31} & r_{32} & r_{33} & z_A - r_{31}x_A - r_{32}y_A - r_{33}z_A \\ 0 & 0 & 0 & 1 \end{pmatrix} \tag{6-53}$$

其中：

$$r_{11}=r_1^2+(1-r_1^2)\cos\theta$$
$$r_{12}=r_1r_2(1-\cos\theta)+r_3\sin\theta$$
$$r_{13}=r_1r_3(1-\cos\theta)-r_2\sin\theta$$
$$r_{21}=r_1r_2(1-\cos\theta)-r_3\sin\theta$$
$$r_{22}=r_2^2+(1-r_2^2)\cos\theta$$
$$r_{23}=r_2r_3(1-\cos\theta)+r_1\sin\theta$$
$$r_{31}=r_1r_3(1-\cos\theta)+r_2\sin\theta$$
$$r_{32}=r_2r_3(1-\cos\theta)-r_1\sin\theta$$
$$r_{33}=r_3^2+(1-r_3^2)\cos\theta$$

3. 被动扫描测量模型

对于线结构光被动扫描测量系统，在任意一个扫描测量位置，其扫描位移系统的扫描参数都可以用三个平移量和一个旋转角度，即（d_x，d_y，d_z，θ）来表示。那么对于在某一测量位置下通过线结构光传感器得到的光条中心点坐标 $P_i(x_i, y_i, 0)$，首先进行平移矩阵变换得到测量点 $P_{i0}(x_{i0}, y_{i0}, z_{i0})$，然后通过旋转转换矩阵 R_θ 对旋转台转动 θ 角进行数据变换，得到最终的被测物体表面数据点 $P_{i\theta}(x_{i\theta}, y_{i\theta}, z_{i\theta})$，因此其对应的硬件数据融合坐标点 $P_{i\theta}(x_{i\theta}, y_{i\theta}, z_{i\theta})$ 的转换关系为

$$\begin{pmatrix} x_{i\theta} \\ y_{i\theta} \\ z_{i\theta} \\ 1 \end{pmatrix} = R_\theta T_x T_y T_z \begin{pmatrix} x_i \\ y_i \\ 0 \\ 1 \end{pmatrix} \tag{6-54}$$

6.2.3 频闪结构光扫描测量

系统选择基于高速旋转棱镜与可调制激光器配合频闪扫描的方法在极短时间内投射出光栅条纹模式的面结构光的投射方案来实现精密器件在线快速高精度测量。如图 6-20 所示，整个系统由激光器、旋转多面棱镜、面阵 CCD、光电探测器组成。通过线结构光的高速扫描形成面结构光。利用激光器外调制驱动电源控制线结构激光器的输出，通过控制驱动电源的调制频率，输出频闪线结构光。多面棱镜在高速电动机的驱动下旋转，将激光器输出的线结构光反射，投射到被测物体表面。由于多面棱镜旋转过程中线结构光入射角度的变化，使线结构光扫描过整个被测物体表面，在被测物体表面形成面结构光测量条纹。其次面阵 CCD 对面结构光进行整体成像。将光电探测器放置在多面棱镜旋转过程中线结构光投射的极限位置上，用于同步时钟控制信号和空间光条位置同步，并提供相机采集图像的同步信号。因为高速旋转的多面棱镜投射的是高频的结构光，每条线结构光投射的时间非常短，在光电探测器产生采集同步信号的控制下，面阵 CCD 在结构光扫描整个区域的过程中都进行曝光，即可实现对整个被测表面调制后结构光的整体成像，获取整个扫描表面完整的面结构光图像，完成对被测物体表面三维数据的测量。

基于光学三角测量法的基本思路，建立系统的测量模型，如图 6-21 所示，则

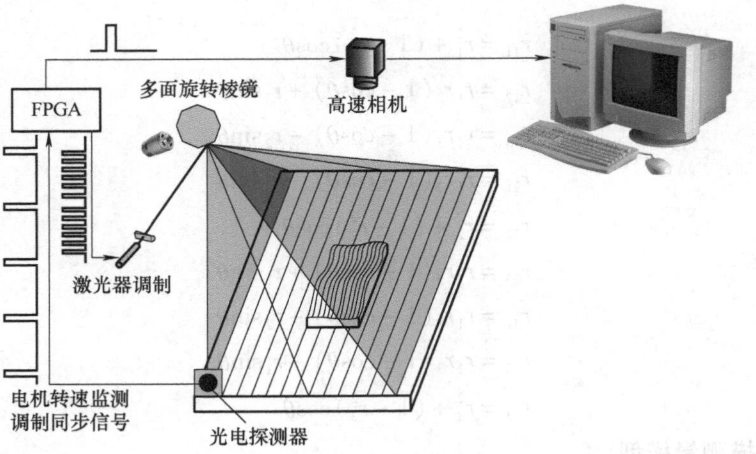

图 6-20　频闪结构光扫描测量

$$\begin{cases} \dfrac{y_p}{u_{\theta_p}} = \dfrac{L - z_p}{f} \\ \dfrac{x_p}{v_{\theta_p}} = \dfrac{L - z_p}{f} \\ L - z_p = \dfrac{D - y_p}{\tan\theta_p} \end{cases} \Rightarrow \begin{cases} y_p = \dfrac{L - z_p}{f} u_{\theta_p} \\ x_p = \dfrac{L - z_p}{f} v_{\theta_p} \\ z_p = \dfrac{Df}{f\tan\theta_p + u_{\theta_p}} \end{cases} \tag{6-55}$$

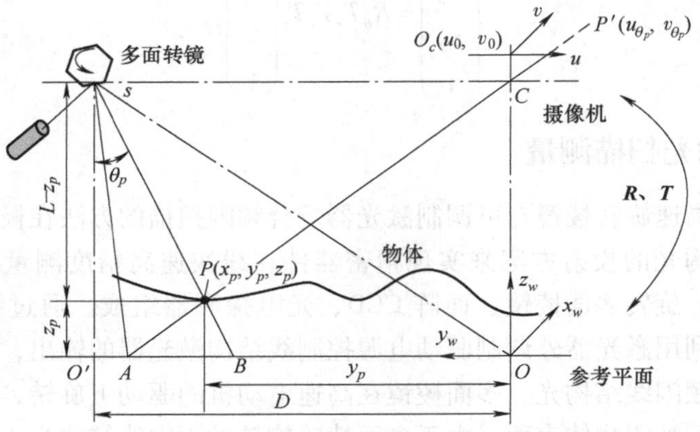

图 6-21　系统测量模型

物体的三维信息（x_p，y_p，z_p）可由图像坐标（u_{θ_p}，v_{θ_p}）和该点所隶属的光条对应的角度 θ_p 根据上述公式获得。式中，L，D，f 为系统参数，可通过系统搭建时设定并进行校正。该测量方法是一种光心对正模型，要求的硬件约束相当多，还要辅助参考面的位置调整，因此标定过程很复杂，测量精度不能保证。

假设 $o-x_w y_w z_w$ 为空间坐标系，$o_c-x_c y_c z_c$ 为摄像机坐标系，两者的位置关系随意，其转换关系为 $\boldsymbol{R}$ 和 $\boldsymbol{T}$。对于摄像机坐标系来说，P'点坐标为

$$(x_p,\ y_p,\ z_p) = (u_{\theta_p} - u_o,\ v_{\theta_p} - v_o,\ -f) \tag{6-56}$$

其中（u_o，v_o）为 CCD 像面中心，（u_{θ_p}，v_{θ_p}）为 P 点的图像坐标；C 点的坐标为

$$(x_c,\ y_c,\ z_c)=(0,\ 0,\ 0) \tag{6-57}$$

因此，P'和 C 点在 $o_wx_wy_wz_w$ 坐标分别为

$$\begin{pmatrix} x'_p \\ y'_p \\ z'_p \end{pmatrix}=\boldsymbol{R}\begin{pmatrix} x_p \\ y_p \\ z_p \end{pmatrix}+\boldsymbol{T} \quad \begin{pmatrix} x'_c \\ y'_c \\ z'_c \end{pmatrix}=\boldsymbol{R}\begin{pmatrix} x_c \\ y_c \\ z_c \end{pmatrix}+\boldsymbol{T} \tag{6-58}$$

则，直线 PC 在 $o_wx_wy_wz_w$ 坐标系下的方程为

$$\frac{x_w-x'_c}{x'_p-x'_c}=\frac{y_w-y'_c}{y'_p-y'_c}=\frac{z_w-z'_c}{z'_p-z'_c} \tag{6-59}$$

多面转镜的光线扫描中心 S 的坐标为

$$(x_s,\ y_s,\ z_s)=(0,\ 0,\ L) \tag{6-60}$$

P 点所隶属的光条对应的角度 θ_p，平面 SP 法向量为$(0,\ -\cos\theta_p,\ \sin\theta_p)$，则平面 SP 的方程为

$$(y_w-y_s)(-\cos\theta_p)+(z_w-z_s)\sin\theta_p=0 \tag{6-61}$$

联立方程式（6-56）~式（6-61）得到 P 点坐标为

$$\begin{cases} x_w=\dfrac{x'_p-x'_c}{z'_p-z'_c}(z_w-z'_c)+x'_c \\ y_w=\dfrac{y'_p-y'_c}{z'_p-z'_c}(z_w-z'_c)+y'_c \\ z_w=\dfrac{(z'_p-z'_c)[(x_s-x'_c)\cos\theta_p+z_s\sin\theta_p]+z'_c(x'_q-x'_c)\cos\theta_p}{(x'_p-x'_c)\cos\theta_p+(z'_p-z'_c)\sin\theta_p} \end{cases} \tag{6-62}$$

6.3 激光视觉三维测量技术的应用

6.3.1 轿车白车身视觉测量系统

在汽车制造过程中，白车身总成上许多关键点的三维尺寸需要检测，如车窗、车门等，若不符合设计要求，整车就会封闭不严，出现漏风、漏雨等现象。传统的车身检测方法是人工靠模法，即由技术人员用标准模板与从生产线抽取的车身进行对比，检测精度取决于操作者的经验和水平，检测效率很低。三坐标测量机发展以后，用大型的三坐标测量机对车身进行检测，测量精度大幅度提高，但只能实现离线定期抽样检测，效率低，不能全面反映白车身总成的制造质量，更不能满足现代汽车制造在线检测需求。视觉检测技术很好地解决了这个问题，能够对白车身各分总成、总成的关键点的空间坐标实现100%在线测量，实时反映焊装线的工作状态，对白车身焊装质量控制有着重要意义。根据对被测对象的适应程度不同，白车身视觉在线测量系统，亦称视觉检测站，可分为针对单一车型检测的固定式在线测量系统和适合多种车型检测的柔性在线检测系统。

1. 固定式多传感器在线测量系统

典型的固定式车身三维尺寸检测系统，也称检测站，其工作原理如图6-22所示。检测站包括多个视觉传感器、定位机构、全局校准、现场控制、测量软件等几个部分。每个视觉

传感器都是一个测量单元，对应车身上的一个被测点，系统组建时，所有的传感器均已统一到基准坐标系下，传感器由系统中的计算机控制。测量时，每个视觉传感器测量相应点的三维坐标，并转换到基准坐标系中，全部传感器给出车身上所有被测点的测量结果，完成对车身各顶点位置、风窗玻璃框尺寸、定位孔大小及位置、车门安装处棱边位置及走向等主要参数的测量。

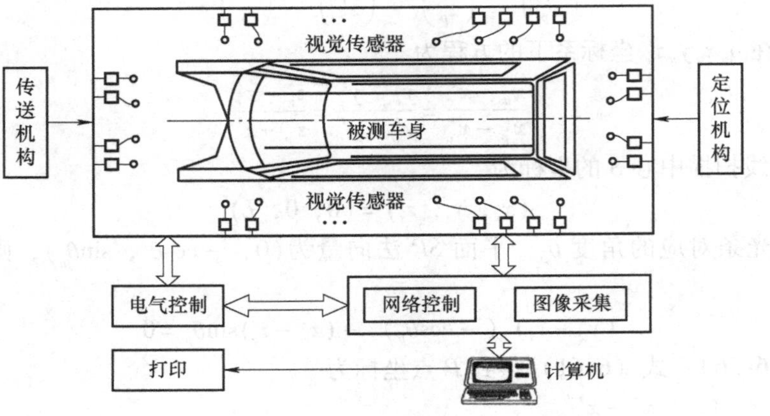

图 6-22　固定式车身三维尺寸视觉检测原理

车身三维尺寸视觉检测系统通常包含多达几十个视觉传感器，每个传感器均是在自身的坐标系（传感器局部坐标系）中进行测量，必须将系统中全部传感器坐标系统移到一个全局坐标系（系统基准坐标系）中，才能实现系统功能，这就是全局校准技术。图 6-23 为借助中间坐标测量装置的间接全局校准示意图。这种校准技术的核心是由两台经纬仪组成的移动式高精度空间坐标测量装置和一块精密标准靶标。全局校准时，首先，用传感器测量靶标（靶标上设计有标准圆孔），得到传感器坐标系和靶标坐标系之间的转换关系；其次，同时用经纬仪坐标测量装置观测靶标在空间的位置，得到靶标坐标系和经纬仪测量装置坐标系之间的转换关系；再次，用经纬仪坐标测量装置观测视觉检测系统的基准坐标系（通常选择与车身坐标系重合），得到两者之间的关系；最后，由坐标变换链：传感器坐标系→靶标坐标系→经纬仪坐标测量装置坐标系→基准坐标系，实现传感器坐标系到视觉系统基准坐标系之间的统一，即全局校准。

在固定式视觉在线测量系统中，传感器的数量由具体测量要求确定，所有传感器都通过“万向头 - 支架”的连接形式固定安装在基础支撑结构（框架）上，如图 6-24 所示。传感器可随万向头灵活转动，调整万向头使被测特征出现在传感器视场的合适位置后，锁紧万向头。多传感器固定式视觉检测系统在功能上相当于多测头同时工作的坐标测量机，由于结构中没有任何运动部件，不存在机械磨耗，长期运行也可以有效保证测量精度。

车身被测点一般有几十甚至上百个，分布在长达数米的空间范围内，控制系统不仅要对所有的传感器进行实时控制，还要实现对机械及定位系统的控制，必须具备一定的扩展和适应能力，方便系统配置。所以，自动控制系统是保证整个系统安全、稳定、高效工作的重要保证。图 6-25 是采用 CAN 现场总线的固定式车身检测站控制系统框图。

计算机作为控制核心，负责传感器和控制台的管理，实时控制各个传感器，使其动作互

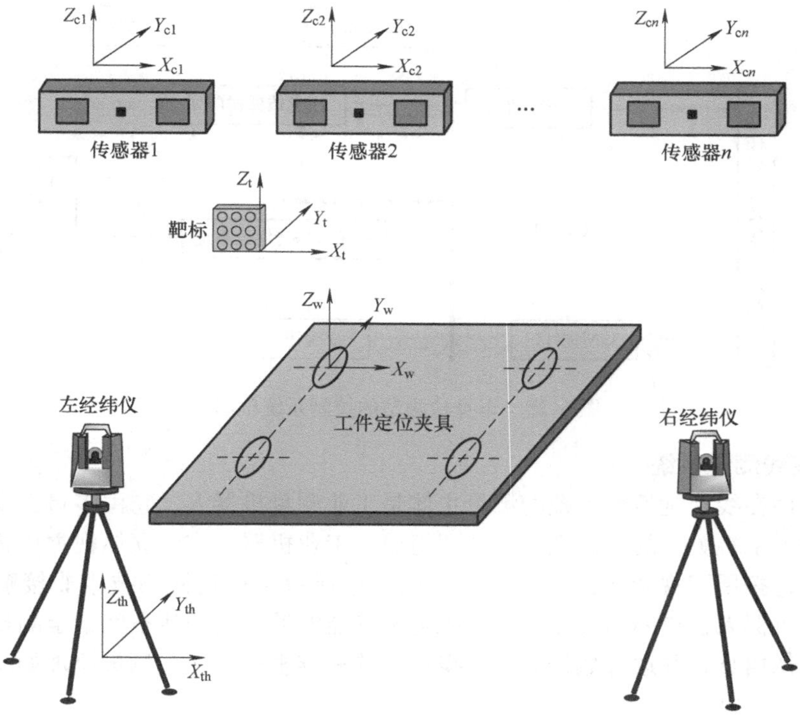

图 6-23　间接全局校准原理

图 6-24　固定式测量系统的框架式结构

相协调。控制台自动控制白车身运载滑橇（用于将车身送到被测工位）的进退、升降、加减速等动作。系统采用 CAN 总线作为控制网络的通信标准，不但支持多主机方式，而且能在低层解决数据碰撞问题。

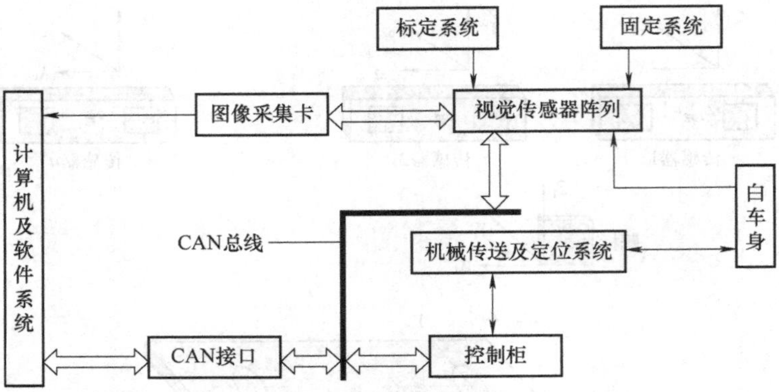

图 6-25　车身检测站的控制系统框图

2. 柔性在线测量系统

白车身柔性在线视觉检测系统的测量主体是工业测量机器人，它由多自由度工业机器人和安装在机器人末端关节的立体视觉传感器组成。工业机器人作为立体视觉传感器的运动载体，不仅极大地拓展了视觉传感器的工作空间，还保留了视觉检测技术非接触、快速的特点。通过控制机器人在空间的位姿变换，视觉传感器能够依次到达空间指定测量位置采集空间特征点的图像信息，并通过数据处理获得该点的三维坐标数据，测量原理如图 6-26 所示。

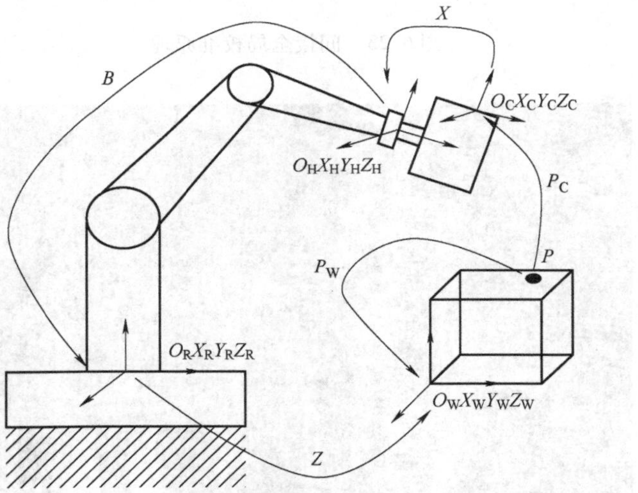

图 6-26　柔性测量机器人坐标测量系统图

建立 4 个坐标系，分别为机器人基础坐标系 $O_RX_RY_RZ_R$、机器人末端关节坐标系 $O_HX_HY_HZ_H$、在生产线上由定位系统确定的车身坐标系 $O_WX_WY_WZ_W$ 和视觉传感器测量坐标系 $O_CX_CY_CZ_C$。测量结果应为被测点 P 在车身坐标系 $O_WX_WY_WZ_W$ 下的坐标 P_W，而传感器测得是的 P 点在其坐标系下的坐标值为 P_C，因此需要确定传感器坐标系与车身坐标系之间的转换关系，即系统校准。通常这一转换关系的建立有多种路径，可分为基于传感器测量姿态的系统校准和基于机器人运动学模型的系统校准。前者与固定式测量系统的系统校准原理相同，机器人携带传感器依次到达每一个测量点（对应一个测量姿态），在传感器的每一个测量姿态下，通过经纬仪或者激光跟踪仪直接建立传感器与车身坐标系的转换关系。这种方法虽然精度较高，但工作量大且不便于将来的特征点调整，下面将对基于机器人运动学模型的系统校准方法进行简单介绍。由图6-26可知

$$P_W = T_Z T_B X P_C \tag{6-63}$$

式中，X 为机器人手眼关系，即机器人末端关节坐标系与视觉传感器测量坐标系之间的变换关系；T_B 为机器人末端关节坐标系与机器人基坐标系之间的坐标变换关系；T_Z 为机器人基坐标系与白车身坐标系之间的位置变换关系。由于视觉传感器与机器人末端关节刚性连接，测量过程中两者相对位置不变，所以 X 在测量中恒定。同样，机器人基坐标系相对于白车身坐标系的位置关系也是不变的，即 T_Z 值恒定。因此，X 和 Z 都可以在测量前计算出来，只要求出相应测量姿态下的 T_B 并得到 P 点在视觉传感器测量坐标系下的坐标 P_C，由式（6-63）即可计算出 P 点在车身坐标系下的坐标 P_W。

柔性在线测量系统一般由4台对称布置的机器人、安装在机器人末端的视觉传感器、测量控制柜（内含测量计算机及图像处理系统，用户界面程序，服务器模块等）、PLC控制柜系统（安全门模块，光栅，RFID系统，Z 向传感器）等部分构成，现场布置如图6-27所示。

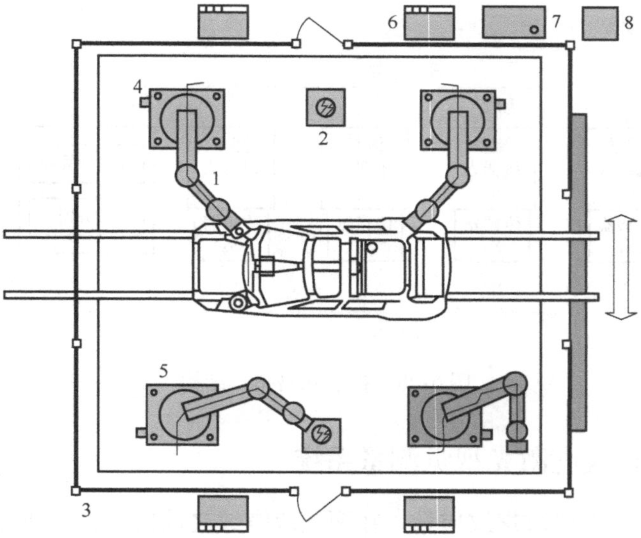

图6-27 白车身柔性在线视觉检测系统示意图

1—机器人 2—基准球 3—保护结构 4、5—水泥基座 6、7、8—控制柜

柔性在线测量系统的工作过程是：白车身在滑撬上运动到检测工作站停下并精确定位，主线控制器给检测站PLC发“到位”信号→PLC检测车身定位情况并给机器人发“车型”及“起动”信号→机器人接到信号后开始工作。机器人在每个测量点向PLC发“测量请求”和“测点ID”信号，等待PLC发回的“测量完成信号”→测量系统从PLC得到“测量请求”和“测点ID”信号开始测量并记录数据。然后传递到测量数据分析软件进行处理，测量结束后向机器人发“测量完成”信号→机器人收到“测量完成信号”后开始向下一测量点运动，由此完成全部待测点的测量。

控制系统的网络拓扑结构如图6-28所示。实现的功能主要包括：

1）多传感器视觉检测站内部的网络通信与控制功能，使各个传感器协调工作，完成测量任务。

2）实现多传感器视觉检测站与外部通信与控制，包括输入“开始测量”、手动控制等信号，输出报警信号，输出“放行”“禁止放行”等信号。

3）提供外部终端查询测量结果的网络支持。

电气控制流程如下：测量在被测车身允许进入测量工位条件下（没有急停信号、安全门关闭、4台机器人在原位，测量系统工作正常、测量站自动工作模式或放空模式），车身在主线PLC的控制下进入测量工位，同时将被测量车身的8位车型码信号，通过DeviceNet总线发给测量站控制系统PLC，并且将机器人正常运行所需的信号发送给本工位PLC，测量站控制系统PLC根据车型启动一个测量周期，测量开始进行，测量计算机与机器人通过PLC交互信号完成测量，将测量结果显示并保存。测量完成后，测量工作站PLC发送测量完成信号给主线PLC，完成一个测量周期。

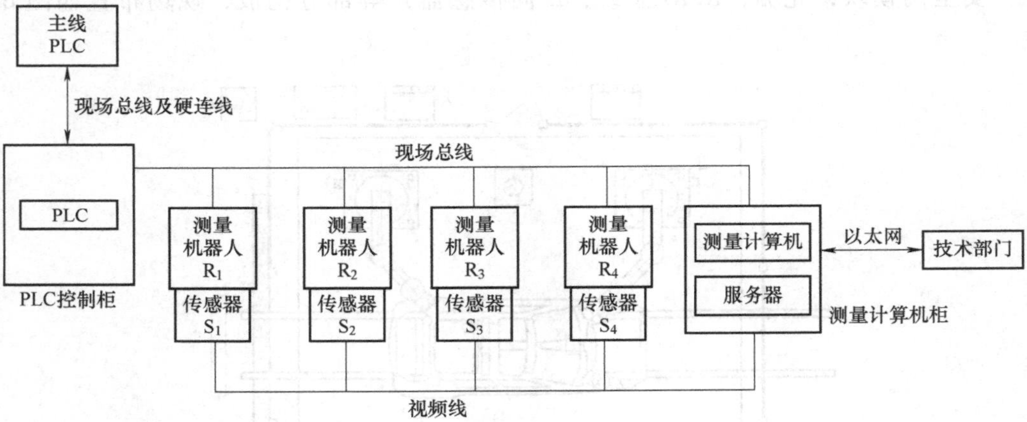

图6-28　控制网络拓扑结构

6.3.2　无缝钢管直线度激光视觉测量系统

无缝钢管为获得良好的攻螺纹质量，在两端攻螺纹之前应对其直线度进行检测。目前直线度的测量主要有激光准直法、自准直光管检测法以及拉线法等。其中前两种方法是分别以激光和白光作为直线基准，根据靶标或反射镜在被测直线方向逐点移动测出直线度误差，而第三种方法是以拉紧的丝线（如细钢丝）作为直线基准，并采用适当的手段（如电容、电感）测量出直线度误差。上述所有这些方法对无缝钢管直线度都不能进行自动测量。随着无缝钢管生产批量的增大与产品质量的提高，迫切需要一种高精度非接触自动的测量方法与之相适应。激光视觉测量系统就能很好地解决这一难题。

无缝钢管直线度的测量，实际上是钢管轴心线上各点在三维空间中的位置坐标的测量。因此，根据采样定理，只要能够测出被测直线（轴心线）上若干点在空间坐标系中的三维坐标，则可以根据直线度评定原则，采用计算机快速实时地评定出直线度误差。若用多个线结构光传感器和计算机组成的机器视觉系统，可以很方便地在线测量出无缝钢管的直线度误差，其基本测量原理如图 6-29 所示。

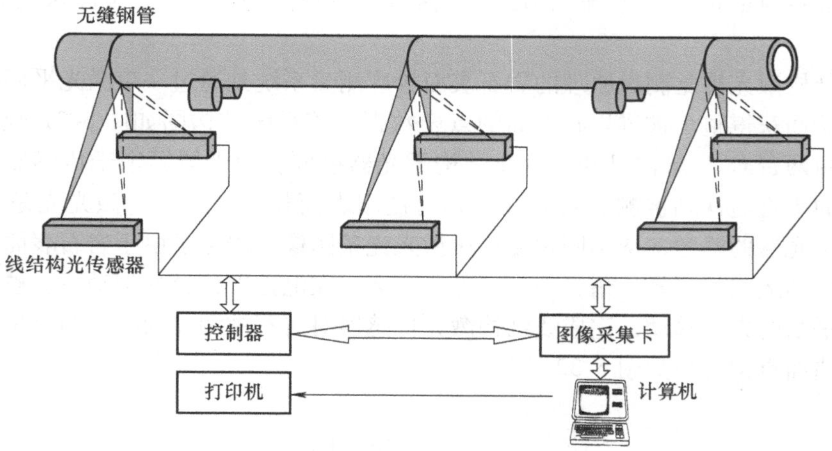

图 6-29 无缝钢管直线度激光视觉测量系统

一个 CCD 摄像机的视场范围有限，在钢管每个采样截面的下方放置一对传感器，它们的光平面调整到一个平面上，如图 6-30 所示。这样在光平面上有两段椭园弧参与椭圆拟合，可以更准确地求出在此光平面上的椭圆中心坐标。研究表明，当两束光轴线的夹角 θ 大于 90°（最理想情况是180°）时，会得到比较满意的椭圆拟合效果，同时考虑测量系统的体积和测量精度，取 $\theta\approx100°$来安装两个传感器。两个线结构激光投射到钢管上，在钢管表面上形成两个椭圆弧，它们分别由两个 CCD 摄像机接收，并成像在每个 CCD 摄像机像面上，椭圆弧的像经图像采集卡采集后送入计算机，用这两个椭圆弧线上的点经一定计算可在光平面上拟合出椭圆方程，从而求得椭圆的长轴半径、短轴半径及椭圆中心的坐标，短轴的半径就是钢管的半径。将整个钢管的各个采样截面的圆心坐标都统一到一个坐标系（世界坐标系）下，用空间任意方向上的最小包容区域直线度评定原则求出钢管直线度误差。

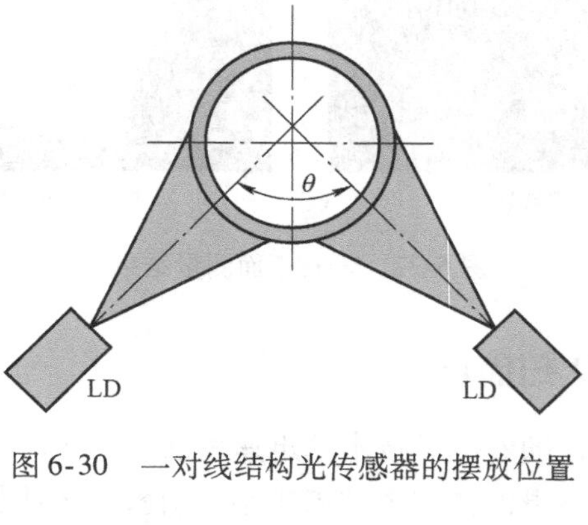

图 6-30 一对线结构光传感器的摆放位置

6.3.3 岩石表面激光扫描三维测量系统

岩石节理面的基本特征之一是其表面的粗糙性，粗糙程度对节理和岩体的力学性质有着非常大的影响，因此要真实地描述节理行为，必须考虑节理粗糙性对节理剪切强度的影响。

节理粗糙度系数（Joint Roughness Coefficient，JRC）是岩石节理表面几何形态的定量描述参数，JRC 的可靠测量是客观地预测节理抗剪强度、位移时产生的膨胀和水力传导特征的关键。

基于线结构激光视觉测量原理的岩石表面轮廓测量系统是通过一束激光平面扫描过被测岩石表面，从而获得整个被测岩石表面的点云数据。该系统结构图如图 6-31 所示，线结构激光传感器由两台 CCD 摄像机和一个线结构激光器组成。激光器固定于传感器中央，将线结构激光平面垂直透视到被测岩石表面上，与被测表面相交产生一个激光光条。两台 CCD 摄像机位于激光器的两旁，从不同角度拍摄激光光条图像，避免了由于岩石表面突起对激光光条图像的遮挡造成的测量死角，减小了测量盲区。在电控平移台的带动下，被测岩石表面沿垂直激光平面的方向移动，完成线结构激光传感器对岩石被测表面的扫描测量，岩石表面测量数据及曲面重构结果如图 6-32 所示。

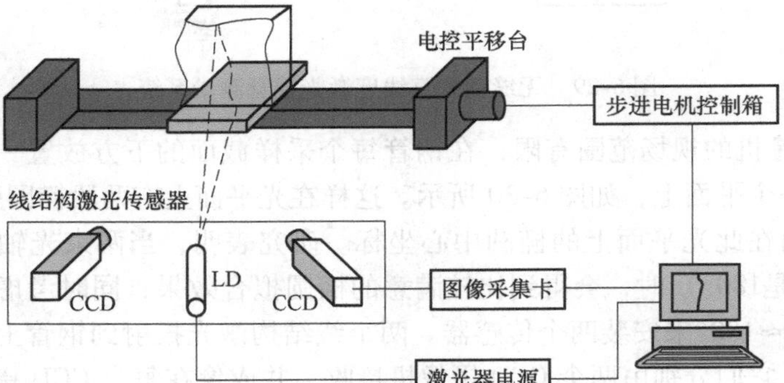

图 6-31　岩石表面激光扫描三维测量系统结构图

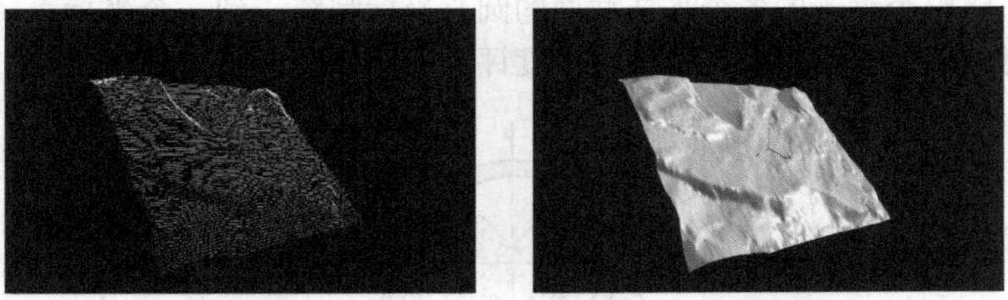

a) 表面测量数据　　b) 表面重构结果

图 6-32　岩石表面测量结果

6.3.4　锡膏厚度激光 3D 扫描仪

自 20 世纪 80 年代以来，随着电子技术的迅速发展，电子产品日趋成熟，贴片元器件向精细化发展，表面安装器件本身的体积也越来越小，引脚和走线越来越密，同时产品的焊接技术也发生了新的变化。因此，焊接质量已成为产品质量的关键因素，焊接质量的检测在电路板生产过程中的作用也越来越重要。焊点可靠性是焊接质量的关键，而影响焊点可靠性的一个重要因素就是锡膏印制的质量。锡膏印制流程是表面贴装技术的初始环节，这期间会产生很多缺陷已经是一个不争的事实，大约 60% ~70% 的产品缺陷都会出现在这个阶段。在生产中，锡膏的印制质量将直接影响元器件的焊接质量，例如锡膏缺失将导致元器件开焊，锡膏桥接将导致焊接短路，锡膏坍塌将导致元器件虚焊等产品质量问题。形成这些缺陷的原因包括锡膏流动性不良、模板厚度和孔壁加工不当、印刷机参数设定不合理、精度不高、刮刀材质和硬度选择不当、PCB 加工不良等。评定锡膏印制质量及可靠性的指标主要包括锡膏的平均厚度、长度、宽度、面积和体积等。

图 6-33 是应用激光三角法面型测量传感器测量印制电路板锡膏表面形貌系统原理图。为了获取印制电路板表面锡膏的表面形貌信息，精密电控平移台 3 带动被测电路板沿 Z 轴方向移动，完成对锡膏表面形貌特征的扫描。在扫描过程中，线结构光发射器 1 发出的光平面被锡膏表面的形貌特征调制得到一条激光光条，通过摄像机 4 获取调制后的激光光条信息，通过图像采集卡输入到计算机中。对引脚扁平封装和球栅阵列封装的表面贴装 PCB 进行测量，结果的 2D 和 3D 效果如图 6-34 所示。

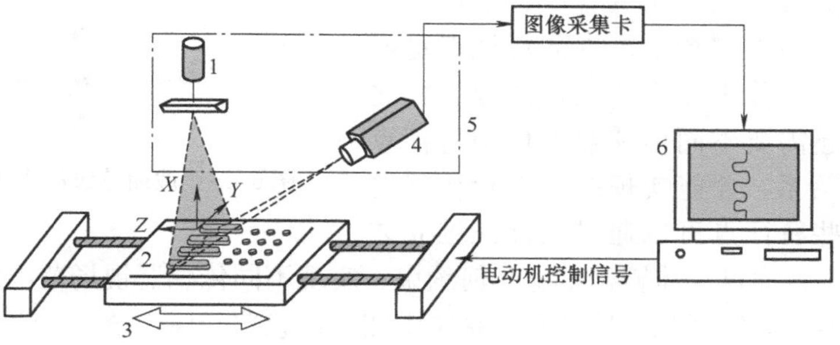

图 6-33　印制电路板锡膏检测系统原理图

1—线结构光发射器　2—被测电路板　3—精密电控平移台　4—摄像机　5—面型测量传感器　6—计算机

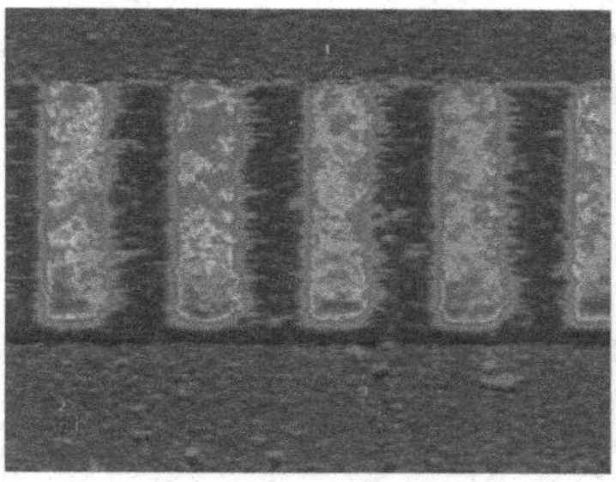

a) 引脚扁平封装锡膏2D效果图

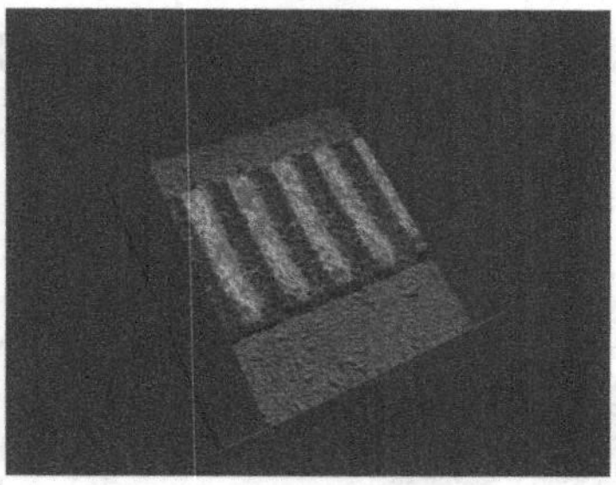

b) 引脚扁平封装锡膏3D效果图

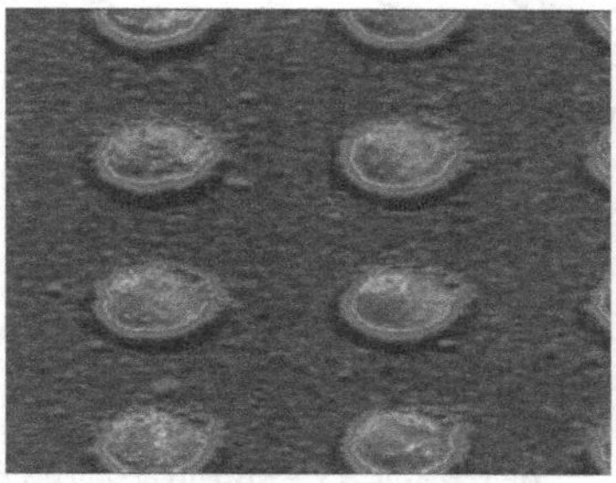

c) 球栅阵列封装锡膏2D效果图

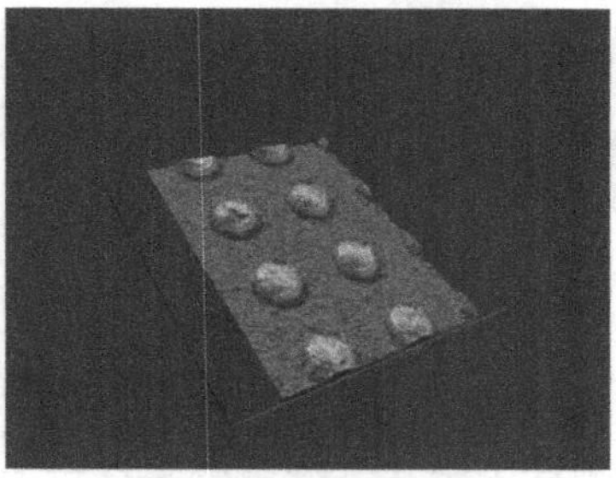

d) 球栅阵列封装锡膏3D效果图

图 6-34　印制电路板锡膏封装测量结果

6.3.5 截面轮廓激光视觉检测系统

对于一些工业产品，如型材、密封条等，需要对其截面的轮廓尺寸进行测量，采用4个激光视觉传感器同时工作的方式，在测量过程中同时获取被测件的完成轮廓信息，测量系统如图6-35所示。四套线结构光传感器环绕被测物体分布，可以通过传感器与安装基座上的凹槽调整四套传感器的相对位置。测量或标定时，通过激光器调整机构可以调整4个激光器的光平面“共面”，这样得到被测物与激光平面的一个完整截面。

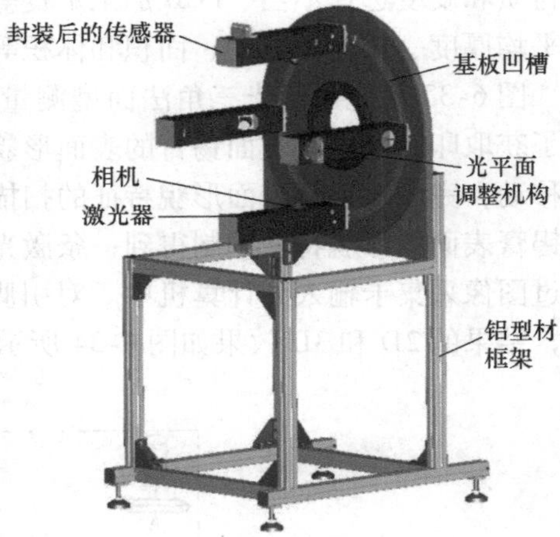

图6-35 截面轮廓激光视觉检测系统

对于多套视觉传感器的全局标定，不仅需要分布在各个视觉传感器视场范围内的特征点世界坐标与对应传感器图像上相应特征点图像坐标之间的对应关系，还需要不同传感器视场中特征点之间的相互转换关系，才能实现多套视觉传感器的全局标定。这些特征点可以通过设计三维立体靶标的方式来获取，通过立体靶标本身几何约束，实现不同传感器视场范围内特征点之间对应关系的相互转换。为实现截面轮廓测量系统中四套传感器的标定统一，设计的全局统一标定立体靶标如图6-36a所示，该立体靶标的截面几何形状如图6-36b所示。立体靶标每个面上分布着截面几何形状及分布相同的“锯齿”。在标定过程中，以激光光条中心与“锯齿”顶点交点作为特征点。立体靶标的横截面为正方形，每个“锯齿”的横截面为等腰三角形。在靶标加工的过程中，去除每个边上处于中间位置的锯齿，以方便对立体靶标上的特征点进行拓扑定位。

a) 立体靶标

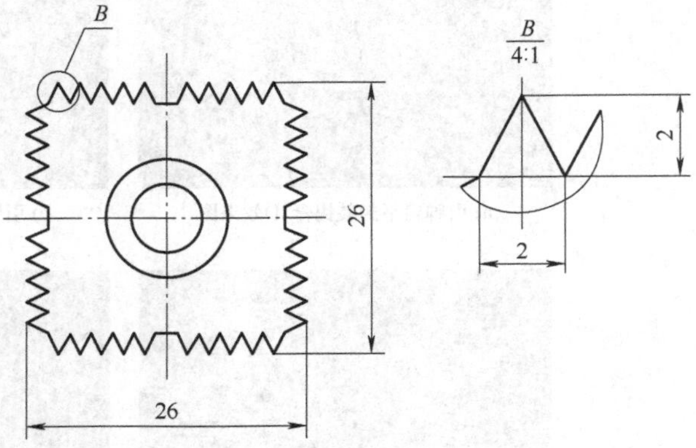

b) 靶标横截面示意图

图6-36 全局统一标定立体靶标

标定时，将靶标固定在二维精密平移台上，二维精密平移台的两个轴的移动方向分别为测量坐标系的两个轴向，通过二维平移台的分别移动，使得靶标“齿顶”的特征点分布在整个测量空间，如图6-37所示。利用标定特征点完成四套传感器的统一标定。

搭建截面轮廓激光视觉检测系统，对图6-38中的密封条实物进行截面轮廓测量。系统采用了四套线结构光传感器进行测量，每套传感器获取被测密封条截面轮廓的一部分，密封条的整体轮廓由四套传感器的测量数据共同组成。从理论上，每套传感器只需要获取被测轮廓1/4的数据，通过四套传感器即可获取完整的轮廓。但由于机械定位的误差，传感器标定误差等因素，设计时传感器的视场范围所覆盖的密封条截面轮廓往往大于1/4，因此相邻两个传感器测量数据会有重叠。由于系统误差的存在，通过测量模型所获取的密封条轮廓不能完美的契合，反映在最终测量坐标系下，即本应单线的轮廓，在局部会出现“双线”情况。密封条截面轮廓测量的轮廓数据形成的密封条截面大体轮廓如图6-39所示。相邻两个传感器测量数据不重合，为了得到较为理想的完整截面轮廓，需要对所获取的轮廓数据进行筛选融合，进行必要的取舍。

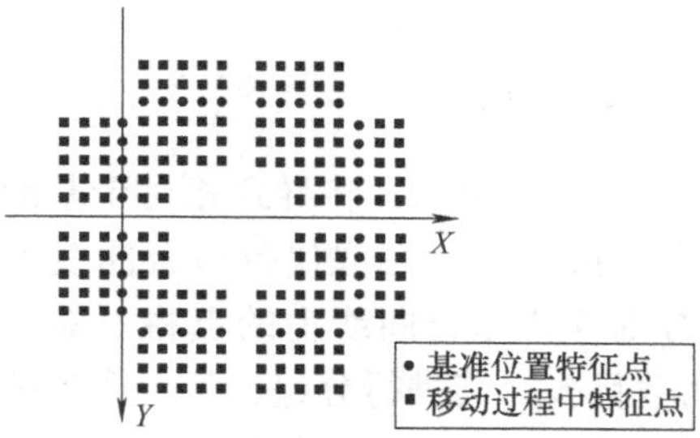

图6-37 标定特征点空间分布

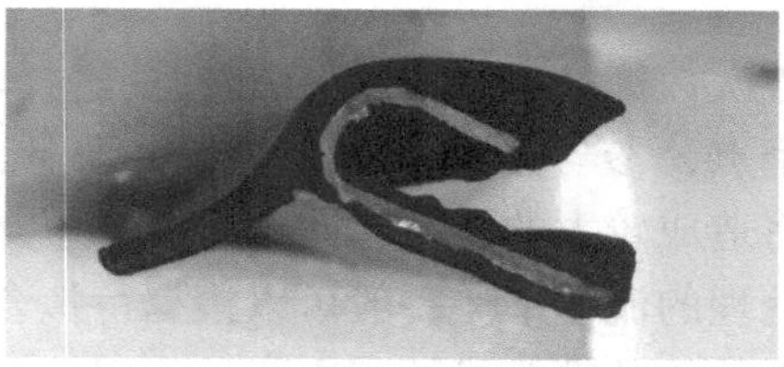

图6-38 被测密封条

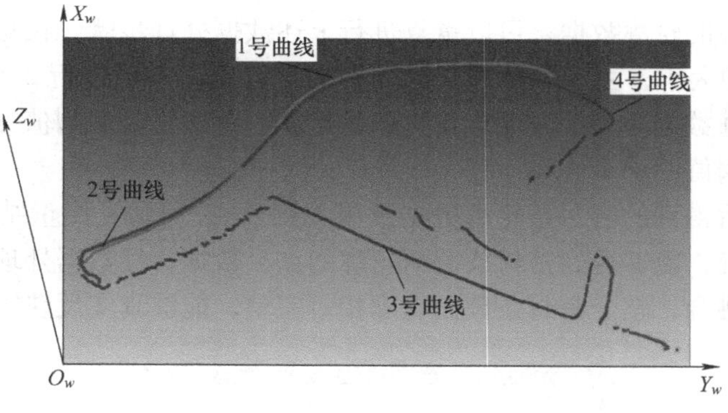

图6-39 密封条轮廓初步测量结果效果图

以1号曲线和2号曲线重合部分为例，说明对经过区域滤波后相邻轮廓不重合部分数据处理的方法。如图6-40所示，设重叠部分1号曲线上点的集合为（A_0，A_n），2号曲线上的点集合为（B_0，B_n）。任选一条曲线作为基准，图示中选择2号曲线作为基准。从2号曲线的起点B_0开始，遍历1号曲线上的点集合（A_0，A_n），计算两点之间的距离。预先设定一个阈值Δd_{max}，若距离小于或等于阈值Δd_{max}，则求出两点的中点P，同时用该中点P取代1号曲线上的对应点A_i；若距离大于阈值Δd_{max}，则结束此次遍历。对基准曲线上下一个点B_1重复上述操作，考虑1号上起始部分的数据已经进行处理，B_1到这部分点的距离小于其到处理前的 1 号曲线上对应点的距离。为避免数据重复处理，另外设置一个阈值 Δd_{min}，对于两点间的距离大于阈值 Δd_{min} 同时小于阈值 Δd_{max} 的点才做相同处理，否则不做处理，并在距离大于阈值 Δd_{max} 时结束遍历。当 2 号曲线上的点集合遍历完毕，则此时的点集合（A_0，A_n）即为融合后的新的 1 号曲线数据。

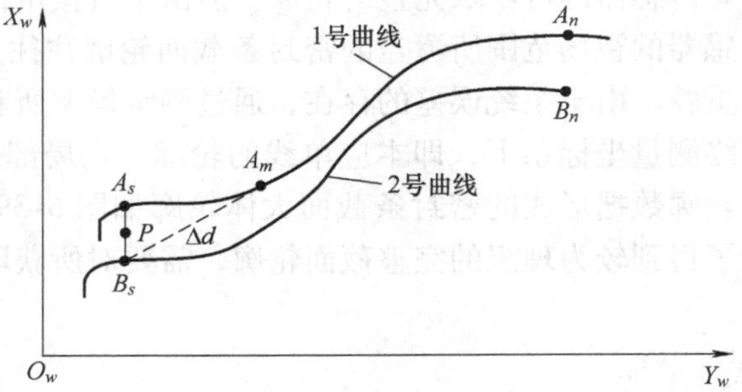

图 6-40　重合部分轮廓数据处理示意图

首次数据处理时，阈值 Δd_{max} 的选择非常重要。如果 Δd_{max} 过大，将导致相对于基准曲线上每个点，参与数据处理的拟合曲线上点的跨度过大，再用中点去取代待拟合曲线上的点时，将造成较大的误差。同样，Δd_{max} 也不宜过小，否则等待拟合曲线上的点将不能参与到数据处理的流程中。一般可以根据待拟合曲线上点的数目，对其进行分组，每一个分组中任选一点。从基准曲线的起点开始，根据分组的数目以及基准曲线上点的数目，确定跨度从而可以在基准曲线上采样等数目的样本点。求出基准曲线和待拟合曲线上对应样本点之间的距离，然后求平均，以此平均值作为数据处理时阈值 Δd_{max} 的估算值。

为得到更为理想的轮廓数据，可以重复进行上述数据处理步骤。在每次处理时，要同时更新 Δd_{min} 和 Δd_{max} 的大小，由于重叠部分轮廓距离比较近，一般进行 2～3 次数据处理即可得到比较理想的轮廓数据。为了方便计算机迭代运算，每次更新的阈值 Δd_{min} 和 Δd_{max} 可以选择上一次数据处理阈值的一半。

经过数据处理后得到的密封条轮廓数据效果如图 6-41 所示。测量结果可以看出，利用密封条轮廓测量系统，能够得到密封条截面轮廓的点云数据，经数据处理后，相邻重叠部分的曲线数据进行了融合，整个密封条截面轮廓相对完整，能够真实反映密封条的表面形貌。

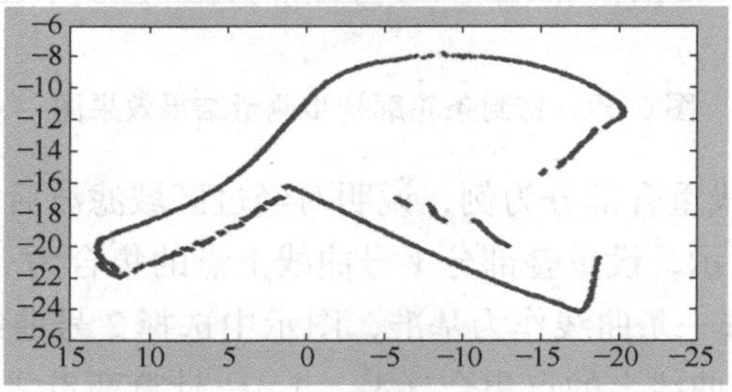

图 6-41　密封条截面轮廓测量结果

第 7 章

激光其他测量技术

7.1 激光测速技术

速度测量是运动物体测试过程中的一个重要项目，例如飞行器的飞行、汽车的行驶、管道中液体的流动等。传统的速度测量方法如皮托管、风速仪等均采用接触的方法把测量探头放置在流场中，随着激光技术的发展产生了激光多普勒速度测量方法，得到了广泛的应用。随着速度测量的需求和技术的发展，出现了粒子图像测速和激光多普勒全场测速等速度测量的新方法。

7.1.1 激光多普勒速度测量技术

1842 年奥地利科学家 Doppler 等人发现，任何形式的波传播，由于波源、接收器、传播介质或散射体的运动，会使频率发生变化，即所谓的多普勒频移。1964 年，Yeh 和 Cummins 观察到水流中粒子的散射光有频移，证实了可用激光多普勒频移技术来确定水流的流动速度。随后，有人又用该技术测量气体的流速。目前，激光多普勒测量技术已广泛地应用到流体力学、空气动力学、燃烧学、生物医学以及工业生产中的各种速度测量。

1. 激光多普勒测速原理

激光多普勒测速技术（Laser Doppler Velocimetry，LDV）的工作原理是基于运动物体散射光线的多普勒效应。

（1）多普勒效应

多普勒效应可以由波源和接收器的相对运动产生，也可以由波传输通道中的物体运动产生，LDV 通常利用后一种情况。多普勒效应可通过图 7-1 所示的观察者 P 相对波源 S 运动来解释。假设波源 S 静止，观察者以速度 v 移动，波速为 c，波长为 λ。如果和 λ 相比，P 离开 S 足够远，可把 P 处的波看成是平面波。

单位时间 P 朝 S 方向移动的距离为 $v\cos\theta$，θ 是速度矢量和波运动方向的夹角。这样，单位时间内比 P 点静止时多接收了 $v\cos\theta/\lambda$ 个波，移动的观察者所感受到的频率增加

$$\Delta f=\frac{v\cos\theta}{\lambda} \tag{7-1}$$

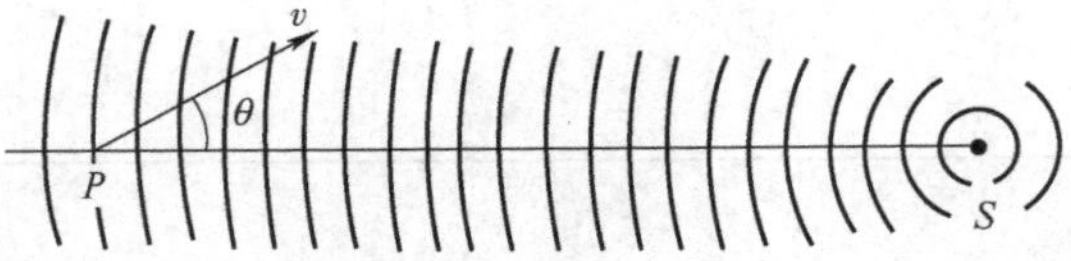

图 7-1 观察者相对波源移动的多普勒频移

由于 $c = f\lambda$，f 是 S 波源发射的频率（即观察者静止时感受到的频率），则频率的相对变化可写为

$$\frac{\Delta f}{f} = \frac{v\cos\theta}{c} \tag{7-2}$$

式（7-2）为基本的多普勒频移方程。

（2）激光多普勒测速原理

分析式（7-2）可知，如果已知运动方向 θ，波速 c 和波长 λ，若测量出观察者感受到的频率增加 Δf，便可求出观察者的运动速度。下面根据多普勒效应来研究微粒运动速度的测量技术。

激光器发出单色光束投射到以速度 v 运动的物体上 P 点（散射中心），光电检测器接收运动的散射中心发射的散射光波，如图 7-2 所示。图中，k_i 表示平行于入射光波矢量的单位矢量；k_s 表示平行于散射光波矢量的单位矢量。若物体静止，单位时间内照射到 P 点上的波面数目 f_0 为

$$f_0 = c/\lambda_i \tag{7-3}$$

式中，c 为光速；λ_i 为入射光波波长。

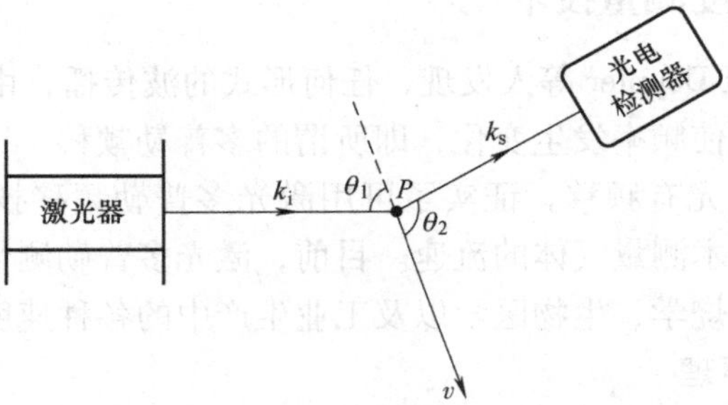

图 7-2 激光多普勒测速原理图

在图 7-2 中，θ_1 是 k_i 与物体速度 v 之间的夹角，θ_2 是 k_s 与物体速度 v 之间的夹角。可以看出，光源发出的光与物体 P 之间的相对速度为 $c' = c - v\cos\theta_1$。对 P 点来说，入射光的视在频率为

$$f_P = \frac{c - v\cos\theta_1}{\lambda_i} \tag{7-4}$$

散射中心 P 点以频率 f_P 向四周散射光波，P 点对光电检测器的相对速度为 $c + v\cos\theta_2$，光电检测器所接收到的散射光频率为

$$f_s = \frac{c + v\cos\theta_2}{\lambda_P} \tag{7-5}$$

将 λ_P代入式（7-5）得

$$f_s = \frac{(c + v\cos\theta_2)(c - v\cos\theta_1)}{c\lambda_i} \approx \frac{c + v(\cos\theta_2 - \cos\theta_1)}{\lambda_i} \tag{7-6}$$

光电检测器所接收到的散射光和原始光源之间产生了频移 f_d

$$f_d = f_s - f_0 = \frac{v(\cos\theta_2 - \cos\theta_1)}{\lambda_i} \tag{7-7}$$

这就是多普勒测速的一般公式。由该公式可知，多普勒频移不仅与入射光频率有关，而且还带有运动体的速度信息。因此，如果能测出多普勒频移，就可以知道物体运动信息。多普勒测速的方法使用光的波长作为基准，测量精度高。光电探测器的输出结果是检测到的光频率信号，抗干扰能力强。

2. 后向散射型激光多普勒测速仪

激光多普勒测速技术按接收散射光的方向分为：前向散射型和后向散射型。如图7-2所示光源与光电探测器放置于运动物体的两侧，称为前向散射型结构。如图7-3所示光源与光电探测器放置于运动物体的同一侧，称为后向散射型结构。与前向散射型结构相比，后向散射型结构紧凑，激光多普勒测速仪多采用这种结构。

在后向散射型激光多普勒测速仪中光源发出光束垂直入射到运动物体上，并被物体表面散射，散射光由光电检测器接收。如果入射光与散射光的夹角为 θ，物体运动方向与光源投射方向的夹角为90°，光电探测器方向与物体运动方向的夹角为（90° − θ）则多普勒频移为

$$f_d = v\sin\theta/\lambda_0 = f_0 v\sin\theta/c \tag{7-8}$$

物体的运动速度为

$$v = cf_d/(f_0\sin\theta) \tag{7-9}$$

3. 差分多普勒测速技术

单光束多普勒测速技术中光电探测器的接收方向固定，有时会受到现场条件的限制。差分多普勒测速技术如图7-4所示，采用一个分束器及反射器把光线分为强度相等的两束光照射运动物体，在观测方向上所接收的散射光频移分别为

$$\Delta f_1 = \frac{f_0 v}{c}(\cos\theta_3 - \cos\theta_1) \tag{7-10}$$

$$\Delta f_2 = \frac{f_0 v}{c}(\cos\theta_3 - \cos\theta_2) \tag{7-11}$$

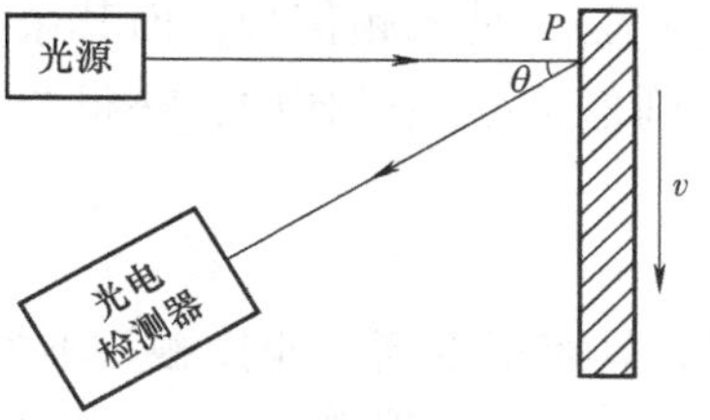

图7-3 后向散射型激光多普勒测速仪

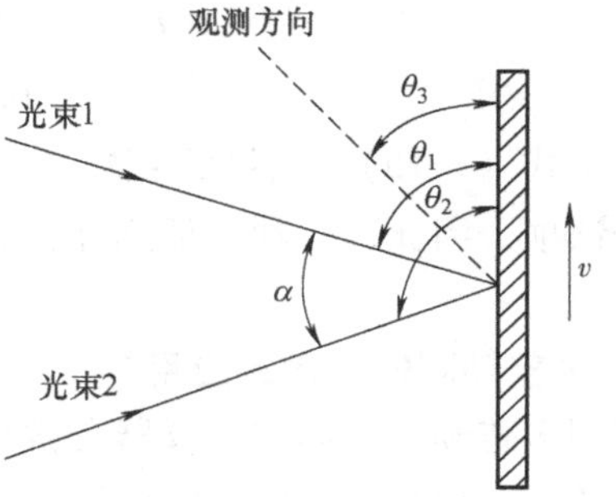

图7-4 差分多普勒测速原理图

这两个散射光的频差为

$$f_d = \Delta f_2 - \Delta f_1 = \frac{f_0 v}{c}(\cos\theta_1 - \cos\theta_2) = 2\frac{v\sin\dfrac{\varphi}{2}}{\lambda_0} \tag{7-12}$$

式中，φ 为光束 1 和光束 2 所形成的夹角。运动物体的速度为

$$v = \lambda_0 f_d / [2\sin(\varphi/2)] \tag{7-13}$$

物体的运动速度与所检测到的两束散射光频率差 f_d 成正比，而频差与光电探测器的方向 θ_3 无关。因此，差分多普勒测速技术光电探测器可在任意方向接收散射光，使用时不受现场条件的限制，可在任意方向测量。且可使用大口径的接收透镜，使粒子散射的光能量极大地被利用，提高信噪比。

图 7-5 所示为常用的差分多普勒测速光路图。激光器发出的激光束，经分光镜 1 和反射镜 2 分成两路平行光束，再经透镜 3 会聚到运动体的 P 点上，两光束均被 P 点所散射，该两束散射光经过透镜 4 以后，被光电管接收。

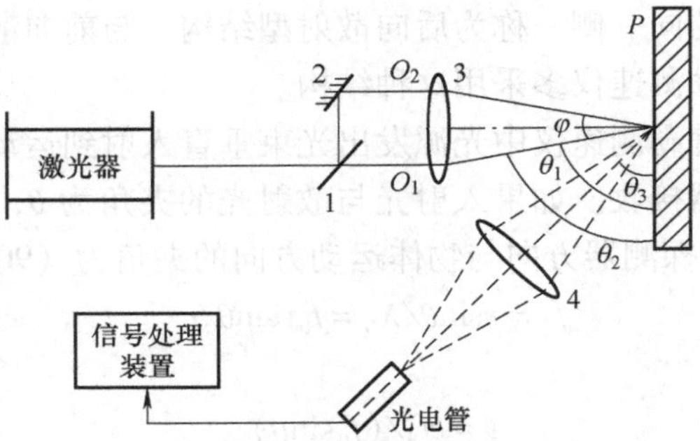

图 7-5　差分多普勒测速光路图

1—分光镜　2—反射镜　3、4—透镜

若光电管接收元件采用二次方律检测器，则光电信号正比于发光强度的二次方。设 O_1 和 O_2 的发光强度分别为 I_1 和 I_2，则

$$\begin{aligned} I_1 &= I_{O_1}\cos 2\pi f_{O_1} t \\ I_2 &= I_{O_2}\cos 2\pi f_{O_2} t \end{aligned} \tag{7-14}$$

光电管输出的光电流正比于 $(I_1 + I_2)^2$，则有

$$\begin{aligned}(I_1 + I_2)^2 &= (I_{O_1}\cos 2\pi f_{O_1} t)^2 + (I_{O_2}\cos 2\pi f_{O_2} t)^2 \\ &\quad + I_{O_1} I_{O_2}\cos 2\pi(f_{O_1} + f_{O_2})t + I_{O_1} I_{O_2}\cos 2\pi(f_{O_1} - f_{O_2})t \end{aligned} \tag{7-15}$$

分析式（7-15）中各项频率，最后一项频率（$f_{O_1} - f_{O_2}$）是低频信号，而其余三项频率均高于该项，因此，可利用低通滤波器将低频分量送到信号处理设备中，获得与 f_d 相关的信号。

4. 多普勒测速技术的应用

利用多普勒效应制成的仪器有激光多普勒测量仪，具有精度高、非接触、不扰乱流场、测量装置可远离被测物体、响应快、空间分辨率高、使用方便的特点，广泛用于生物医学、流体力学、空气动力学、燃烧学等领域。

LDV具有极高的空间分辨力，再配置一显微镜可用以观察毛细血管内血液的流动。图7-6是激光多普勒显微镜光路图，将多普勒测速仪与显微镜组合起来，显微镜用视场照明光源照明观察对象，用以捕捉目标。测速仪经分光棱镜将双散射信号投向光电接收器，被测点可以是60μm的粒子。

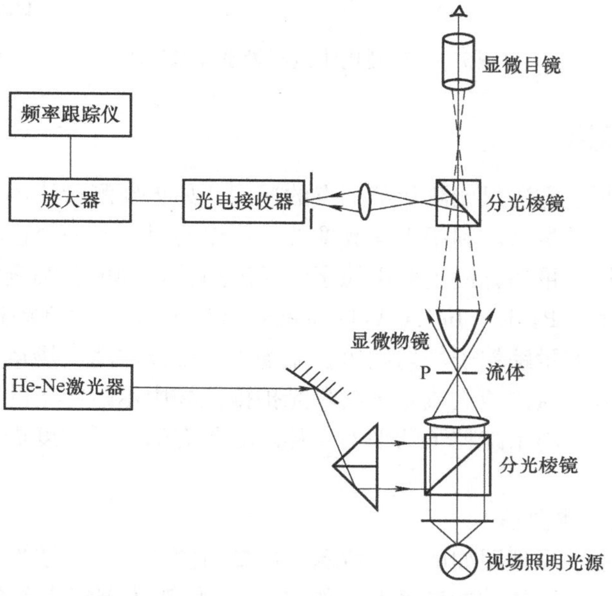

图7-6 激光多普勒显微镜光路图

由于被测对象是生物体，光束不易直接进入生物体内部，且要求测量探头尺寸小。光纤测量仪探头体积小，便于调整测量位置，可以深入到难以测量的角落，并且抗干扰能力强，密封型的光纤探头可直接放入液体中使用。光纤测速仪的这些优点正适合于血液的测量。图7-7是光纤多普勒测速仪原理图，采用后向散射参考光束型光路，参考光路由光纤端面反射产生。为消除透镜反光的影响，利用安置于与入射激光偏振方向正交的检偏器接收血液质点 P 的散射光和参考光。

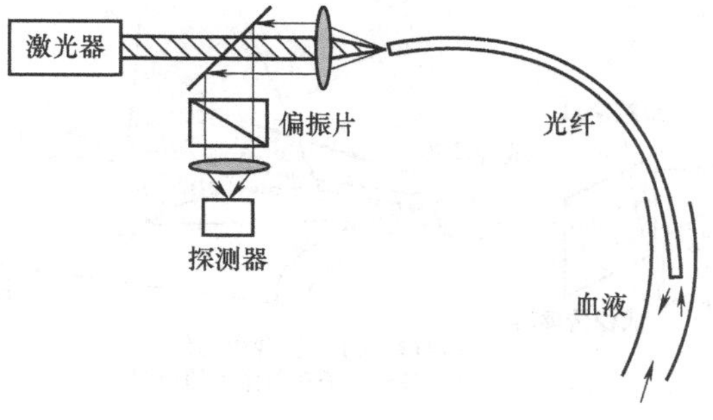

图7-7 光纤多普勒测速仪

图7-8是测量圆管或矩形管内水流速度分布的多普勒测量系统原理图，采用最典型的双散射型测量光路。

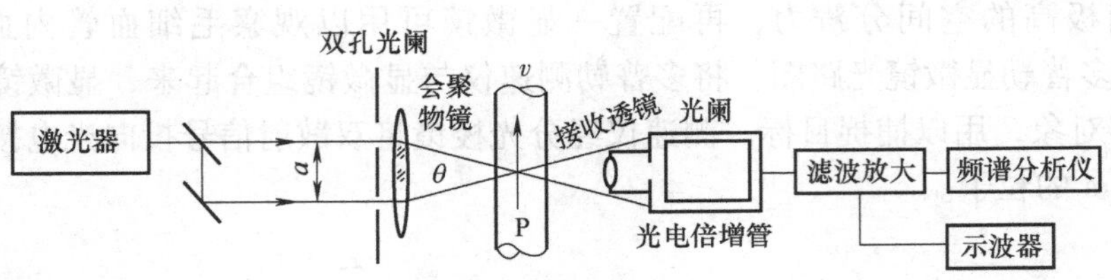

图 7-8　管道内水流测量系统原理图

7.1.2　粒子图像测速

激光多普勒速度测量方法只能测量某一点的速度，如果要测量流场的速度需要布置多个测量点，测试效率低，成本高。利用光学成像技术可以同时测量一个区域，获取被测流场中多点的速度。目前流场测量的方法主要由粒子图像测速技术和多普勒全场测速技术。

粒子图像测速技术（Particle Image Velocimetry，PIV）是一种流场速度测量技术，使用对光具有良好散射效应的示踪粒子均匀散布在流场中，使其跟随流场运动。使用脉冲光平面照射流场中的测试区域，通过两次或者多次曝光拍摄流场中示踪粒子的图像，利用图像处理的方法确定曝光时间间隔内示踪粒子的平均位移。对所有的粒子速度进行测量即可获得全场流速的矢量分布。

1. 粒子图像测速基本原理

粒子图像测速的基本原理图如图 7-9 所示，主要由照明光源、图像采集系统和图像分析系统组成。照明光源可以选择脉冲激光器，如 Nd：YAG 激光器或者红宝石激光器，激光束通过聚焦透镜和柱面镜后成为一束光平面照射到流场中的示踪粒子上，采用 CCD 相机同步曝光记录流场中示踪粒子的图像。照明光源也可以采用连续激光器，图像采集系统就需要使用电子快门来控制两次成像的曝光时间。但是与脉冲激光器相比连续激光器的峰值功率会受到限制。

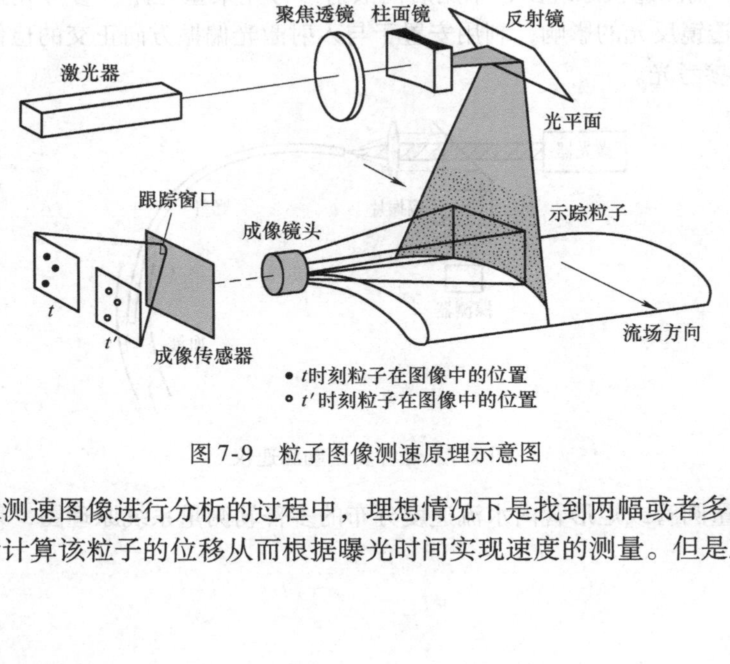

图 7-9　粒子图像测速原理示意图

对粒子图像测速图像进行分析的过程中，理想情况下是找到两幅或者多幅图像之间的对应粒子对，然后计算该粒子的位移从而根据曝光时间实现速度的测量。但是对于流场中高密度的粒子使用图像搜索的方法寻找对应粒子对是很难的，因此通常采用统计学方法或者信号处理的方法分析图像中的粒子群，得到粒子群的平均位移，实现流场速度的测量。

2. 粒子图像分析方法

粒子图像分析方法就是实现两幅或者多幅图像之间的粒子图像匹配，根据粒子图像速度测量图像的特征，主要采用图像间的互相关算法实现。

粒子图像测速过程中两幅图像之间的时间间隔很小，可以假设在这很短的时间内粒子只做直线运动。在两幅图像中跟踪窗口的灰度函数分别为 $I(x, y)$ 和 $I'(x, y)$，它们的互相关函数定义为

$$R(x,y) = \sum_{i=0}^{M-1}\sum_{j=0}^{N-1} I(i,j)I'(i+x,j+y) \tag{7-16}$$

式中，M 和 N 分别为跟踪窗口的长和宽。在第二幅图像中逐像素截取跟踪窗口，分别利用式（7-16）计算相关函数，得到的互相关值组成一个互相关曲面，该曲面内的最大值点即与原图像最为相似，从而得到匹配窗口在第二幅图像中的位置。

协方差相关函数定义为

$$R(x,y) = \sum_{i=0}^{M-1}\sum_{j=0}^{N-1} [I(i,j) - I_{\mathrm{m}}][I'(i+x,j+y) - I'_{\mathrm{m}}] \tag{7-17}$$

式中，I_{m}和 I'_{m}分别为两个窗口的灰度平均值。协方差相关函数从两个窗口的灰度分布中减去各自的灰度平均值，相当于在频谱分析的过程中去掉了直流分量，使得两个窗口的灰度特征分布一致，相关函数最大峰值会变得尖锐，有利于提高匹配的精度。

标准化相关函数定义为

$$R(x,y) = \frac{\sum_{i=0}^{M-1}\sum_{j=0}^{N-1} I(i,j)I'(i+x,j+y)}{\sqrt{\sum_{i=0}^{M-1}\sum_{j=0}^{N-1} I^2(i,j)I'^2(i+x,j+y)}} \tag{7-18}$$

标准化相关函数利用两个窗口内灰度的二次方和对相关函数得到的相关系数进行归一化计算，使得到的相关函数值在［0，1］的范围内。与直接相关函数相同，根据相关函数的最大值确定匹配窗口的位置。通常情况下匹配窗口的相关函数值应大于0.8，如果最大相关值小于0.6则可以认为匹配结果不可信或者受到较大的噪声干扰。这样就可以在窗口匹配的同时对匹配结果的可信度进行评价。

将协方差相关函数与标准化相关函数的优点相结合，定义标准化协方差相关函数为

$$R(x,y) = \frac{\sum_{i=0}^{M-1}\sum_{j=0}^{N-1} [I(i,j) - I_{\mathrm{m}}][I'(i+x,j+y) - I'_{\mathrm{m}}]}{\sqrt{\sum_{i=0}^{M-1}\sum_{j=0}^{N-1} [I(i,j) - I_{\mathrm{m}}]^2 [I'(i+x,j+y) - I'_{\mathrm{m}}]^2}} \tag{7-19}$$

标准化协方差相关函数由协方差相关函数和标准相关函数结合而来，因此拥有这两种函数方法的优点。同时标准化协方差相关函数对灰度线性变换具有不变性，能有效减小两个窗口灰度线性畸变对匹配结果的影响。因为标准化协方差相关函数法的优点，在粒子图像处理的过程中应用广泛。

采用空间与互相关计算实现粒子图像处理的方法实现简单，实际使用过程中可以根据被

测流场的运动速度选择不同大小的搜索区域。但是这种方法的计算量很大，很难满足流场速度测量的实时性要求。

为了提高图像处理方法的运算速度，使用频域互相关算法。如图 7-10 所示为序列图像的位移变换函数，测量某一点流速是围绕该点在两幅粒子图像上按照相同的尺寸截取图像窗口，两个窗口的灰度分布函数分别为 $I(x,\ y)$ 和 $I'(x,\ y)$。从信号分析的角度出发，$I'(x,\ y)$ 可以认为是 $I(x,\ y)$ 经过线性转换后再叠加系统噪声形成的。函数 $I(x,\ y)$ 可以看作系统的输入函数，$I'(x,\ y)$ 为系统在 t' 时刻的输出函数，$g(x,\ y)$ 是系统的传递函数，其传递模型如图 7-11 所示，其中 $d(x,\ y)$ 是系统噪声。

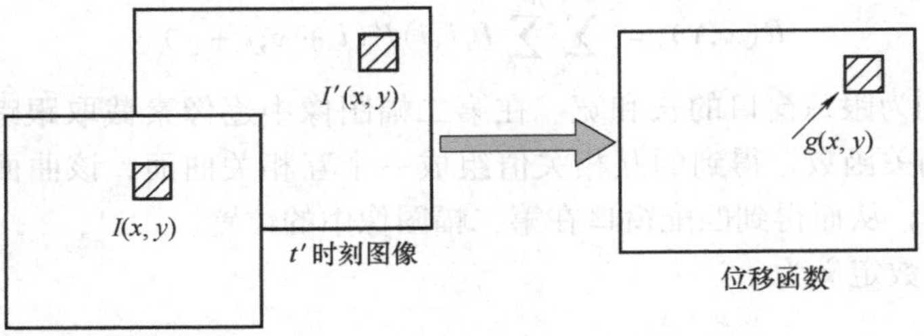

图 7-10　序列图像的位移变换函数

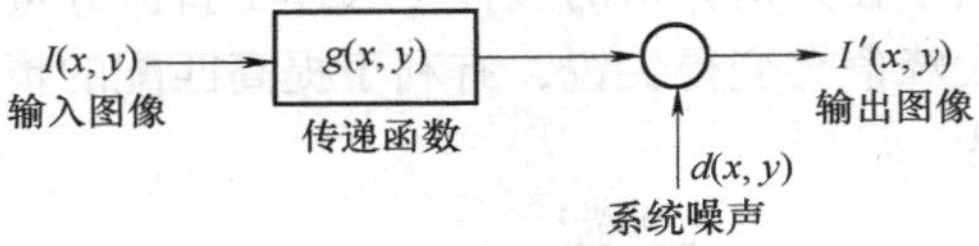

图 7-11　图像传递函数模型

图像传递函数模型可以描述为

$$I'(x,\ y)=I(x,\ y)*g(x,\ y)+d(x,\ y) \tag{7-20}$$

式中，$*$ 代表卷积运算。因此只要求出系统传递函数 $g(x,\ y)$，即可实现粒子群位移的测量。在实际测量过程中因为两次曝光时间间隔很短，可以假设在理想情况下系统的噪声为 0，则式（7-20）简化为

$$I'(x,\ y)=I(x,\ y)*g(x,\ y) \tag{7-21}$$

设 $I'(x,\ y)$、$I(x,\ y)$ 和 $g(x,\ y)$ 的傅里叶变换分别为 $F_{I'}(u,\ v)$、$F_I(u,\ v)$ 和 $F_g(u,\ v)$，根据卷积定理可知

$$F_{I'}(u,\ v)=F_I(u,\ v)\cdot F_g(u,\ v) \tag{7-22}$$

式中，$\cdot$ 代表点积运算。由式（7-21）可以求得

$$F_g(u,\ v)=\frac{F_I^*(u,\ v)\cdot F_{I'}(u,\ v)}{\left|F_I(u,\ v)\right|} \tag{7-23}$$

式中，$F_I^*(u,\ v)$ 为 $F_I(u,\ v)$ 的复共轭。在对 $F_g(u,\ v)$ 进行反傅里叶变换，即可求得位移函数 $g(x,\ y)$。频域互相关算法与空间域的互相关算法的思想是一致的。不同之处在于空间域互相关算法是在第二幅图像中的一个大于窗口区域内搜索匹配子图像。而在频域互相关算法中是在经傅里叶变换周期延拓后的图像中搜索匹配子图像。因此频域互相关算法的计算

量远小于空间域互相关算法。

7.1.3 多普勒全场测速

多普勒全场测速（Doppler Global Velocimetry，DGV）技术是20世纪90年代出现的一种基于分子滤波原理来进行流场速度测量的技术。利用某些物质的选择吸收特性，将散射光多普勒频移转换为发光强度变化，通过摄像机拍摄处理，通过测量光强来测量示踪粒子的多普勒频移，从而测量平面内的流场速度信息。

1. 多普勒全场测速原理

如图7-12所示，多普勒全场测速使用一个激光平面照亮流场中的测量平面，流场图像经过分子滤波器后由一个相机采集得到信号图像，同时该图像由另外一个相机不经过分子滤波器采集得到参考图像。在分子滤波器中装有吸收分子，其吸收曲线如图7-13所示，其中f_a是吸收频率，在该处吸收最大，两边随着入射光频率的变化吸收逐渐减少。对于频率为f_i的激光在分子滤波器中的透射率为T_0，速度测量的过程中经过流场后的多普勒频移为f_D，则激光通过分子滤波器后的透过率变化为ΔT。因此根据信号图像和参考图像中光强的改变，即可得到速度的测量结果。实际使用过程中通常使激光的谱线位移吸收曲线的线性区域中部，透过率为50%处，使得频率的变化与光强的变化成正比。

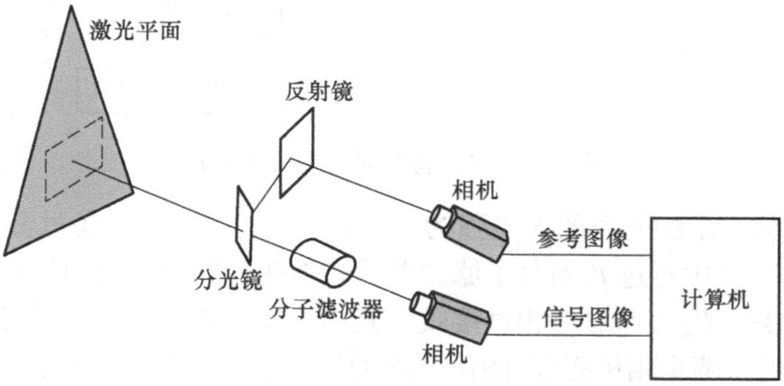

图7-12 多普勒全场测速原理示意图

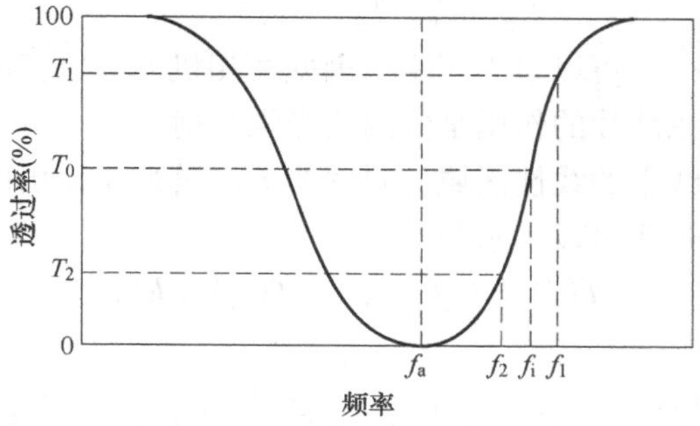

图7-13 分子滤波器频率与透过率关系曲线

2. 多普勒全场测速系统组成

多普勒全场测速系统的组成如图7-14所示，激光器发出的光一小部分经过分光镜后直接照射到光电二极管上用于激光能量监测，一小部分经过碘分子滤波器后照射到光电二极管上用于激光频率监测。大部分经过分光镜后通过球面透镜和柱面镜形成光平面照射在流场测试区域中。示踪粒子的散射光经过分光器后一部分通过碘分子滤波器后由信号相机接收，一部分由参考相机直接接收，两个相机采集的图像传输到计算机中进行处理和计算，通过与标定曲线相对比得到多普勒频移，完成流场速度测量。测量系统中为了消除激光器频率变化对测量结果的影响，对激光器的线宽和频率稳定性要求较高，通常采用 YAG 激光器。

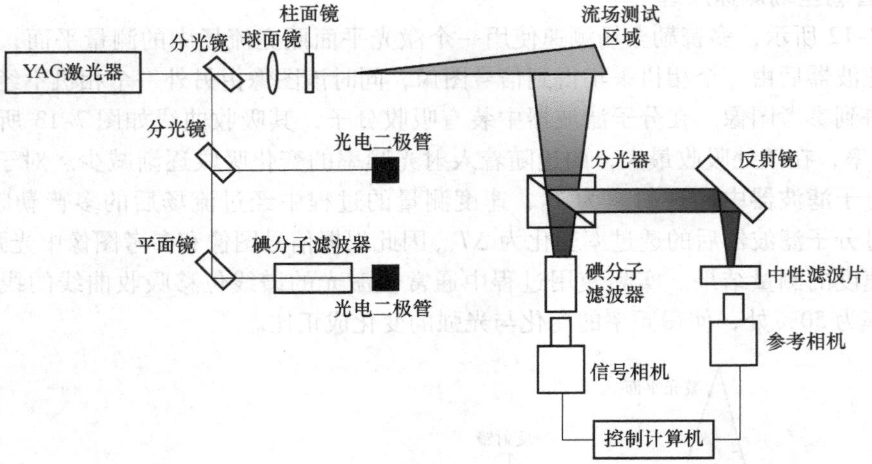

图 7-14　多普勒全场测速系统组成

假设流场中某点示踪粒子的散射光强为 I'，激光的频率为 f，经过分光器后分为两路，光强分别为 I'_S 和 I'_R。其中经过 I'_S 碘分子滤波器后光强变为 $I'_S T(f)$ 由信号相机接收，I'_R 经过中性滤波片后光强变为 $I'_R T_F$ 由参考相机接收，其中 $T(f)$ 和 T_F 分别为碘分子滤波器和中性滤波片的透过率。由于两个相机亮度-图像灰度的转换系数相同，因此两路光被相机接收后其对应灰度值的比例关系为

$$\frac{G_S}{G_R} = \frac{I'_S}{I'_R}\frac{T(f)}{T_F} = \frac{b}{T_F}T(f) \tag{7-24}$$

式中，I'_S/I'_R 的比值为常数 b，可以事先测定。因此两相机的对应灰度比值与散射光的强弱无关，只与频率有关。中性滤波片的作用是使两路光强平衡。

选择碘分子滤波器曲线中的线性区域，斜率为 K，激光器输出的频率为 f_i，多普勒频移为 f_D，碘分子滤波器的透过率可以表示为

$$T(f) = T(f_i + f_D) = T(f_i) + Kf_D \tag{7-25}$$

于是有

$$\frac{G_S(f)}{G_R(f)} - \frac{G_S(f_i)}{G_R(f_i)} = \frac{b}{T_F}T(f_i + f_D) - \frac{b}{T_F}T(f_i) = \frac{b}{T_F}Kf_D \tag{7-26}$$

式中，K 及 $G_S(f_i)/G_R(f_i)$ 由碘分子滤波器的特性决定，T_F 和 b 已知。测量过程中只需得到 $G_S(f)/G_R(f)$ 即可求得多普勒频移 f_D，实现速度测量。

7.2 激光扫描测径技术

激光扫描测径是对圆柱形物体非接触测量的一种重要手段，因其测量速度快、测量精度高的优点，广泛应用于工业现场的在线测量。

7.2.1 转镜扫描测径

1. 转镜扫描测径原理

用一束平行光以恒定的速度扫描线材，并由放在线材对面的光电接收器接收，投射到光电接收器上的光线在光束扫描线材时被遮断，所以光电接收器输出的是一个方波脉冲，脉冲宽度与线材直径成正比。

图7-15是转镜扫描测径原理图。He-Ne激光器发出的激光束，经过辅助透镜和反射镜会聚于扫描多面体上，多面体的每一个面都是一个反射镜。因此每转过一个面光束扫描一次，如果多面体有 N 个面，那么同步电机每转一转，光束扫描 N 次，测量开始时光线沿着 $oabo'$ 路线经过透镜6和8到达光电接收器9上。

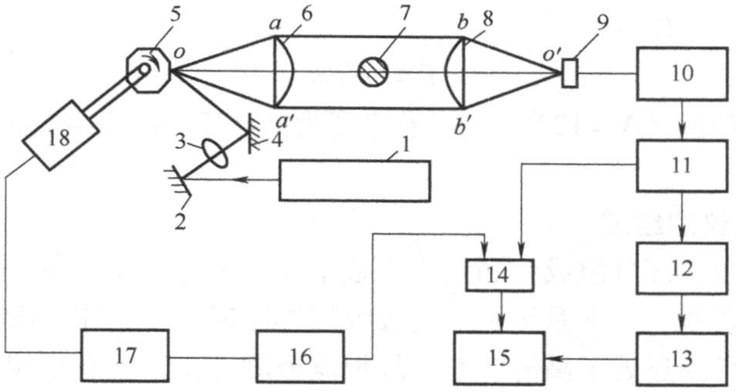

图7-15 转镜扫描测径原理图

1—激光器 2、4—反射镜 3—辅助透镜 5—扫描多面体 6—前透镜 7—被测线材 8—后透镜 9—光电接收器 10—放大整形 11—脉冲分离 12—扫描计数 13—显示逻辑 14—门电路 15—计数器 16—时钟 17—同步电源 18—同步电动机

当多面体顺时针方向旋转时，扫描光束将从上向下移动，最后沿 $oa'b'o'$ 离开透镜。多面体的反射点 o 和光电接收器 o' 分别位于前后两透镜的焦点上，两透镜之间的光束是平行于系统光轴的平行光束。在没有被测线材置于光路中时，从 ab 到 $a'b'$ 的整个扫描期间光线都投到光电接收器上，光电接收器有输出。当多面体继续旋转，光束离开透镜，光电接收器上没有光照，输出为零。接着多面体的第二个反射面又重复前一面的过程。

扫描技术装置采用晶体振荡器作为基频，设晶体的振荡频率为 ν，电动机转速为 n，多面体的面数为 N，透镜焦距为 f'，通光孔径为 D，被测件扫描的平均次数为 m。则电动机转动的角速度为

$$\omega = 2\pi n \tag{7-27}$$

反射光束转动的角速度为

$$\omega' = 2\omega = 4\pi n \tag{7-28}$$

检测区内光束平行移动的速度（即扫描速度）为

$$V \approx 2\omega f' = 4\pi nf' \tag{7-29}$$

一个时钟脉冲所代表的距离为

$$\delta = 4\pi nf'/\nu \tag{7-30}$$

若被测件的直径为 d，则数码管显示的脉冲数为

$$A = d\nu/4\pi nf' \tag{7-31}$$

从公式（7-31）可知，为了提高仪器的灵敏度，ν 越大越好，当然 ν 的大小要根据电路频率特性的可能选取。

透镜的通光孔径要根据测量范围、被测件的振动幅度以及中心位置的可能移动范围选定。同时为了形成较好的平行光扫描，希望光学系统的相对孔径 D/f' 尽可能小，但是焦距太大会使测头的体积增大，所以一般相对孔径 D/f' 取 1/4 ~ 1/6 左右。例如，当被测件直径在 20mm 以下时，通光口径 $D = 50\text{mm}$，能够很好地满足要求，此时透镜的焦距可以取 200 ~ 300mm 左右，按仪器的结构情况进行选取。

仪器数字显示的显示时间是根据被测件的实际需要选定的，例如被测件是轧钢机的钢材，一般显示时间取 1s 左右。

设显示时间为 T，则有

$$T = m/nN \tag{7-32}$$

例如，采用十二面体转镜（$N = 12$），其扫描速度为 $n = 25\text{r/s}$，当取 $m = 1000$ 和 100 时，则相应 $T = 4\text{s}$ 和 0.4s。

2. 转镜扫描测径仪的组成

转镜扫描测径仪由三部分组成：测量头、数字显示装置以及电源。测量头由激光器、同步电动机、多面体反射镜、光学系统和光电接收器等组成一个整体。因为被测件以很高的速度通过测量头，并且可能还处于高温状态。故根据被测件情况，必须相应考虑冷却、通风及防尘等措施。数字显示装置可以显示被测件直径的绝对值或偏差值。电源部分包括氦氖激光电源和同步电动机专用电源。

转镜扫描测径仪通常用于直径较大的线材直径测量。根据不同参数的测量头，可测直径为 Φ0.5 ~ Φ30mm。仪器可以设计成同时测量水平、垂直两个方向的直径，以便获得被测件的椭圆度。

3. 大直径的测量

转镜激光扫描法的测量范围受到透镜尺寸的限制，为此，采用相对测量法，设计图 7-16所示的结构。将激光扫描光束分为两束，分别对被测件的上、下两边缘进行扫描，并用两个光电接收器接收。两光束的光轴间距已知，通过记录两光束到达被测件上顶点和下顶点的时间脉冲数，便可求得被测直径。这种测径仪在测量 Φ110 ~ Φ180mm 的直径时，测量误差为 30 ~ 40μm。

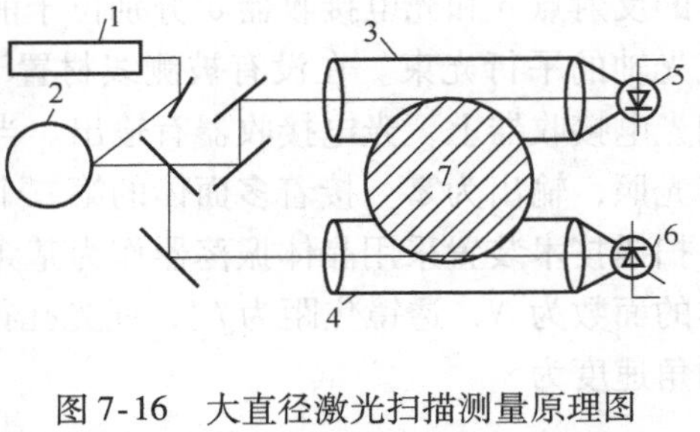

图 7-16　大直径激光扫描测量原理图

1—激光器　2—转镜　3、4—透镜

5、6—光电探测器　7—被测工件

7.2.2 位相调制扫描测量技术

提高激光扫描测量精度的主要方法是克服工件边缘的衍射现象。衍射使被测工件的边界模糊，用时间脉冲计数时，必然引入误差，使前述的光点扫描测量精度限制在 ±0.01mm 左右。位相调制扫描测量技术采用空间调制光束来扫描工件，通过测量位相，而不是测时间来获得被测件的尺寸，测量精度可达 ±1μm，适合于各种高温、高压下做非接触高精度现场测量。

图7-17是获得高频调制光束的光路图。Ar+激光器1产生功率为2W，波长 $\lambda=514.5$nm 的光束，经过 Pockels 电光调制器后，产生由两个正交的线偏振光—垂直振动和水平振动组成的光束。此正交位相差的光束经电光调制晶体3扩束后，经偏振分光板 PBS 分成垂直振动的光束和水平振动的光束，两束光的位相差为90°。两束光分别经过两个光阑 a 和 b，光阑 a 的方孔水平放置，光阑 b 的方孔垂直放置，遮住其他部分光束，只有方孔中有光线透过，它们在分光镜8处重新会合，形成图7-18中所示截面形状的空间调制光束①、②和③。10是扫描反射镜，形成光束的扫描运动。空间调制扫描光束的特性如图7-18所示，这是电光效应产生的正交特性。

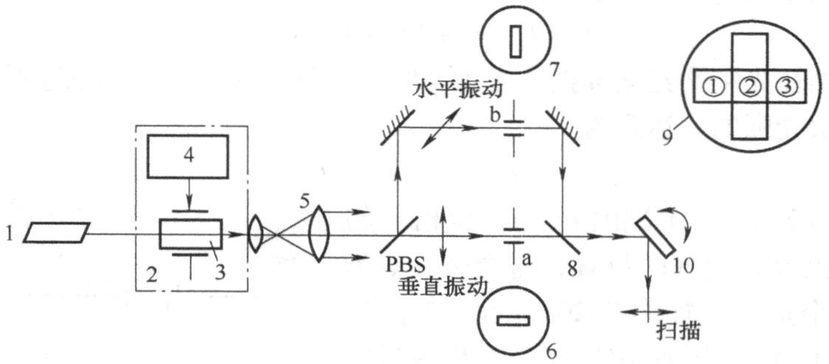

图7-17 获取调制扫描光束的光路图

1—Ar+激光器 2—Pockels 电光调制器 3—电光调制晶体 4—振荡器
5—扩束器 6—光阑 a 7—光阑 b 8—分光镜 9—扫描光束 10—扫描反射镜

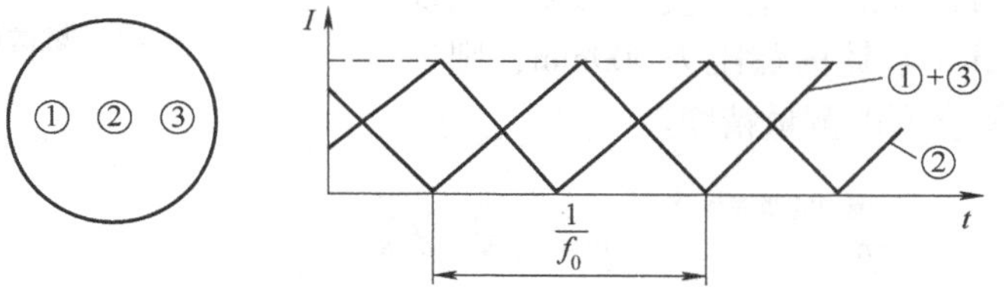

图7-18 空间调制扫描光束的特性

设 PBS 分开的两束光的光强相等，则扫描光①、②、③之间的光强 I_1、I_2、I_3 有如下关系：

$$I_1=I_3;\ I_2=I_1+I_3 \tag{7-33}$$

若 Pockels 调制器的振荡频率为 ω，由图7-18可知，光束①+③是 $(I_1+I_3)(1+\sin\omega t)$。而光束②的方程是 $I_2(1-\sin\omega t)$。对任意时刻，调制扫描光束的表达式为

$$I_T=I_1+I_2+I_3+(I_1+I_3-I_2)\sin\omega t \tag{7-34}$$

当用调制光束扫描工件时，测量信号分三个区域讨论，如图7-19所示。当光束③与工件相遇时为a区，扫描光束扫过工件后为a'区。在这两个区域时，扫描光束的光强表达式为

$$I_a = I'_a = I_1 + I_2 + I_3 \tag{7-35}$$

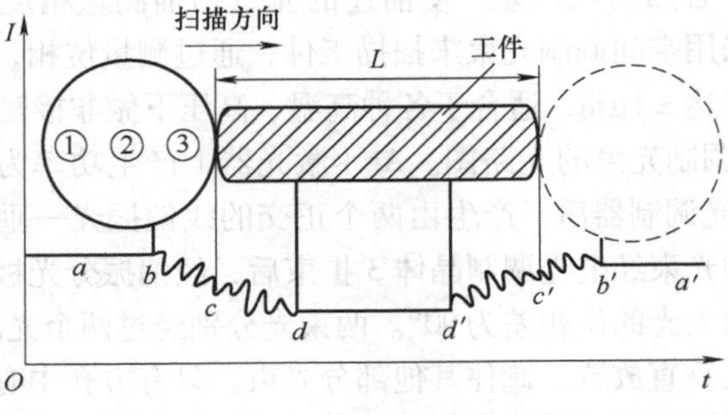

图7-19　调制光束扫描过程示意图

由式（7-35）可知，在a和a'区域时，扫描光束中无交流成分。当工件边缘开始挡住光束③或①时，光电信号以I_2为主，这时为b区和b'区，在b区（b'区）内的光强表示为

$$I_b = I_1 + I_2 + (I_1 - I_2)\sin\omega t \tag{7-36}$$

当工件边缘开始挡住光束②到全部挡住光束②时，即只有光束①或光束③通过，设为d和d'区，这时扫描光束光强的表达式为

$$I_d = I_1 + I_1\sin\omega t \tag{7-37}$$

式（7-36）和式（7-37）的位相相差π，位相π的突变点C就是交流成分为零的位置，这个突变点C就对应工件的两个边缘，如图7-20所示。工件尺寸L是由两个位相突变点来决定，可获得高精度测量。

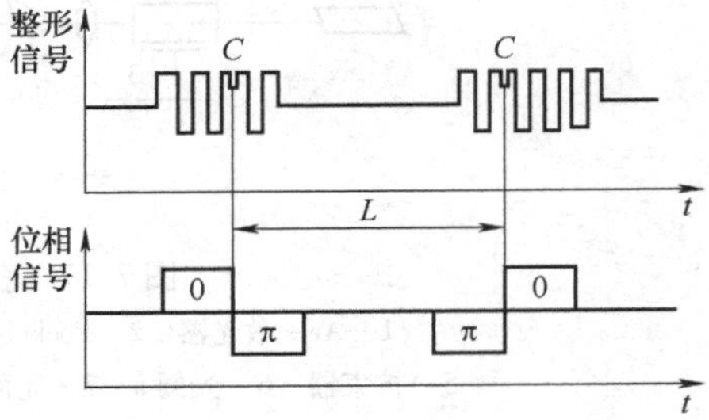

图7-20　测量信号示意图

图7-21是位相调制扫描测量系统的结构图。由扫描器、准直物镜、被测平面和出射透镜组成一个远心光路系统，从而允许被测件平行于光轴移动。扫描器的转速为1800r/min，物镜的焦距为300mm，则工作在2.5mm内运动不会影响测量精度。

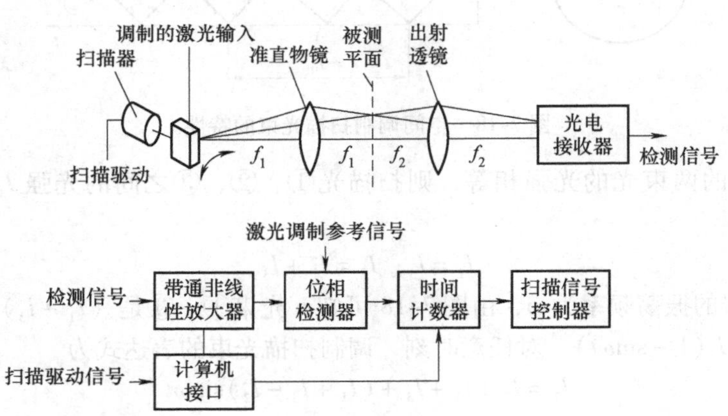

图7-21　位相调制扫描测量系统结构图

7.3 激光测距技术

利用激光进行远距离（几千米）测量的技术，通常有激光相位测距和脉冲激光测距两种。随着激光器技术的发展，出现了使用激光频率梳的激光测距技术。

7.3.1 激光相位测距

1. 激光相位测距原理

相位测距是通过对光的强度进行调制来实现的。设调制频率为f，调制波形如图7-22所示，波长为$\lambda=c/f$，c为光速。光波从A点传播到B点的相移φ可表示为

$$\varphi=2m\pi+\Delta\varphi=2\pi(m+\Delta m)\quad m=0,\ 1,\ 2,\ \cdots \tag{7-38}$$

式中，$\Delta m=\dfrac{\Delta\varphi}{2\pi}$。若光从$A$点传到$B$点所用时间为$t$，则$A$、$B$两点之间的距离$L$

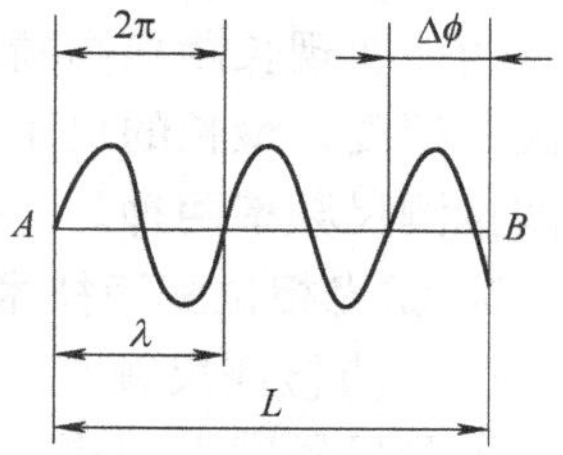

图7-22　相位测距原理图

$$L=ct=c\frac{\varphi}{2\pi f}=\lambda(m+\Delta m) \tag{7-39}$$

式（7-39）为激光相位测距公式。只要测出光波相移φ中周期2π的整数m和余数Δm，便可由式（7-39）求出被测距离L。所以，调制光波的波长λ是相位测距的一把“光尺”。

实际上，用一台测距仪直接测量A和B两点光波传播的相移是不可能的。因此，采用在B点设置一个反射器（即测量靶标），使从测距仪发出的光波经靶标反射再返回到测距仪，由测距仪的测相系统对光波往返一次的相位变化进行测量。图7-23为光波传播$2L$距离后相位变化示意图，为分析方便，假设测距仪的接收系统置于A'点（实际上测距仪的发射和接收系统都是在A点），并且有$AB=BA'$，$AA'=2L$。由式（7-39）可得

$$2L=\lambda(m+\Delta m)$$

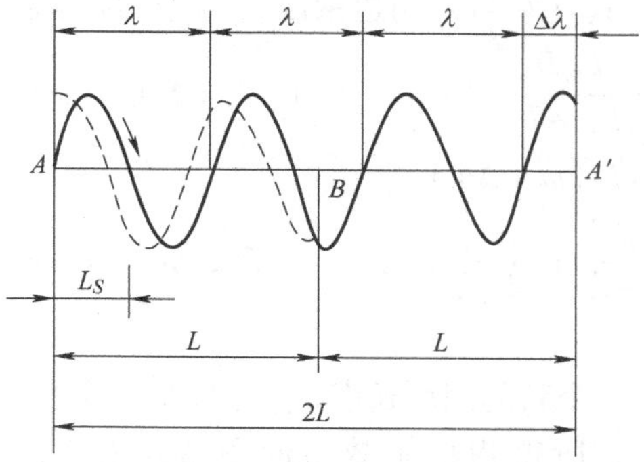

图7-23　光波经距离$2L$后的相位变化

则

$$L=\frac{\lambda}{2}(m+\Delta m)=L_S(m+\Delta m) \tag{7-40}$$

式中，L_S为半波长度，$L_S=\lambda/2$。这时，L_S作为量度距离的光尺。

相位测量技术只能测量出不足2π的相位尾数$\Delta\varphi$，即只能确定余数$\Delta m=\Delta/2\pi$，而不能确定相位的整周期数m。因此，当被测距离L大于L_S时，用一把光尺是无法测定距离的。当距离小于L_S时，即$m=0$时，可确定距离L

$$L=\frac{\lambda}{2}\frac{\Delta\varphi}{2\pi} \tag{7-41}$$

由此可知，如果被测距离较长，可降低调制频率，使得$L_S>L$，即可确定距离L。但由于测相系统存在测相误差，增大L_S会使测距误差增大。

为能实现长距离高精度测量，可同时使用L_S不同的几把光尺。最短的尺用于保证必要的测距精度，最长的尺用于保证测距仪的量程。目前，采用的测距技术主要有直接测尺频率和间接测尺频率两种。

2. 激光相位测距技术

（1）直接测尺频率

由测尺量度L_S可得光尺的调制频率

$$f_S=c/2L_S \tag{7-42}$$

这种方法所选定的测尺频率f_S直接和测尺长度L_S相对应，即测尺长度直接由测尺频率决定，所以这种方式称为直接测尺频率方式。如果测距仪测程为100km，要求精确到0.01m。若相位测量系统的精度为1‰，则需要三把光尺，即$L_{S_1}=10^5\text{m}$，$L_{S_2}=10^3\text{m}$，$L_{S_3}=10\text{m}$，相应光的调制频率分别为$f_{S_1}=1.5\text{kHz}$，$f_{S_2}=150\text{kHz}$，$f_{S_3}=15\text{MHz}$。显然，要求相位测量系统在这么宽的频带内都保证1‰的测量精度很难做到。所以，直接测尺频率一般应用于短程测距，如GaAs半导体激光短程相位测距仪。

（2）间接测尺频率

在实际测量中，由于测程要求较大，大都采用间接测尺频率方式。若用两个频率f_{S_1}和f_{S_2}调制的光分别测量同一距离L，由式（7-40）可得

$$L=L_{S_1}(m_1+\Delta m_1) \tag{7-43}$$

$$L=L_{S_2}(m_2+\Delta m_2) \tag{7-44}$$

将式（7-43）两边乘以f_{S_2}，式（7-44）两边乘以f_{S_1}后做相减运算，可得

$$\begin{aligned}L&=\frac{L_{S_1}L_{S_2}}{L_{S_1}+L_{S_2}}[(m_1-m_2)+(\Delta m_1-\Delta m_2)]\\&=L_S(m+\Delta m)\end{aligned} \tag{7-45}$$

式中，$L_S=\frac{L_{S_1}L_{S_2}}{L_{S_1}+L_{S_2}}=\frac{1}{2}\frac{c}{f_{S_1}-f_{S_2}}=\frac{1}{2}\frac{c}{f_{S_2}}$，$f_S=f_{S_1}-f_{S_2}$，$m=m_1-m_2$，$\Delta m=\Delta m_1-\Delta m_2=\Delta\varphi/2\pi$，$\Delta\varphi=\Delta\varphi_1-\Delta\varphi_2$。

公式（7-45）中，L_S是一个新的测尺长度，f_S是与L_S对应的新的测尺频率。这样，用f_{S_1}和f_{S_2}分别测量某一距离时，所得相位尾数$\Delta\varphi_1$和$\Delta\varphi_2$之差，与用f_{S_1}和f_{S_2}的差频频率$f_S=f_{S_1}-f_{S_2}$测量该距离时的相位尾数$\Delta\varphi$相等。这是间接测尺频率法测距的基本原理，即通过测量f_{S_1}和f_{S_2}频率的相位尾数并取其差值来间接测定相应的差频频率的相位尾数。通常把f_{S_1}和f_{S_2}称为间接测尺频率，而把差频频率称为相当测尺频率。表7-1列出了间接测尺频率、相当测尺频率、相对应的测尺长度及测距精度值。

表 7-1　间接测尺频率、相当测尺频率及测尺长度

	间接测尺频率	相当测尺频率 $f_S=f_{S_1}-f_{S_2}$	测尺长度 L_S	精度
f_{S_1}	$f=15\text{MHz}$	15MHz	10m	1cm
f_{S_2}	$f_1=0.9f$	1.5MHz	100m	10cm
	$f_1=0.99f$	150kHz	1km	1m
	$f_1=0.999f$	15kHz	10km	10m
	$f_1=0.9999f$	1.5kHz	100km	100m

由表 7-1 可知，这种测距方式的各间接测尺频率非常接近，最高的和最低频率之差仅为 1.5MHz，五个间接测尺频率都集中在较窄的频率范围内，故间接测尺频率又称为集中测尺频率。这样，不仅可使放大器和调制器能够获得相接近的增益和相位稳定性，而且各相对应的石英晶体也可统一。

3. 相位测量技术

相位测距仪一般采用差频测相技术。差频测相的原理如图 7-24 所示，设主控振荡器信号为 $e_{S_1}=A\cos(\omega_S t+\varphi_S)$，发射后经 $2L$ 距离返回接收机，接收到的信号为 $e_{S_2}=B\cos(\omega_S t+\varphi_S+\Delta\varphi)$，$\Delta\varphi$ 表示相位变化。设基准振荡器信号为 $e_l=C\cos(\omega_l t+\varphi_l)$，把 e_l送到混频器 3 和 4，分别与 e_{S_1}和 e_{S_2}混频，在混频器中的输出端得到差频参考信号 e_r和测距信号 e_s，它们分别表示为

$$
\begin{aligned}
e_r&=D\cos[(\omega_S-\omega_l)t+(\varphi_S-\varphi_l)]\\
e_s&=E\cos[(\omega_S-\omega_l)t+(\varphi_S-\varphi_l)+\Delta\varphi]
\end{aligned}
\tag{7-46}
$$

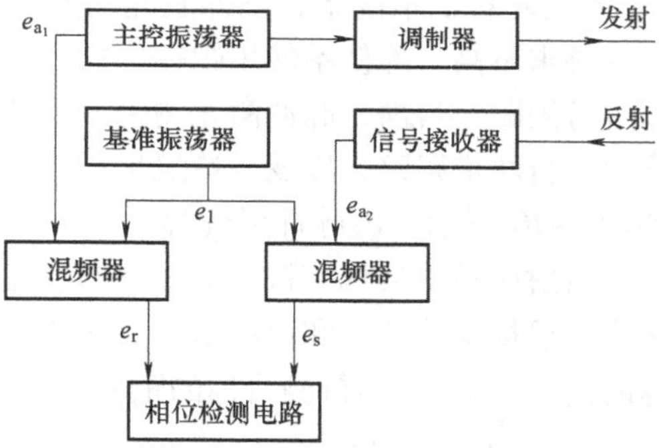

图 7-24　差频测相原理图

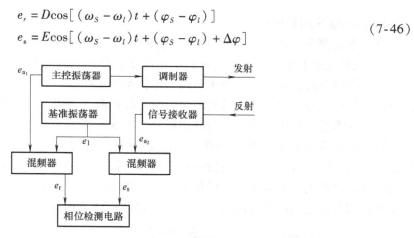

用相位检测电路测出这两个混频信号相位差 $\Delta\varphi'=\Delta\varphi$。可见，差频后得到的两个低频信号的相位差 $\Delta\varphi'$和直接测量高频调制信号的相位差 $\Delta\varphi$ 是一样的。通常选取测相的低频频率 $f=f_S-f_l$为几千赫兹到几十千赫兹。

差频后得到的低频信号进行相位比较，可采用平衡测相法，也可采用自动数字测相法。平衡测相结构简单、性能可靠、价格低，但精度较低，常会有 15′～20′或更大的测相误差。此外，平衡测相法有机械磨损，测量速度低，并难以实现信息处理等缺点。自动数字测相法测相速度高，测相过程自动化，便于实现信息处理，且其测相精度高，可达 2′～4′。

图 7-25 是采用两把测尺的差频相位测距仪的原理图。为便于驱动调制，通常采用 GaAs

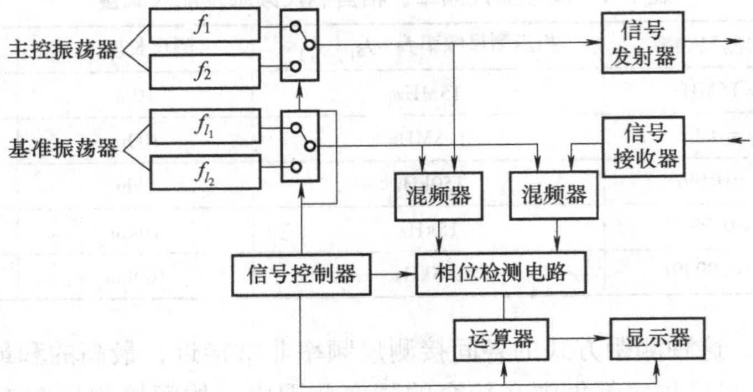

图 7-25　相位测距仪原理框图

系列的红外激光二极管作为光源。由开关控制光源分别以 $f_1 = 15\text{MHz}$，$f_2 = 150\text{kHz}$ 的调制频率交替发射。选择基准信号频率分别为 $f_{l_1} = 14.006\text{MHz}$，$f_{l_2} = 146\text{kHz}$。这样，无论采用哪一把光尺进行测量，混频信号均为 4kHz，便于保证相位的检测精度。

相位测距仪既能保证大的测量范围，又能保证较高的绝对测量精度，因此，得以广泛应用。相位测距仪的测量精度要受到大气温度、气压、湿度等方面的影响。

7.3.2　脉冲激光测距

1. 脉冲激光测距原理

脉冲激光测距是利用激光脉冲连续时间极短，能量在时间上相对集中，瞬时功率很大（一般可达兆瓦级）的特点，在有靶标的情况下，脉冲激光测量可达极远的测程。在进行几公里的近程测距时，如果精度要求不高，即使不使用靶标，只利用被测目标对脉冲激光的漫反射取得反射信号，也可以进行测距。目前，脉冲激光测距方法已获得了广泛的应用，如地形测量、战术前沿测距、导弹运行轨道跟踪，以及人造卫星、地球到月球距离的测量等。

脉冲激光测距的原理如图 7-26 所示。由脉冲激光器发出一持续时间极短的脉冲激光，称之为主波。经过待测距离 L 后射向被测目标，被反射回来的脉冲激光称之为回波，回波返回测距仪，由光电探测器接收，根据主波信号和回波信号之间的时间间隔，即激光脉冲从激光器到被测目标之间的往返时间 t，就可算出待测目标的距离

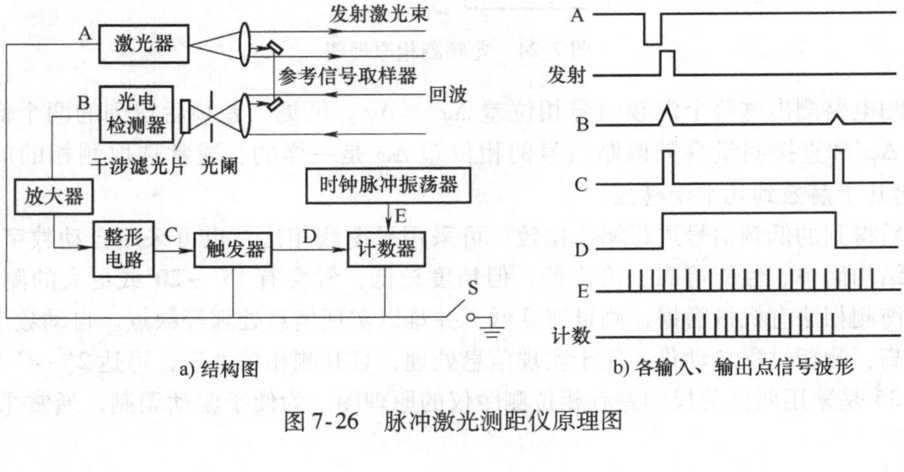

图 7-26　脉冲激光测距仪原理图

$$L = ct/2 \tag{7-47}$$

式中，c 为光速。

图 7-26a 是脉冲激光测距仪的结构图。它主要由脉冲激光发射系统、光电接收系统、门控电路、时钟脉冲振荡器以及计数显示电路组成。其工作过程是：首先开启复位开关 S，复原电路给出复原信号，使整机复原，准备进行测量；同时触发脉冲激光发生器，产生激光脉冲。该激光脉冲有一小部分能量由参考信号取样器直接送到接收系统，作为计时的起始点。大部分光脉冲能量射向待测目标，由目标反射回测距仪的光脉冲能量被接收系统接收，这就是回波信号。参考信号和回波信号先后由光电探测器转换成为电脉冲，并加以放大和整形。整形后的参考信号能使触发器翻转，控制计数器开始对晶体振荡器发出的时钟脉冲进行计数。整形后的回波信号使触发器的输出翻转无效，从而使计数器停止工作。图 7-26b 为结构图中各点的信号波形。这样，根据计数器的输出即可计算出待测目标的距 L

$$L = \frac{cN}{2f_0} \tag{7-48}$$

式中，N 为计数器计到的脉冲个数，f_0为计数脉冲的频率。

在图 7-26a 中，干涉滤光片和小孔光阑的作用是减少背景光及杂散光的影响，降低探测器输出信号的背景噪声。

测距仪的分辨力 P_L取决于计数脉冲的频率，根据式（7-47）可知

$$f_0 = \frac{c}{2P_L} \tag{7-49}$$

若要求测距仪的分辨力为 $P_L = 1\text{m}$，则要求计数脉冲的频率为 150MHz。由于计数脉冲的频率不能无限制提高，脉冲测距仪的分辨力一般较低，通常为数米的量级。

脉冲测距的误差由式（7-47）可得出

$$\delta L = \frac{t}{2}\delta_c + \frac{c}{2}\delta t \tag{7-50}$$

光速 c 的精度 δ_c取决于大气折射率 n 的测定，由 n 值测量误差而带来的误差为 10^{-6}。所以，对短距离脉冲激光测距仪（几千米到几十千米）来说，测距精度主要取决于时间 t 的测量精度 δt。影响 δt 的因素很多，如激光的脉宽、反射器和接收系统对脉冲的展宽、测量电路对脉冲信号的响应延迟等。

2. 双波长卫星激光测距

卫星激光测距（Satellite Laser Range，SLR）技术是通过精确测定激光脉冲从地面观测点到卫星的往返时间间隔，从而计算出地面观测点到卫星的距离。由于从地面观测点到卫星的距离上激光传播速度会受到环境的影响，因此需要对光束进行大气修正，而大气修正量是卫星激光测距的主要误差来源。利用双波长激光测距方法进行卫星测距，可以利用测量结果本身修正大气延迟，提高卫星激光测距的精度。

双波长卫星激光测距的基本原理如图 7-27 所示，利用两个波长的脉冲激光同时射向一个目标卫星，接收器接收到两束激光的返回时间差为 Δt，则测量点到卫星的距离为

$$s = s_{\lambda 1} + \frac{c}{2}\gamma\Delta t \tag{7-51}$$

式中，s 为测量点到卫星的距离，$s_{\lambda 1}$为波长 $\lambda 1$ 的激光测量得到的测量点到卫星的距离，c 为

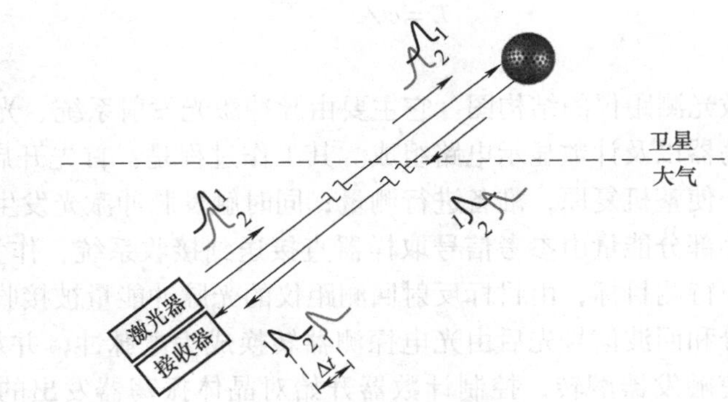

图 7-27　双波长卫星激光测距基本原理

光束，$\gamma=\frac{n_{\lambda_1}-1}{n_{\lambda_2}-n_{\lambda_1}}$，$n_{\lambda_1}$和$n_{\lambda_2}$为双波长激光点的大气群折射率。在适当湿度下，$\gamma$的一阶近似表达式可以写为

$$\gamma=\frac{f(\lambda_1)}{f(\lambda_2)-f(\lambda_1)} \tag{7-52}$$

式中，$f(\lambda)$为大气色散函数，定义为

$$f(\lambda)=0.9650+\frac{0.0164}{\lambda^2}+\frac{0.000228}{\lambda^4} \tag{7-53}$$

利用色散函数代入到式（7-51）中，不需要根据大气参数和大气修正模型对大气延迟进行修正，只需测量结果本身即可实现激光卫星测距。

7.3.3　飞秒激光频率梳测距

大尺寸空间绝对距离高精度测量在航空航天、地球及深空探测成像、高端制造等领域中起到非常重要的作用，使用飞秒激光频率梳的技术可以满足这些领域中绝对距离测量的要求。飞秒激光频率梳是由飞秒锁模激光器产生，是一种飞秒量级超短脉冲激光，它拥有一系列频率均匀分布的频谱，这些频谱就像一把尺子一样可以用来测量频率。美国国家标准与技术研究院的 Hansch 教授因在研究光学频率梳技术上的重要贡献获得了 2005 年的诺贝尔物理学奖。

1. 飞秒激光频率梳的基本原理

飞秒锁模激光器的工作原理是在激光器所支持的所有纵模模式之间建立固定的相位关系，最终产生脉冲宽度达到飞秒级的超短光脉冲。根据激光器的纵模特性可知，激光器的谐振腔中会包含若干达到增益阈值的纵模，激光器的输出是这些纵模的叠加，表示为

$$E(t)=\sum_{q=0}^{N}E_k\cos(\omega_k t+\varphi_k) \tag{7-54}$$

式中，E_k为相应的纵模强度，ω_k为纵模角频率，φ_k为纵模相位。在普通激光器中这些纵模的强度和相位不固定，相互之间也没有联系。使用激光器的锁模技术可以将这些各自独立的纵模在时间上同步并建立固定的相位关系，使激光器输出脉宽极窄、峰值功率极高的光脉冲序列。对于一个脉冲间隔固定的光脉冲，通过傅里叶变换后得到的频谱是一系列间隔相等的频

率谱线，也就是频率梳。频率梳中相邻谱线之间的间隔为光脉冲的重复频率。光脉冲的频谱范围与光脉冲的宽度有关，脉冲宽度越窄其频谱的范围就越广。如图 7-28 所示为单个飞秒脉冲的包络，包络相位 ϕ_{ce}是脉冲的包络尖峰与邻近的载波尖峰之间的相移。

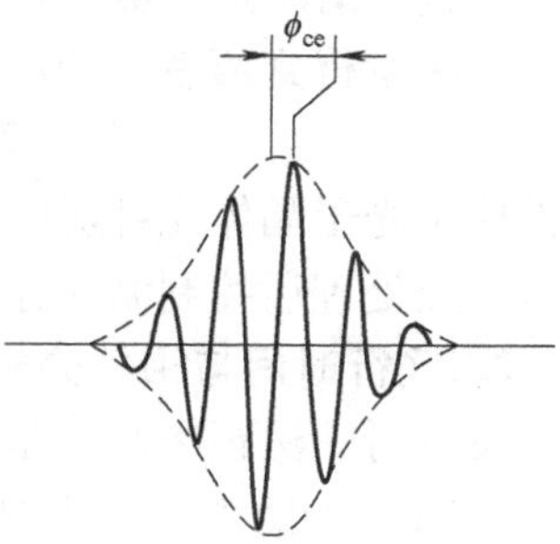

图 7-28　单个飞秒脉冲的包络

包络相位与激光器谐振腔中的色散介质有关，对于频率为f_{req}的激光脉冲，其产生的过程中脉冲序列在激光谐振腔中循环运动，运动过程中载波以相速度而包络以群速度进行传播，因为两个速度不同，载波相位和包络相位会随着脉冲在谐振腔中的运动产生周期性的变化，如图 7-29 所示。

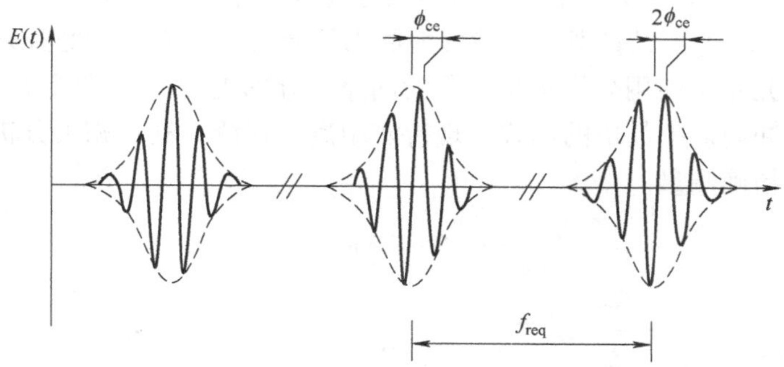

图 7-29　飞秒脉冲的时域特性

时域中载波包络相位的连续变化在频域中就表现为谱线的整体偏移，如图 7-30 所示。其中频率梳的梳齿频率可以表示为

$$f_n = nf_{req} + f_0 \tag{7-55}$$

式中，n 为正整数（约为 10^6），称为梳齿的级次。偏置频率$f_0 = f_{req}\phi_{ce}/2\pi$。从式（7-55）可以看出载波和包络相位差使得各梳齿的频率并不能恰好等于激光脉冲重复频率的整数倍，而存在偏置频率f_0，飞秒光频梳中每一条谱线的频率可以表示为重复频率和偏置频率之和的形式。脉冲频率f_{req}和偏置频率f_0都是在微波频率范围内，因此可以建立微波和光频之间的联系。

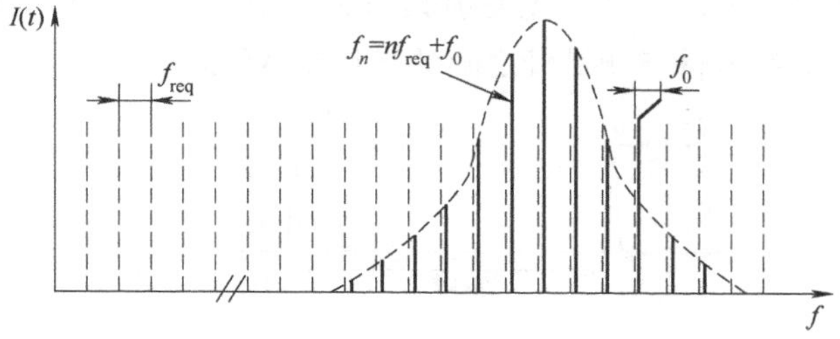

图 7-30　飞秒脉冲的频域特性

脉冲频率f_{req}可直接利用高速光电探测器得到，经处理后控制激光器的腔长即可控制重复频率f_{req}并将其锁定至频率基准。偏置频率f_0会受到空气和声波扰动、泵浦光强变化以及激光脉冲强度等因素的影响，偏移频率的稳定性不好，需要使用第 n 个梳齿和第 $2n$ 个梳齿

干涉的方法对其进行测量。对第 n 个梳齿进行非线性效应倍频，与第 $2n$ 个梳齿的谱线进行干涉，测量得到两者之间产生拍的频率，为

$$2f_n - f_{2n} = 2(nf_{req} + f_0) - (2nf_{req} + f_0) = f_0 \tag{7-56}$$

通常使用光子晶体光纤对激光进行倍频处理，两路激光汇合后入射到光电探测器中转换为电信号，经处理后控制激光器的腔长即可控制偏置频率 f_0 并将其锁定至频率基准。

2. 飞行时间与相关分析距离测量

飞行时间法距离测量是通过激光往返的时间测量距离，测量精度由时间间隔的测量精度决定，1mm 的距离分辨率要求时间测量的分辨率约为 3ps，因此飞行时间法只能对距离进行粗测。2004 年美国实验天体联合研究所（Joint Institute of Laboratory Astrophysics，JILA）提出了将飞行时间法与光学相关分析结合的距离测量方法，可以实现大量程、高分辨率的绝对距离测量。测量原理如图 7-31 所示，使用类似迈克耳孙干涉仪的结构形式，入射的飞秒光频梳的脉冲周期 $\tau = 1/f_{req}$，经参考反射镜反射回来的光为 a' 和 b'，测量反射镜反射回来的光为 c' 和 d'。在探测光路中使用分光镜将光分为两路，分别进行飞行时间分析和相关分析，利用飞行时间法以脉冲周期整数倍的形式实现待测距离的粗测，利用相关分析法对不足一个周期的小数距离进行精确测量。

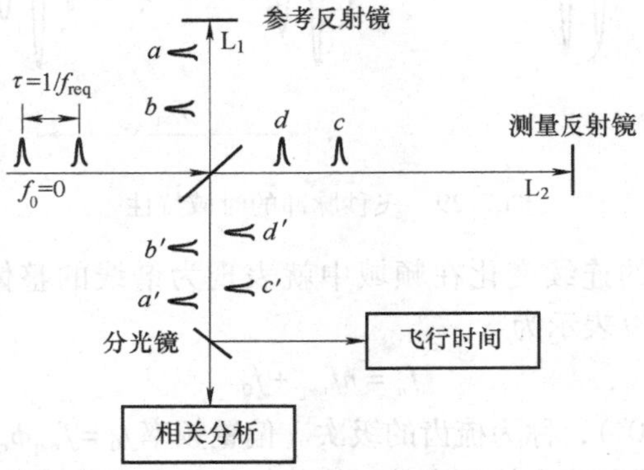

图 7-31　飞行时间与相关分析结合的绝对距离测量原理图

飞行时间法测量原理如图 7-32 所示，脉冲激光发射频率为 f_{req1} 时，参考臂与测量臂反射回来的相邻的脉冲间隔为 Δt_1，脉冲激光发射频率为 f_{req2} 时，参考臂与测量臂反射回来的相邻的脉冲间隔为 Δt_2。则参考臂与测量臂之间的光程差 ΔL 应满足

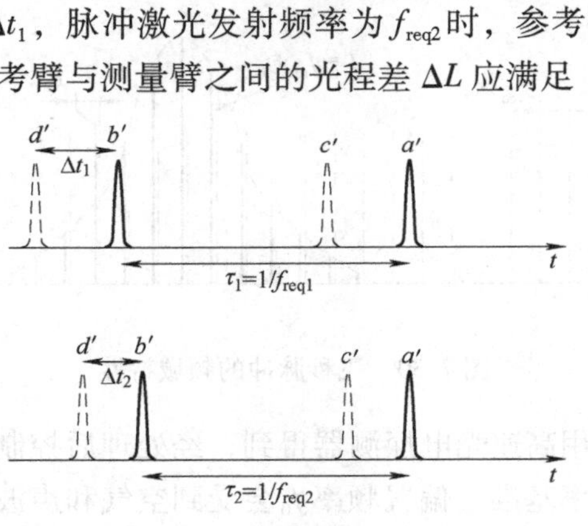

图 7-32　飞行时间法测量原理

$$\Delta L/c = n\tau_1 - \Delta t_1 = n\tau_2 - \Delta t_2 \tag{7-57}$$

式中，n 为 a'和 c'间隔的激光脉冲数，τ_1和 τ_2为激光脉冲的周期。通过测量 Δt_1和 Δt_2，代入式（7-57）中，即可得到 a'和 c'间隔的激光脉冲数 n，实现飞行时间法距离测量。

为了提高距离测量的分辨力，调整脉冲激光的反射频率为 f_{req3}，此时激光脉冲的周期为 τ_3，使得参考臂和测量臂反射回来的两路脉冲信号 a'和 c'部分重合，如图 7-33 所示。由于飞秒激光光频梳各梳齿之间具有稳定的频率和相位关系，通过分析两个脉冲包络干涉的相关性，可以精确调整脉冲频率使得两脉冲完全重合，此时用飞行时间法测量光程的时间小数为零。

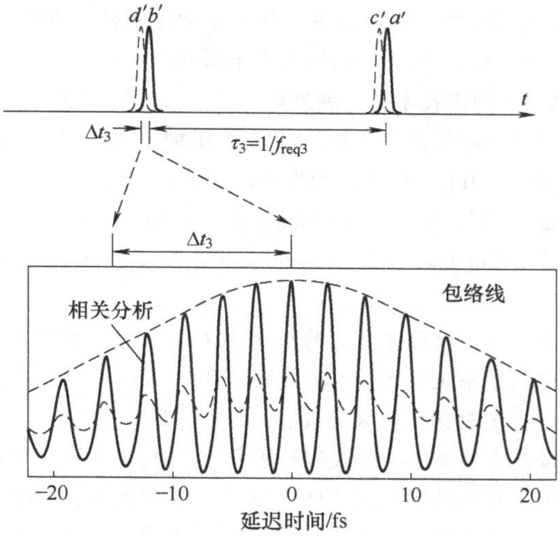

图 7-33　相关分析测量原理

参考文献

[1] 叶声华. 激光在精密计量中的应用［M］. 北京：机械工业出版社，1980.
[2] 金国藩. 李景镇，激光测量学［M］. 北京：科学出版社，1998.
[3] 杨国光. 近代光学测试技术［M］. 杭州：浙江大学出版社，1997.
[4] 范志刚. 光电测试技术［M］. 北京：电子工业出版社，2004.
[5] 张琢. 激光干涉测试技术及应用［M］. 北京：机械工业出版社，1998.
[6] 施文康，余晓芬. 检测技术［M］. 北京：机械工业出版社，2000.
[7] 万德安. 激光基准高精度测量技术［M］. 北京：国防工业出版社，1999.
[8] 苏显渝，李继陶. 信息光学［M］. 成都：四川大学出版社，1995.
[9] 林玉池. 测控控制与仪器仪表前沿技术及发展趋势［M］. 天津：天津大学出版社，2005.
[10] 郝继贵，于之靖. 视觉测量原理与方法［M］. 北京：机械工业出版社，2012.
[11] 殷纯永. 现代干涉测量技术［M］. 天津：天津大学出版社，1999.
[12] KJELL J. Optical Metrology［M］. New York：John Wiley & Sons，2002.
[13] COLIN E W，JULIAN D C J. Handbook of laser technology and applications［M］. London：Institute of Physics Publishing，2004.
[14] 孙长库. 激光全息分光法五自由度测量系统的研究［D］. 天津：天津大学，1997.
[15] 陶立. 彩色三维激光扫描测量系统关键技术的研究［D］. 天津：天津大学，2005.
[16] 张效栋. 便携式数字相位光栅投影全貌测量系统的研究［D］. 天津：天津大学，2006.
[17] 刘斌. 微小三维尺寸自动光学检测系统的关键技术研究［D］. 天津：天津大学，2010.
[18] 马旭. 密封条轮廓激光视觉在线检测系统［D］. 天津：天津大学，2015.
[19] 王中亚. 热轧圆钢轮廓及直径在线测量系统研究［D］. 天津：天津大学，2014.
[20] 杨国威. 激光高速扫描频闪成像三维尺寸测量关键技术研究［D］. 天津：天津大学，2015.
[21] 卢容胜. 视觉准直在线测量技术研究［D］. 天津：天津大学，2000.
[22] 周富强. 三维在线机器视觉检测关键技术的研究［D］. 天津：天津大学，2000.
[23] 洪海涛. 光纤干涉测距系统的研究［D］. 天津：天津大学，1997.
[24] 扈荆夫. 双波长卫星激光测距的研究［D］. 上海：中国科学院上海天文台，2003.
[25] 唐春晓. 基于多光谱成像的数字粒子图像测速技术研究［D］. 天津：天津大学，2010.
[26] 陈浩. 光学式轴孔内径测量方法及关键技术研究［D］. 天津：天津大学，2013.
[27] 刘新波. 大型工件几何参数激光在机测量方法研究［D］. 天津：天津大学，2013.
[28] 李兴强. 基于激光测量头的内尺寸现场检技术研究［D］. 天津：天津大学，2017.
[29] 王磊. 孔轴类工件关键几何量测量新方法研究［D］. 天津：天津大学，2018.
[30] 吴翔宇. 基于精确计时的回转射线簇角坐标建立方法研究［D］. 天津：天津大学，2015.
[31] 吴振刚. 基于激光三角法的几何量在机测量方法研究［D］. 天津：天津大学，2016.
[32] 刘尧夫. 激光三角法传感技术应用研究［D］. 天津：天津大学，2016.
[33] 杨方云. 一种基于动态模板和互相关函数的激光三角法传感器［D］. 天津：天津大学，2017.
[34] 孙长库，周富强. 六自由度测试系统［J］. 仪器仪表学报，1998，19（4）：362-365.
[35] 叶声华，樊玉珍. 提高激光准直精度的一种有效方法［J］. 计量学报，1986，7（4）：310-313.
[36] 杨吉生，叶声华. 异形粒子测量中粒子有序排列问题的研究［J］. 光电工程，1996，23（3）：40-43.
[37] 郝继贵，叶声华. 衍射法细丝直径的精密测量［J］. 光电工程，1996，23（3）：59-62.

[38] LIU C H, HUANG H L, LEE H W. Five-degrees-of-freedom diffractive laser encoder [J]. Applied Optics, 2009, 48 (14): 2767-2777.

[39] PAN S P, LIU T S. Grating pitch measurement beyond the diffraction limit with modified laser diffractometry [J]. Japanese Journal of Applied Physics, 2011, 50: 06GJ04.

[40] LEE C B, LEE S K. Multi-degree-of-freedom motion error measurement in anultraprecision machine using laser encoder-Review [J]. Journal of Mechanical Science and Technology, 2013, 27 (1): 141-152.

[41] MA Z H, HENK G M, BRIAN S. Particle-size analysis by laser diffraction with a complementary metal-oxide semiconductor pixel array [J]. Applied Optics, 2000, 39 (25): 4547-4556.

[42] SUN C K, QIU Y. Laser Vision Measurement System and Assessment Method for SMIC Lead Coplanarity [J]. Chinese Journal of Lasers, 2000, B9 (5): 417-422.

[43] SUN C K, YOU Q. Online machine vision method for measuring the diameter and straightness of seamless steel pipes [J]. Optical Engineering, 2001, 40 (11): 2565-2571.

[44] SUN C K, WANG Z X. Coordinates unification technique of multi-sensors in laser vision alignment system for vehicle wheel [J]. Proc. of SPIE, 2002, 4919: 293-297.

[45] SUN C K, ZHANG X D. CCD camera automatic calibration technology and ellipse recognition algorithm [J]. Chinese Optics Letters, 2005, 3 (10): 585-588.

[46] JUN Y. Absolute measurement of a long, arbitrary distance to less than an optical fringe [J]. Optics Letters, 2004, 29 (10): 1153-1155.

[47] 吴学健，李岩，等. 飞秒光学频率梳在精密测量中的应用 [J]. 激光与光电子学进展，2012，49：030001.